网络拥塞故障诊断及性能推断算法研究

陈宇 著

Chenyu

本著作受河南省研究生教育改革与质量提升工程项目（项目编号：YJS2024JD48）、河南省重点研发专项（项目编号：241111213000）、河南省高等学校重点科研项目计划（项目编号：24A510012）、河南省科技攻关项目（项目编号：232102220025）、郑州航空工业管理学院科研团队支持计划专项（项目编号：23ZHTD01007、24ZHTD01001）、河南省高等教育教学改革研究与实践项目（项目编号：2021SJGLX469）、河南省本科高校产教融合示范学院（航空航天信息产业学院）、航空航天电子信息技术河南省协同创新中心、河南省通用航空技术重点实验室、航空航天智能工程河南省特需急需特色骨干学科群资助。

郑州大学出版社

图书在版编目(CIP)数据

网络拥塞故障诊断及性能推断算法研究 / 陈宇著. -- 郑州 : 郑州大学出版社, 2024. 10

ISBN 978-7-5773-0363-5

Ⅰ. ①网… Ⅱ. ①陈… Ⅲ. ①计算机网络 - 阻塞 - 故障诊断 - 研究 ②计算机网络 - 性能 - 推断 - 算法 - 研究 Ⅳ. ①TP393

中国国家版本馆 CIP 数据核字(2024)第 102540 号

网络拥塞故障诊断及性能推断算法研究

WANGLUO YONGSE GUZHANG ZHENDUAN JI XINGNENG TUIDUAN SUANFA YANJIU

策划编辑	李同奎	封面设计	凯高教育
责任编辑	李同奎　李园芳	版式设计	苏永生
责任校对	刘永静	责任监制	李瑞卿
出版发行	郑州大学出版社	地　址	郑州市大学路 40 号(450052)
出 版 人	卢纪富	网　址	http://www.zzup.cn
经　销	全国新华书店	发行电话	0371-66966070
印　刷	郑州宁昌印务有限公司		
开　本	787 mm×1 092 mm　1 / 16		
印　张	10.25	字　数	220 千字
版　次	2024 年 10 月第 1 版	印　次	2024 年 10 月第 1 次印刷
书　号	ISBN 978-7-5773-0363-5	定　价	58.00 元

前 言

传统的 IP 网络管理系统大多采用被动探测方式，借助关联分析技术诊断网络故障。但是，随着网络规模的不断扩大，网络结构日益多样，被动探测方式因涉及用户隐私、安全性较差、软硬件部署成本较高，导致实时性与准确性均难以保证。主动探测方式因不涉及用户隐私，仅利用对 IP 网络的部分端到端（E2E）路径性能探测结果，根据 IP 网络的拓扑关系，基于网络层析成像（tomography）技术便能够实现对网络内部拥塞链路的定位及性能推理，已引起国内外专家学者的关注。

基于主动探测方式进行 IP 网络故障诊断及性能推理虽然具有较多优点，但是仍存在不足：①因网络中各路由器互联网控制报文协议（ICMP）受限等因素的存在，常造成待测 IP 网络部分拓扑信息缺失，从而导致链路性能推理失效；②借助 E2E 主动探测会带来额外流量负荷，对网络性能造成一定影响；③因网络动态路由特性常导致传统基于贝叶斯网模型的推理算法准确性下降；④多链路拥塞环境中，以专家经验知识或最小覆盖集（SCS）理论定位拥塞链路的准确率不高；⑤单时隙 E2E 路径性能探测因时钟不同步问题，导致性能推理精度降低。

本书针对这些不足进行了深入研究，为避免链路缺失对拥塞链路故障诊断及性能推理造成影响，首先提出基于重启的随机游走 RWR 算法对缺失链路进行推断，实验验证了该算法在幂率特性 IP 网络、一定比例链路缺失情况下，具有较高的缺失链路推断的准确性和鲁棒性。取得的其他创新性研究成果如下：

（1）针对主动探测过程中探测路径过多而导致 IP 网络负荷增加问题，提出了一种基于度值的 IP 网络 E2E 探测选取新算法。算法在不增加过多探针部署开销的基础上，通过引入度阈值参数获取各 E2E 探测路径，尽可能多地覆盖网络链路。实验证明，相比叶子节点作为探针部署的传统算法，新算法兼顾了链路覆盖率及探针部署开销，尽可能减少额外流量负荷。

（2）针对 IP 网络多链路拥塞环境中故障诊断检测率降低的问题，提出了一种基于贝叶斯最大后验概率（MAP）改进的拉格朗日松弛次梯度新算法。算法基于 Boolean 代数建立路径与链路性能关系统计模型，在此模型基础上，基于多时隙 E2E 路径探测，提出一种对称逐次超松弛分裂预处理的共轭梯度算法，迭代求解出各链路拥塞先验概率,实验验证了新算法具有较高的准确性及鲁棒性。

(3)针对 IP 网络的动态路由特性,首先提出建立变结构离散动态贝叶斯网模型,基于一阶马尔科夫性和时齐性简化该模型,并在简化模型下提出两种改进算法推断拥塞链路集合。实验证明,新算法在动态路由 IP 网络中定位准确性及鲁棒性方面优于传统算法,在多链路拥塞环境中,基于拉格朗日松弛次梯度改进的新算法的拥塞链路集合推断性能优于基于 SCS 理论的改进算法。

(4)针对 IP 网络多链路拥塞环境下链路性能推理困难的问题,提出一种基于路径性能聚类的拥塞链路性能推理新算法。新算法较传统基于 Boolean 代数的链路性能推断算法具有更高的准确性及更细的诊断粒度。算法基于多时隙 E2E 探测,有效避开了单时隙 E2E 探测对时钟同步的强依赖,基于贝叶斯 MAP 准则贪婪启发式循环定位拥塞链路,借助路径聚类推理各拥塞链路丢包率范围,避开了传统丢包率数值求解中复杂的线性方程组求逆过程。实验证明,新算法具有更高的推理精度及鲁棒性。

(5)针对主动探测方式定位 IP 网络中的拥塞链路,仅能够判断网络中链路拥塞与否,无法有效地获知拥塞原因,提出了一种综合主动 E2E 路径探测与被动路由器系统日志方法进行网络故障检测及诊断的算法。算法通过借助 Boolean Tomography 快速检测出当前网络发生拥塞的位置,并对拥塞链路相关路由器中的系统日志基于互信息算法对日志进行异常诊断,从而找到网络故障的原因。算法通过主动探测,实时性好,并且基于时空相关特性,对相关的路由器、一定时间内的路由器系统日志进行异常诊断,提高了算法的诊断效率。实验验证了本书提出的综合主动探测与被动探测相结合的网络性能诊断算法具有更高的准确率和实时性。

由于作者水平有限,书中难免存在疏漏及不当之处,敬请专家学者批评指正。

著者
2024 年 6 月

目录

1 绪　论

1.1　研究背景及意义

1.1.1　研究背景

随着互联网应用在人们生活中的日益普及,人们对网络的依赖程度以及对网络服务质量的要求也越来越高。但是,随着IP网络规模的不断扩大,网络终端设备(如路由器、交换机等)的接入数量急剧增加,使得网络结构变得愈来愈复杂,网络管理难度加大,除了设备故障造成网络无法为用户提供正常服务外,不合理的路由配置等原因也会导致网络拥塞现象频繁发生,使得网络整体性能和服务质量急剧下降。因此,为了支持不断出现的网络新应用,为用户提供更好的服务质量,Internet(因特网)服务供应商及管理者需要在被管理网络(待测IP网络)内部部署监测系统,及时、准确地获取网络性能数据,通过分析和定位被管理网络中的拥塞链路位置,实施相应的维护措施,保障网络的安全、稳定运行。

网络管理系统是综合配置、性能、故障、安全和计费管理等多个功能领域的分布式管理系统。系统中各个功能模块之间既是相互独立的,同时又是相辅相成的。其中,对网络的故障管理与性能管理是网络管理的核心内容。

故障管理主要是及时、准确地发现被管理网络中是否出现异常情况,并且通过技术手段定位故障所发生的具体链路位置,采取相应的管理活动,如采用隔离故障源以及修复故障等手段减少因网络故障给网络用户所带来的影响。性能管理主要是对网络运行过程中服务质量相关的问题进行处理,对网络中的设备、运行状态以及业务服务情况等多个方面进行实时监测和控制,通过采集网络运行过程中的性能数据(如链路丢包率等),分析网络中各设备的运行状况。

故障管理主要包括故障检测、故障诊断及故障恢复三个环节。其中,故障检测主要是对采集到的网络数据进行分析,从而发现网络中的异常;故障诊断是利用一定的技术手段,对网络中发生故障的根源,即拥塞链路进行定位;故障恢复则是指根据故障成因,采取对应的故障维护等措施,对网络故障进行维护和排除。本书重点研究的是故障管理中的故障检测与故障诊断这两个环节中的关键技术问题,主要包括对被管理网络的探针部署与探测路径的规划方案、网络故障的定位及其相关问题的解决方法。

性能管理主要包括对被管理网络的性能数据进行采集、分析与管理。性能管理功能的基础在于对被管理网络中的各性能数据的获取,并且对采集到的数据进行分析、处理,只有在被管理网络中采集到足够多的网络性能数据,才能在这些数据的基础上对网络运行性能进行分析。衡量网络性能的指标主要包括时延、带宽、抖动以及丢包率等。例如,获取各端到端(end to end,E2E)探测路径的整体丢包率数值,根据丢包率数值能够很好地区分各条路径是否发生拥塞现象。本书重点研究网络性能分析阶段的关键技术,根据各 E2E 探测路径整体丢包率数值推断途经各链路丢包率范围,进而判断各链路性能。

传统故障管理与性能管理一般多基于简单网络管理协议(simple network management protocol,SNMP)的被动探测技术。被动探测技术借助网络设备或 SNMP 代理获取被管理网络中各网元设备(路由器、交换机、主机等)的告警信息等日志数据。告警信息是指当被管理网络的运行状态发生改变或者出现异常时,由网络设备进程产生的信息。网络管理系统借助事件关联技术分析采集到的各故障设备中的告警信息,对网络故障进行定位、诊断,并对网络性能进行推断。

然而,随着 IP 网络设备的复杂性以及异构性的日益提高,传统的基于被动探测技术、通过采取告警事件关联方法进行网络故障诊断的方式越来越难以满足当前大规模、多链路拥塞 IP 网络的需要。主要体现在以下几个方面:

(1)部署成本高

基于被动探测方式对待测 IP 网络进行故障诊断与性能推断时,需要借助各网元设备的管理信息库(management information base,MIB)数据。被动告警的关联技术方式通常要求被管理网络中的各个网元设备具备告警功能。因此,需要在每个网元设备上部署软硬件模块,无疑增加了额外设备的投入及管理开销。同时,网络管理者需要访问各网元设备的 MIB。随着 IP 网络规模的不断扩大,多链路拥塞并发现象将导致被管理网络中的告警设备数量激增,对网络性能管理带来较大的负担。

(2)性能分析困难

采用被动探测方式时,告警信息仅包含已知的故障及性能异常相关信息。由于基于被动探测方式的性能管理系统无法对新增的网络异常事件进行辨识,导致部分新故障出现时无法及时获知。随着 IP 网络规模的不断扩大,故障管理与性能管理系统获取的告警信息量巨大,分析处理难度加大;另外,出于安全等考虑,网络中部分网元设备设置了禁止访问,导致告警信息无法获取;此外,由于被动探测方式无法获取被管理网络中各链路的时延、带宽及丢包等性能数据,性能分析粒度不够细。

(3)准确性较差

利用被动探测方式分析网络性能时,因需对网络设备中已产生的日志进行分析,网络实时运行状态无法在线获取,严重影响了网络性能分析的准确性。另外,因网络故障记录在各网元设备的日志数据信息中,不同的故障记录在日志中的衰减期(网络异常在一段时间内可能被连续记录在系统日志数据中)可能各不相同,现有被动探测技术在固定时间窗下进行故障诊断,将导致故障事件关联不准确。

(4)实时性较差

高网络时延及高网络丢包率等现象在当前的IP网络中时有发生,这极有可能是网络协议配置违反了服务等级协议(service-level agreement,SLA)等相关服务等级协定。因此,网络管理者应及时、准确地定位故障源,并进行相应的处理。采用被动探测方式进行故障诊断时,需要获取待测IP网络中各网元设备的告警信息,随着网络接入设备量的激增,对海量的网络故障信息进行获取、分析及处理时,实时性难以保证。

近年来,基于互联网控制报文协议(internet control message protocol,ICMP)对被管理网络的网络故障诊断和性能推断方式,因不涉及用户隐私、实时性好、设备开销小等优点,被国内外越来越多的专家及学者所关注。另外,基于主动探测的网络管理方式可扩展性强,通过增加探针部署便能够完成对待测IP网络的规模扩展。因此,基于主动探测的IP网络故障诊断及性能推断技术具有非常重要的研究意义和应用价值。

1.1.2 研究意义

目前,基于主动探测技术进行网络故障诊断以及性能推断的算法层出不穷,虽然较被动探测技术有诸多优势,但同时也存在不足。为了减少探测数据包对网络带来的额外负荷,基于主动探测技术的故障诊断及性能推断通常基于网络层析成像(tomography)技术来获取网络内部各链路特性,利用尽可能少的探测覆盖尽可能多的链路。因此,需要对待测IP网络E2E探测路径进行适当的选取,尽可能减少软硬件开销,并尽可能多地覆盖网络中的链路;由于网络的复杂性及异构性,为了准确诊断网络故障并推断网络性能,需要对实际IP网络环境进行建模,并采用适当的算法,准确定位待测IP网络中各拥塞链路位置。

本书的研究意义主要体现在以下几个方面:

(1)拓扑推断

现有的网络故障诊断及性能推断算法均假设IP网络内部拓扑结构已知,而当网络拓扑缺失时,将直接影响算法精度。因此,对待测IP网络的拓扑推断是实现网络故障诊断及性能推断的前提和保障。

由于IP网络的拓扑结构具有相关性,现有基于网络层析成像技术的拓扑推断算法在多播网络或单播网络中已经取得了较多的研究成果,因单播路由在网络中较多播路由普及,因此,对单播网络下的拓扑推断较多播网络更有实际意义和研究价值,也是网络拓扑推断中的难点。由于不同的网络性能参数适应特殊的网络负载环境,且出于安全性考虑,部分路由器设置了禁止 IP 源路由选项,在当前复杂的 IP 网络环境中,多链路拥塞并发、重路由现象的存在,以及网络传输质量等的影响,易导致 E2E 路径途经链路信息的缺失。通过对现有文献的研究发现,虽然国内外学者对拓扑推断已有较多研究,但是,对缺失链路推断方面的研究尚显不足。

(2)E2E 探测选取

为了实现对 IP 网络的故障诊断及性能推断,合理的 E2E 探测选取是主动探测技术实现的基础。对待测 IP 网络的 E2E 探测选取主要包括探针部署和 E2E 探测路径选取两个方面。E2E 探测路径选取的目的在于以尽可能小的开销,获得尽可能多的待测 IP 网络信息,包括各 E2E 路径的性能信息以及网络的拓扑信息等,进而借助一定方法定位拥塞链路并推断其性能。无论是固定探测选取方式还是自适应探测选取方式,最优探测选取问题均已被证明为 NP 难问题(NP-hard problem)。虽然现有的探针部署及 E2E 探测路径选取方法通常基于贪婪启发式搜索策略,算法的时间复杂度得以大幅降低,但依然较高,并且算法的计算时间随 IP 网络规模即路由器节点数目的增加呈指数级增大。目前,基于单探测站点的探测选取解决方案不能覆盖待测 IP 网络中的所有链路。为了解决这些问题,利用 IP 源路由选项来制定探测数据包路由,但从探测代价来看,单探测站点可能引起其相邻链路的流量负荷过大。因此,分布式网络探测站点的选取有其合理性,分布式网络探测算法方面的成果较多,但是,如果综合考虑节点负载因素,有些节点可能因负载过高而导致宕机,从而影响网络性能。

(3)故障诊断

基于主动探测技术的故障诊断目的是利用 E2E 路径性能探测结果,定位待测 IP 网络各 E2E 路径途经发生故障的链路(集合)。目前,现有的网络故障诊断技术并不能很好地满足多链路拥塞故障诊断的需要,主要表现为以下几点:

1)基于规则的故障诊断算法因无法实现对规则的实时维护和升级,易导致故障诊断结果不准确;基于模型的故障诊断算法虽然能够诊断网络中发生的新故障,但是当网络中出现新的异常超出现有模型的知识范围时,故障诊断的准确性将急剧下降;另外,由于基于模型的故障定位方法需要详细的系统底层知识,对不同拓扑结构的网络,模型知识难以准确获得并持续保持更新;此外,复杂的 IP 网络中如存在按照一定逻辑关系组成的故障,其根源更难以获取。

2)IP 网络多链路拥塞环境下的拥塞链路定位准确率明显下降。基于图论的故障诊断算法虽较之前的方法有了较大改进,但是,现有的拥塞链路定位算法,如基于最小一致故障集(smallest consistent failure set,SCFS)理论以及蒙特卡洛马尔科夫链(Monte Carlo Markov chain,MCMC)的拥塞链路定位算法,通常假设网络故障数(拥塞链路数)较少。

Nguyen 等虽然通过引入统计学模型学习链路拥塞先验知识，提高了多链路拥塞环境中的定位检测率，但是因该类算法同样基于最小覆盖集（smallest cover set，SCS）理论，E2E 路径中如包含多条拥塞链路，将导致定位准确率降低。

3）现有的网络故障诊断算法并不能根据网络性能症状准确反映出当前网络中实际发生的故障。如在动态路由 IP 网络拥塞链路定位过程中，E2E 路径途经链路因带宽受限而触发路由改变，利用多次 E2E 路径探测获取统计信息的拥塞链路定位算法，因未考虑路由改变而导致故障定位准确性受到影响。另外，当前算法以“共享数最多的瓶颈链路作为最容易发生拥塞的链路”来推断网络故障根源，因网络复杂性及异构性，这一经验知识并不能准确反映当前网络各链路真实的拥塞情况，从而导致算法性能下降。

从以上分析可知，现有的网络故障诊断方法并不能满足当前复杂的网络需求。在动态路由 IP 网络、多链路拥塞环境中，需要研究改进网络故障诊断算法。

（4）性能推断

基于主动探测技术的网络性能推断以链路丢包率推断为主。根据各 E2E 路径性能探测结果推断各链路丢包率的方法仍存在不足。主要表现在如下几个方面：

1）各 E2E 路径性能探测中存在时钟不同步问题。基于多播路由或多簇单播模拟多播路由的方式对待测 IP 网络各 E2E 路径进行性能推断，根据获取到的各 E2E 路径整体丢包率，借助路径性能与途经各链路性能关系推断链路丢包率的方法，因需要投入复杂的硬件基础设施，且对各 E2E 路径性能探测时的时间相关性要求高，导致推断性能难以保证。

2）借助多时隙 E2E 路径探测以获取更多统计信息推断链路丢包率，因在多次路径性能探测过程中，待测 IP 网络的拓扑结构可能因动态路由算法策略而发生改变，从而导致拥塞链路定位准确性受到影响。

3）目前，链路丢包率推断算法通常认为待测 IP 网络中发生拥塞的链路数较少，发生拥塞的链路概率相同，链路性能服从特定分布，具有时空独立性和平稳性或具有最小丢包率的路径存在于同一条具有最小丢包率的拥塞链路等。但是，因当前 Internet 网络具有复杂性和异构性的特点，这些假设将导致实际 IP 网络拥塞链路定位准确性下降。

从以上分析可知，现有方法并不能满足当前复杂网络环境的需要。在动态路由 IP 网络多链路拥塞环境中，需要研究改进的拥塞链路丢包率推断算法。

综上所述，虽然目前已有较多针对 IP 网络的故障诊断及性能推断算法，但已有方法仍存在不足。本书提出基于主动探测相关技术方面的改进算法，将在一定程度上解决现有方法存在的不足，力求推动主动探测技术在网络故障诊断及性能推断方面的发展。

1.2 国内外研究现状

1.2.1 基本概念

为了便于理解基于主动探测技术的网络故障诊断及性能推断中的相关概念，首先，模拟一个小型的 IP 网络自治系统（autonomous system, AS），其拓扑结构如图 1-1 所示。

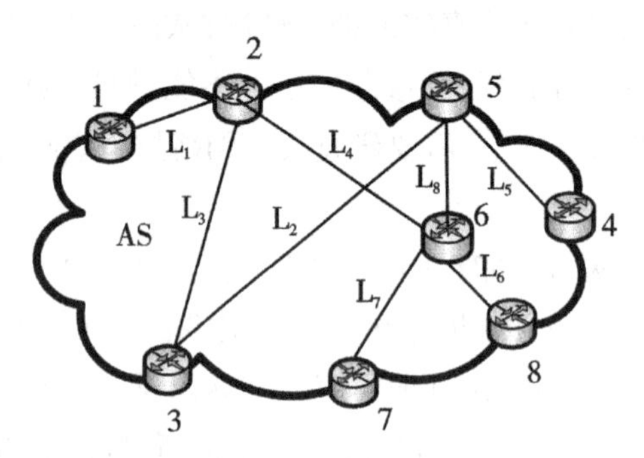

图 1-1 某 IP 网络 AS 拓扑模型

该 IP 网络 AS 拓扑包含 8 个路由器节点（分别用数字 1 ~ 8 来表示）、8 条链路（分别用 L_1、L_2、L_3、L_4、L_5、L_6、L_7、L_8来表示）。

（1）E2E 路径

E2E 路径是指从路由器源端到路由器终端之间的路由，由一系列连续节点及途经链路组成。如图 1-1 所示的 IP 网络拓扑结构，从路由器节点 1 到路由器节点 7 的 E2E 路径为：1→2→6→7。

（2）探测

探测是指 IP 网络中的某主机通过执行特定程序，发送一个指令或请求到目的主机。探测的执行情况是通过返回值来判断的。最常见的探测指令为 ping 及 traceroute，还有其他一些探测工具，如：IBM 的 E2E 探测平台 EPP，可供应用层来实现探测，并通过发送邮件、Web 请求以及请求数据查询等方式实现对应用服务系统的探测。不同探测适用于不同网络系统层次，并且具有不同探测粒度。性能管理系统中的每个终端设备都应具有收发 TCP/UDP 数据包的能力。

（3）探测站点

探测站点是指经过配置的具有发送 TCP/UDP 探测数据包能力的路由器节点。通常，将端主机节点（或叶子节点）路由器作为网络性能管理系统中的探测站点进行探针部署，通过主动发包探测各 E2E 路径性能。

(4)性能指标

性能指标是指用来衡量网络性能的量度,主要包括带宽、时延、丢包率等。其中,丢包率是衡量网络性能最主要的参数。为了方便表示待测 IP 网络中各 E2E 路径(或链路)的性能,可利用布尔(Boolean)代数值 0 或 1 进行表示。其中,“0”代表路径(或链路)的性能状态为正常,“1”代表路径(或链路)的性能状态为拥塞。

(5)选路矩阵

主动探测技术之所以能够通过对待测 IP 网络中各 E2E 路径的性能探测快照(snapshots)结果来推断途经链路的性能情况,其原因在于 E2E 探测路径与各途经链路间存在依赖关系。这种依赖关系通常可使用二进制矩阵进行表示,称之为选路矩阵(或依赖矩阵)$\boldsymbol{D}$。选路矩阵 $\boldsymbol{D}$ 构建的目的是对待测 IP 网络的拓扑结构进行形式化表达。

对待测 IP 网络拓扑结构利用 Boolean 代数构建的二进制关系矩阵模型。选路矩阵的构建方法如定义 1-1 所述。

定义 1-1 IP 网络的选路矩阵 $\boldsymbol{D}$,其各行为 E2E 探测路径 $\mathrm{P}_i(i=1,2,\cdots,n_p)$,各列为网络中的所有链路 $\mathrm{L}_j(j=1,2,\cdots,n_c)$,按照跳数(hop)级别顺序,从小到大依次进行排列;当某条 E2E 探测路径 P_i 途经了某条链路 L_j 时,选路矩阵 $\boldsymbol{D}$ 对应列的位置处元素值 $D_{ij}=1$,否则 $D_{ij}=0$。

其中,n_p 代表待测 IP 网络中各 E2E 探测路径的总数,n_c 代表了各 E2E 路径途经的所有链路总数。

在实际 IP 网络中,如果通过 traceroute 工具获取到的路径途经的链路信息为各路由器网卡的 IP 地址,由于同一路由器可能包含多个网卡,各个网卡的 IP 地址各不相同。因此,可通过 sr-all 工具将同一路由器不同的 IP 地址归属到同一路由器标识上。这也是本书利用两两路由器标识确定一条链路的原因。

图 1-1 所示的 IP 网络,如以叶子节点(如路由器 1)作为探针部署节点,向其他各路由器节点发送探测数据包,因链路 2|6 较链路 2|3 优先选取,E2E 探测路径仅有 3 条,分别为 P_1:1|2→2|6→6|5→5|4;P_2:1|2→2|6→6|7;P_3:1|2→2|6→6|8。覆盖待测网络的链路数 6 条,链路 2|3 及 3|5 未能被覆盖。因此,为了能够覆盖待测 IP 网络中更多的链路,以便推断各链路性能,可选取路由器节点 1、节点 3 作为探针部署点,向其他路由器节点发送探测数据包,此时,E2E 探测路径 5 条,分别为 P_1:1|2->2|3;P_2:1|2→2|6→6|8;P_3:1|2→2|6→6|7;P_4:1|2→2|6→6|5→5|4;P_5:3|5→5|4。覆盖网络中全部的 8 条链路。这 5 条 E2E 路径 $\mathrm{P}_1\sim\mathrm{P}_5$ 以及其途经各链路,按照 hop 级别关系依次排列,如表 1-1 所示。

表 1-1　图 1-1 所示 IP 网络 AS 的 E2E 路径及途经链路表

路径 $P_i(s \to d)$	IP 地址对(链路)			
	hop1	hop2	hop3	hop4
$P_1(1\to3)$	1|2(L_1)	2|3(L_3)		
$P_2(1\to8)$	1|2(L_1)	2|6(L_4)	6|8(L_6)	
$P_3(1\to7)$	1|2(L_1)	2|6(L_4)	6|7(L_7)	
$P_4(1\to4)$	1|2(L_1)	2|6(L_4)	6|5(L_8)	5|4(L_5)
$P_5(3\to4)$	3|5(L_2)	5|4(L_5)		

为了方便算法设计中的程序描述，对各 IP|IP 对应的链路按照其 hop 顺序，依次可用 $L_1 \sim L_8$进行表示。对表 1-1 所示 IP 网络各预选 E2E 路径及途经链路，按照 E2E 路径源端(s)到目的端(d)的 hop 级别关系(hop1、hop2……)依此列写，可得选路矩阵 $\boldsymbol{D}$ 各列所代表的链路，结果如表 1-2 所示。

表 1-2　图 1-1 所示 IP 网络 AS 的 E2E 路径及途经链路关系表

路径 $P_i(s \to d)$	IP 地址对(链路)							
	1|2(L_1)	3|5(L_2)	2|3(L_3)	2|6(L_4)	5|4(L_5)	6|8(L_6)	6|7(L_7)	6|5(L_8)
$P_1(1\to3)$	1	0	1	0	0	0	0	0
$P_2(1\to8)$	1	0	0	1	0	1	0	0
$P_3(1\to7)$	1	0	0	1	0	0	1	0
$P_4(1\to4)$	1	0	0	1	1	0	0	1
$P_5(3\to4)$	0	1	0	0	1	0	0	0

根据定义 1-1，由表 1-2 所示路径及途经链路关系表，可构建图 1-1 所示 IP 网络的选路矩阵 $\boldsymbol{D}_{5\times8}$ (5 条 E2E 路径构成选路矩阵中的 5 行，8 条链路构成选路矩阵中的 8 列)，如式(1-1)所示。

$$\begin{array}{c} \quad\quad L_1\ L_2\ L_3\ L_4\ L_5\ L_6\ L_7\ L_8 \\ \boldsymbol{D}=\begin{pmatrix} 1 & 0 & 1 & 0 & 0 & 0 & 0 & 0 \\ 1 & 0 & 0 & 1 & 0 & 1 & 0 & 0 \\ 1 & 0 & 0 & 1 & 0 & 0 & 1 & 0 \\ 1 & 0 & 0 & 1 & 1 & 0 & 0 & 1 \\ 0 & 1 & 0 & 0 & 1 & 0 & 0 & 0 \end{pmatrix} \begin{matrix} P_1 \\ P_2 \\ P_3 \\ P_4 \\ P_5 \end{matrix} \end{array} \tag{1-1}$$

基于主动探测技术进行 IP 网络故障诊断及性能推断的算法流程如图 1-2 所示。

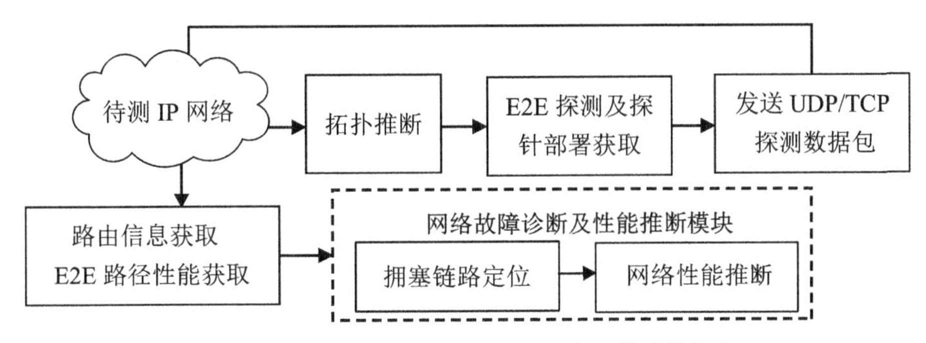

图 1-2 基于主动探测的 IP 网络故障诊断及性能推断流程图

基于主动探测技术的故障诊断及性能推断主要包括以下几个模块：①拓扑推断；②E2E 探测及探针部署获取；③发送 UDP/TCP 探测数据包；④路由信息获取和 E2E 路径性能获取；⑤拥塞链路定位（网络故障诊断）；⑥网络性能（拥塞链路丢包率）推断。

通常，故障诊断及性能推断是在拓扑已知的待测 IP 网络中进行的，因此，拓扑获取是实现 IP 网络故障诊断及性能推断的前提。为实现对待测 IP 网络的故障诊断及性能推断，高效的 E2E 探测选取是保证算法实时性及性能的关键。通过对待测 IP 网络中各路由器节点部署探针，借助尽可能少的 E2E 路径发包探测，根据各 E2E 路径性能探测 snapshots 结果，定位拥塞链路，并进行拥塞链路的性能推断是本书研究的重点。

1.2.2 研究现状

1.2.2.1 拓扑推断

IP 网络拓扑测量通常包括主动测量方式和被动测量方式两种。其中，被动测量方式是通过捕获网络中各路由器等设备 MIB 中的报文数据分组，获取与其相连设备的拓扑信息，而要获取整个待测 IP 网络拓扑，需要对大量设备进行监测并进行报文汇总、分析，因返回的数据报文数据量巨大，且存在不合作站点而导致拓扑信息获取困难。

主动测量方式主要借助 traceroute 或 ping 等工具，对待测 IP 网络中尽可能少的 E2E 路径发送探测数据包，遍历途经链路，根据探测 E2E 路径与途经链路的关系，获取待测 IP 网络的拓扑结构信息。在借助主动测量方式进行网络拓扑结构推断中，Ratnasamy 等于 1999 年最早观测到网络节点具有相关性，并将节点相关性特征用于多播网络拓扑结构的推断技术中。Duffield 等严格证明了基于节点相关性进行网络拓扑结构推断的可行性及准确性，并提出使用综合链路利用率和丢包率计算节点相关性的拓扑推断算法。由于实际 Internet 中支持多播的设备并不普及，因此基于多播的拓扑推断方法在实际应用中受到较多限制。在单播网络中需要使用特殊的方法获得节点间的相关性，使用的较多的测量方法是“三明治”分组列车测量方法、紧接分组对方法和四元分组列车测量方法等。这些方法都是基于网络拓扑节点的相关性所反映出来的性能参数来推断网络拓扑，因此，仅适用于特殊的网络负载环境。基于安全考虑，部分路由器设置了禁止 IP 源路由选项，这将导致主动测量技术中基于 traceroute 无法获取路径途经各链路信息。因此，无论是基于 ICMP 的主动探测还是基于 SNMP 的被动探测，均有可能导致网络拓扑推断时的链路缺失现象发生。本书重点研究链路缺失情况下，如何根据现有的 IP 网络拓扑结构特征，基于相似性指标的链路预测算法推断待测 IP 网络拓扑中信息缺失的链路。

1.2.2.2 探测选取

根据探测选取方式的不同可分为两种方式：一种是根据待测 IP 网络的拓扑结构，尽可能覆盖被检测的链路范围，然后借助主动探测技术诊断链路的性能；另一种方式是根据每次 E2E 路径探测结果，自适应地选择下一次需要进行性能探测的 E2E 路径。显然，第二种方式较第一种方式对网络带来的额外流量负荷小，但是，这种方法的计算过程过于复杂。无论是第一种方式还是第二种方式，均被证明其最优探测是 NP 难问题，大多数研究者采用贪婪启发式搜索策略进行选取。但是，随着 IP 网络规模的不断扩大，对 E2E 探测选取的时间随着网络节点个数的增加呈指数级增大。因此，探测的合理选取已成为 IP 网络故障诊断及性能推断算法实现的前提与关键。本书基于第一种方式对待测 IP 网络进行探测选取，实现对网络故障的诊断及性能推断。

基于单探测站点的探测选取解决方案不能覆盖待测 IP 网络中所有的链路。为了解决这个问题，利用 IP 源路由选项来制定探测包的路由路径。另外，从探测代价来看，单探测站点可能引起探测站点相邻链路的流量负荷过大，导致性能变差。所以，单点测量并非普遍使用的测量方案，更多的研究集中在部署多个探测站点的分布式测量方案上。由于探测站点的部署问题可被映射为集合覆盖问题，Chaudet 等提出可采用集合覆盖问题的优化算法加以解决；Suh 等研究了测量代价约束的被动检测问题，在不考虑采样频率的情况下，利用不同的优化目标形成不同的测量部署模型；刘湘辉等基于无向图中的弱顶点覆盖问题提出了一种贪婪启发式算法；葛洪伟等提出一种基于禁忌搜索和蚁群算法的求解最小弱顶点覆盖问题的算法；荣自瞻等在求解最小顶点覆盖问题的过程中加入负载指标，使得选出的节点集合在满足链路覆盖的基础上，又能满足整体负载状态最优。虽然分布式网络探测站点的选取有其合理性，但是如果综合考虑节点负载因素，有些节点可能因负载过高而导致宕机。

本书综合考虑节点在网络拓扑中的结构特性以及路由算法对探测路径的影响，提出基于待测 IP 网络路由器度值的探测选取算法，在保证链路覆盖率的基础上，兼顾了探针的部署开销，并且尽可能地减少 E2E 路径探测给 IP 网络带来的额外流量负荷。

1.2.2.3 故障诊断

基于主动探测技术的网络故障诊断技术是根据获取的各 E2E 路径的性能观测结果，借助先进方法来推断待测 IP 网络中最有可能发生故障的位置。现有故障诊断方法可分为基于规则的故障诊断方法、基于模型的故障诊断方法以及基于图论的故障诊断方法三类。

1)在 IP 网络故障诊断领域,基于规则的故障诊断方法根据已有专家经验知识进行拥塞链路定位,因其容易实现,应用最为广泛。事件关联服务(event correlation services,ECS)系统是最典型的基于规则的故障诊断系统。但是,规则升级与维护不易,且不能够进行实时的新规则学习,从而导致故障诊断出现误差。

2)基于模型的故障诊断方法建立在面向对象模型的基础之上,该方法从模型中有告警的实体出发,通过分析发生故障的网络位置并进行告警关联,从而定位出故障源。Jordaan 等将每个观测到的事件看作一个类,当类中的事件属于同一被管对象时,则将该类合并;Katker 等把故障诊断与网络探测相结合,通过网络探测来确定待测 IP 网络的工作状态。当诊断出某故障独立于其他故障时,认为该故障为根源故障;IBM 研究中心提出的 Yemnaja 系统采用了基于模型的诊断方法,能够较为有效地将底层网络事件和应用告警相关联。虽然基于模型的故障诊断方法能够反映出系统底层细节信息,具有发现新故障的能力,但当发生故障的原因超出模型知识范围时,故障诊断准确性急剧下降。另外,基于模型的故障诊断方法需要掌握详细的系统底层知识,因此,对不同拓扑结构的网络,模型知识难以获得并持续保持更新。此外,复杂的 IP 网络中,如存在多种按照一定逻辑关系组成的故障时,故障根源难以获取。

3)基于图论的故障诊断方法是在图模型的基础上建立起来的,已逐步成为当前研究的热点。图模型又被称为故障传播模型(fault propagation model,FPM)。FPM 描述了某一故障发生时,哪些症状可以被观测。建立在图论基础上的故障诊断算法根据故障症状推断最有可能引发该症状的故障解释集合。该类算法的推断性能依赖于构建的图模型的准确性。其中,贝叶斯网络模型是图模型中最为典型的模型之一。基于贝叶斯网络模型进行 IP 网络故障诊断及性能推断时,将各 E2E 路径性能探测结果作为贝叶斯网络模型中的观测节点,借助贝叶斯原理对各隐藏节点进行推断,根据隐藏节点的状态变量推断最有可能发生拥塞的链路集合。

国内外学者基于贝叶斯网络模型提出了一系列可行的故障诊断算法。其中,IHU 算法是一种基于事件驱动的故障定位算法,算法引入症状-事件二分有向图模型,通过建立症状解释集合,将最有可能发生的故障加入该集合。但该类算法对不准确的症状-故障情况无法处理,且算法的时间复杂度同样随着网络规模的增长呈指数级增大;Shrink 算法建立一种可处理不准确信息的贝叶斯网络模型,但是该算法没有考虑当观测值不准确的情况对算法的影响;Maxcoverage 算法利用最小故障集解释网络故障,运算速度明显提高,但虚报率较高。Duffield 等提出借助多时隙不相关路径性能探测结果定位拥塞链路的方法。其中,对待测 IP 网络中各链路进行两个基本假设:①各链路具有相同的拥塞先验概率 p_0;②链路拥塞先验概率小于 0.2。假设①明显不符合实际真实网络情况,由于网络的异构环境,骨干网中链路的拥塞概率较子网中链路的拥塞概率小,由于当前 IP 网络多链路拥塞并发现象的存在,当 p_0较大时,算法准确性明显下降,当 $p_0=0.2$ 时,算法的检测精度仅为30%。拥塞链路推断(congested link inference,CLINK)算法通过多时隙 E2E 探测获取各链路先验概率,推断拥塞链路,但是推断拥塞链路集合时同样基于 SCS 理论,当存在多链路拥塞并发现象时,算法检测率明显下降。

现有的故障诊断方法均假设待测 IP 网络各 E2E 路由在故障诊断过程中不发生改变,通过建立静态贝叶斯网络模型推断拥塞链路集合,未充分考虑故障诊断过程中变路由导致模型结构变化的情况。另外,现有故障诊断算法通常假设网络中发生故障的链路数较少,甚至假设网络故障是仅由 1 条拥塞链路造成的。随着 Internet 规模不断扩大,网络设备接入数量不断增多,多链路拥塞并发的现象频有发生。因此,对动态变路由 IP 网络,多链路拥塞环境下的故障诊断意义重大。

1.2.2.4 性能推断

基于主动探测技术的网络性能推断方法主要是根据 E2E 路径整体丢包率推断途经拥塞链路的丢包率。目前,链路丢包率推断主要包括基于路由器支持的丢包率推断以及根据 E2E 性能探测结果推断两种方法。

前者需要借助各路由器发送的 ICMP 响应获取到待测网络的性能。但是,由于当前实际网络中大多数路由器不支持 ICMP 响应或者限制了 ICMP 响应速率以及交叉流量的存在,推断准确性易受到影响。后者借助网络 tomography 技术,仅需要对待测 IP 网络各 E2E 路径发送探测数据包,便能够根据路径丢包率及拓扑连接关系分析得到途经拥塞链路丢包率,是当前对网络性能推断研究的热点。

主要包括以下 3 类方式:

1)多播或多簇单播模拟多播方式。向各 E2E 路径发送探测数据包,利用数据包之间的强时间相关性来推测拥塞链路丢包率数值。此类方法借助 E2E 路径性能探测结果以及待测 IP 网络的拓扑结构,建立系统线性方程组,从而求解出待测 IP 网络中的各条链路的丢包率数值,该方法被称为 Analog tomography(模拟层析成像)。Analog tomography 要求在对各 E2E 路径性能探测的过程中,需要严格保证时钟的同步性。由于当前 Internet 中路由器单播支持度高于多播,从而导致 E2E 路径探测过程中的时钟同步性难以保证。另外,因求解线性方程组的过程涉及到复杂的求逆运算,IP 网络多链路拥塞环境中,该类方法将有可能引发算法维数灾难,实时性难以保证。此外,因路径数小于链路数,方程组系数矩阵欠定而导致方程组求解失败。

2)假设链路丢包率分布相等或者发生拥塞的链路数较少,通过多时隙 E2E 路径性能探测,借助路径丢包率统计值(如:路径拥塞概率)辅助推断链路丢包率,避开了单时隙路径探测对时钟同步的强依赖。其中,LIA 算法是将链路以其丢包率方差从大到小进行排序,并且认为具有最小方差数值的链路为正常链路,推断最有可能的拥塞链路;Netscope

算法是对 LIA 算法的改进，使其解满足 L1 范数最小化，提升了推断准确率，但该算法根据路径丢包率协方差求得链路丢包率方差，准确性无法保证；ELIA 算法将 LIA 算法的推断结果作为附加信息，借助贝叶斯网络模型定位拥塞链路并推断链路丢包率，准确率有一定程度的提高，但该算法是在假设准确的前提条件下完成的。

3）借助单时隙 E2E 路径探测推断链路丢包率范围的 Range tomography 算法，通过聚类路径集合推断集合的方法，以瓶颈链路（E2E 路径共享数目最多的链路）作为最有可能发生拥塞的链路，推断该链路丢包率范围。但是该方法假设拥塞链路数较少，且认为具有最小丢包率数值的路径包含同一条拥塞链路，在复杂的 IP 网络环境，特别是 IP 网络、多链路拥塞环境下，拥塞链路定位及丢包率范围推断准确性存在误差。

本书借助多时隙 E2E 路径性能探测手段获取各探测路径性能统计值，并借助 Boolean 代数实用性，构建路径与途经链路间性能关系建立线性方程组，学习各链路拥塞先验概率，提高拥塞链路定位精度，提出贪婪启发式拥塞链路定位及丢包率范围推断方法，循环推断拥塞链路丢包率范围，提高链路性能分辨率及丢包率范围推断精度。

综上所述，截至目前，在多链路拥塞的 IP 网络环境下，现有的基于主动探测技术的网络故障诊断及性能推断算法仍存在一定问题。具体体现在：

1）因路由器 ICMP 受限等原因造成部分链路信息缺失，无法准确推断各链路性能。

2）基于主动探测技术需向待测 IP 网络发送 E2E 探测数据包，过多探测流量负荷将给 IP 网络性能带来一定影响。

3）当前拥塞链路定位及性能推断算法是基于静态贝叶斯网络模型，因待测 IP 网络为动态路由而导致算法准确性下降。

4）传统算法以专家经验知识或 SCS 理论定位拥塞链路，在多链路拥塞环境中，算法检测率受到影响。

5）单时隙 E2E 探测存在路径性能检测结果时钟不同步问题，将导致网络性能推断精度降低。

在进行深入分析和研究的基础上，提出解决上述问题切实有效的方法，具体目标如下：

1）针对拓扑推断中链路缺失，提出一种基于相似性模型的 IP 网络缺失链路推断算法。

2）针对主动探测技术中存在的硬件开销大以及链路覆盖率低等问题，提出一种基于路由器度值的 E2E 探测路径选取及探针部署算法。

3）针对多链路拥塞 IP 网络环境中现有拥塞链路定位算法性能下降问题，提出一种基于贝叶斯最大后验概率（maximum a posteriori probability，MAP）改进的拉格朗日松弛次梯度拥塞链路定位算法。

4）针对动态路由 IP 网络变路由情况下现有拥塞链路定位算法的检测性能下降问

题，提出一种基于离散动态贝叶斯网络模型的拥塞链路定位算法。

5）针对 Boolean 代数模型链路性能推断分辨率差、拥塞链路丢包率范围推断算法存在链路定位以及丢包率范围推断误差问题，提出一种基于多时隙 E2E 路径探测的拥塞链路丢包率范围推断算法。

1.3 研究内容与预期目标

1.3.1 研究内容

本书主要研究内容包括以下几个方面：

（1）IP 网络缺失链路推断算法。首先建立待测 IP 网络拓扑的无向连通网络模型，在此模型基础上提出一种链路预测算法，用于复杂 IP 网络的缺失链路推断。

（2）IP 网络探测选取算法。通过引入路由器度值作为探针部署点选取的依据，基于路由算法策略贪婪启发式搜索探测路径，通过构建探测矩阵模型，借助矩阵特性选取待测 IP 网络探测路径及探针部署节点位置。

（3）IP 网络多链路拥塞环境中的故障诊断算法。根据各 E2E 路径性能探测结果，建立路径拥塞概率与途经各链路拥塞先验概率 Boolean 统计关系模型，根据矩阵特性简化贝叶斯推断过程，提出一种适用于 IP 网络、多故障并发网络环境拥塞链路定位算法。

（4）动态路由 IP 网络下的故障诊断算法。针对动态路由 IP 网络各 E2E 路径路由动态变化的特性，建立一种变结构离散动态贝叶斯网络模型，并在此模型的基础上，提出可应用于变路由 IP 网络环境中的拥塞链路定位算法。

（5）IP 网络拥塞链路丢包率范围推断算法。在确定了 IP 网络最容易发生拥塞的链路后，聚类链路相关、性能相似路径集合，根据聚类路径集合中的路径丢包率与拥塞链路丢包率关系，提出一种循环推断拥塞链路丢包率范围的细粒度性能推断算法。

1.3.2 预期目标

本书研究的预期目标如下：

（1）基于主动探测技术进行故障诊断及性能推断的前提是在待测 IP 网络拓扑已知的情况下，以尽可能少的探针部署覆盖尽可能多的网络链路。首先，基于链路预测理论，提出适用于 IP 网络拓扑缺失环境下的缺失链路推断算法；然后，通过引入度阈值参数，基于最短路径优先策略构建探测路径及途经链路关系矩阵模型，借助矩阵特性，优化 E2E 探测路径数及探针部署开销，为网络故障诊断及性能推断提供保障。

（2）针对当前 IP 网络故障诊断算法在多链路拥塞时存在的不足，首先，对待测 IP 网络进行多时隙 E2E 路径性能探测，引入路径拥塞概率统计信息，构建 E2E 路径拥塞概率与途经链路拥塞先验概率关系线性方程组模型,提出一种基于对称逐次超松弛分裂预处理的共轭梯度算法,通过迭代计算,求解出待测 IP 网络各链路拥塞先验概率的近似唯一解;然后,借助各链路拥塞先验概率,基于 MAP 准则改进拉格朗日松弛理论的网络故障诊断新算法,通过贪婪启发式策略搜索拥塞链路集合;最后,针对 IP 网络动态路由特性,提出对动态路由 IP 网构建一种变结构离散动态贝叶斯网络模型,在一阶马尔科夫性假设和时齐性假设的基础上简化该推断模型,并在简化模型下,基于 SCS 理论以及拉格朗日松弛次梯度理论分别提出拥塞链路定位改进算法。

(3)针对 IP 网络多链路拥塞环境下链路丢包率范围推断算法存在的不足,首先,提出利用多时隙 E2E 路径探测获取各链路拥塞先验概率,基于 Boolean 代数模型的实用性,在剩余拥塞路径集合找到具有最小丢包率的路径;然后,基于贝叶斯推断循环推断最有可能发生拥塞的链路,并通过引入相似度参数,聚类包含最有可能发生拥塞链路的拥塞路径集合;最后,通过构建路径集合中各路径性能与拥塞链路性能关系不等式模型,循环推断拥塞链路丢包率范围。

2 基于相似性模型的 IP 网络缺失链路推断算法

不同拓扑类型的 IP 网络,其组网方式各不相同,结构复杂多样,本章针对不同类型的 IP 网络拓扑结构,基于不同模型下的链路预测算法,对拓扑缺失 IP 网络中的缺失链路进行推断研究。首先,建立 IP 网络拓扑推断中的缺失链路推断模型;然后,在此模型基础上,分别对 4 种不同链路预测算法进行介绍。为了验证各种链路预测算法在不同拓扑结构的 IP 网络模型下的缺失链路推断性能,模拟 3 种不同类型、规模的 IP 网络拓扑结构模型,并在不同链路缺失率下推断待测 IP 网络中的缺失链路,通过实验比较验证了不同算法在缺失链路推断过程中的准确性及鲁棒性。

2.1 问题描述及模型建立

2.1.1 问题描述

链路预测是复杂网络研究中非常重要的研究方向之一,其是根据已知的网络信息(如节点信息、拓扑结构信息)对复杂网络中节点之间可能存在的连接进行推断或预测。通常,链路预测包含两方面:一是对未被观测到(缺失)、但是在实际网络中真实存在的连接进行预测;二是对当前网络中并不存在、但有可能在未来形成连接的链路进行预测。

随着 IP 网络的设备接入数量大幅增加,拓扑结构变得越来越复杂,由于多链路拥塞并发现象、网络 E2E 路径重路由的存在,以及网络传输质量对主动探测技术性能的影响,均有可能造成算法所覆盖的待测 IP 网络中的链路信息出现缺失。

因 IP 网络中的拥塞链路定位及性能推断算法均是在假设待测 IP 网络的拓扑已知的环境下进行的,所以,准确构建待测 IP 网络的选路矩阵 $\boldsymbol{D}$ 是实现网络故障诊断及性能推断的前提,否则将直接影响拥塞链路定位及性能推断的有效性和准确性。由于待测 IP 网络中的拓扑信息有可能缺失,因此,对实际 IP 网络进行故障诊断及性能推断时,如何对 IP 网络拓扑中的缺失链路进行补全,是保证 IP 网络故障诊断及性能推断算法精度的前提。本章基于链路预测理论,分别利用不同模型下的链路预测算法,对待测 IP 网络中的缺失链路进行推断,通过对不同算法进行实验比较,找到适合 IP 网络缺失链路推断的方法。

2.1.2　模型建立及评价

由于 IP 网络中各路由器间通过链路连接,且链路连接没有方向性,因此,可将其构建为一个无权、无向的连通网络模型 $G(V,E)$。其中,V 代表路由器节点集合,E 代表链路集合。如图 1-1 所示的 IP 网络拓扑模型所示,节点数 $N=8$,如果按照两两节点相互连接,可组成 $M=N(N-1)/2=28$ 个节点对,即可能存在 28 种连接关系。但是,当前的 IP 网络模型中包含的实际链路数为 8 条,因某些原因可能存在 1 条甚至多条链路不能被检测或缺失。本章借助链路预测算法,首先学习现有网络连接特点,然后对 IP 网络拓扑中可能缺失的链路进行推断。

在对可能缺失的链路进行推断时,首先,对待测 IP 网络进行无向图模型的构建,对模型中没有直接相连,即没有获取到节点间连边的节点对(x,y)赋予一个分数值 S_{xy}。因为 G 是无向的,故分数对等,即 $S_{xy}=S_{yx}$。然后对这些未获取到的节点对(x,y)按照分数值从大到小进行降序排列,并假设排在前面的节点对存在连接关系的概率比排在后面的大,从而对待测 IP 网络拓扑结构中可能发生缺失的链路进行推断。

为了对缺失链路推断算法的性能进行评价,将已知的链路集合 E 随机划分为训练集 E^T和测试集 E^P两个部分。训练集 E^T中的链路连接作为已知信息来使用,在计算各路由器间分数值时,只使用集合 E^T中的信息,测试集 E^P中的链路仅用来对推断结果进行评估。由于集合间存在关系:$E=E^T\cup E^P$,$E^T\cap E^P=\varnothing$。因此,属于全集 U 但不属于 E 的链路是不存在的链路。

衡量链路预测准确性的指标主要包括 AUC(area under the curve of ROC,ROC 曲线下的面积)指标、Precision 指标和 Ranking Score 指标。它们在衡量算法预测精确度时的偏重点略有不同。下面分别对这些指标进行分析介绍。

(1)AUC 指标

AUC 的值就是处于接受者操作特性(receiver operating characteristic,ROC)曲线下方面积的大小,AUC 的值通常介于 0.5 到 1.0 之间,AUC 的值越大,代表算法的精确度越高。AUC 指标是指从测试集 E^P中随机选择一条边,其相似性比随机选择一条不存在的边的相似性高的概率。依照这个思路,每次从测试集 E^P中随机选出一条边,并与随机选出不存在的边进行对比,如果推断出测试集中存在边的相似性大于不存在边的相似性(分数值),AUC 指标的值加 1 分;如果相等,加 0.5 分;否则不加分。这样,分别独立进行 n 次比较后,如果 n 次比较中有 n' 次测试集 E^P 中的边的分数值大,n'' 次两值是相等的,那么,AUC 指标可表示为

$$\mathrm{AUC}=\frac{n'+0.5n''}{n} \tag{2-1}$$

如果所有的相似性都是随机产生的,那么 AUC 取值 0.5。因此,可以将 AUC 取值大于 0.5 的程度作为衡量该预测指标在多大程度上优于随机选择。AUC 越大,表示预测精

度越高。

(2)Precision 指标

通过排序选出相似度分数值最大的前 L 条边,其中,预测准确的边(存在与测试集中的边)有 l 条,那么,Precision 指标为

$$\text{Precision} = \frac{l}{L} \tag{2-2}$$

根据式(2-2)的定义可知,Precision 的值越大,表明该链路预测算法的推断精度越高。

(3)Ranking Score 指标

假设未知边存在于集合 $H = U - E^T$ 中,也包含测试集中的边和不存在的边,未知边 $i \in E^P$ 的排名记为 r_i ,则未知边 i 的 Ranking Score 的值为

$$\text{Ranking Score}_i = \frac{r_i}{|H|} \tag{2-3}$$

式中, $|H|$ 为集合 H 中的元素遍历测试集中边的个数,则整个网络系统的 Ranking Score 的值为

$$\text{Ranking Score} = \frac{1}{|E^P|}\sum_{i \in E^P} \text{Ranking Score}_i = \frac{1}{|E^P|}\sum_{i \in E^P} \frac{r_i}{|H|} \tag{2-4}$$

本章在对 IP 网络中的缺失链路进行推断时,需要对整个待测 IP 网络进行考察。因此,综合考虑各指标特点及当前研究场景,借助 AUC 指标对缺失链路推断算法的性能进行评价。

2.2 链路预测算法

链路预测算法主要基于节点相似性和结构相似性展开。目前,链路预测算法主要基于共同邻居节点的相似性、节点度值的相似性、路径的相似性以及随机游走的相似性等四类。其中,基于共同邻居节点的相似性进行链路预测的重要前提条件为:相邻两节点的属性越相近,两节点间存在连接的可能性越大。这里指的节点相似性并非传统意义上的相似,而是指一种接近程度(proximity)。而基于网络结构信息的相似性(如节点度值、路径等)的链路预测精度的高低则取决于结构相似性的定义,即是否能够适用于待进行链路预测的目标网络的结构特征。

2.2.1 基于共同邻居节点的相似性指标

基于共同邻居(common neighbors,CN)节点的相似性的链路预测算法是以图为基础的相似性算法。该类算法通常认为:节点 x 和节点 y 的邻居集 $\Gamma(x)$ 和 $\Gamma(y)$ 的交集越大,则 x 与 y 越相似,即节点 z 如果存在边 $<x,z>$ 以及 $<z,y>$,那么节点 x 与节点 y 之间越

容易产生连边,即越有可能在两节点间存在链路的连接。

(1)CN 指标

CN 指标是最简单的相似性指标,该指标仅仅考虑网络中各节点的局部信息,如果两个节点拥有的共同邻居数越多,那么这两个节点之间存在链路的可能性也越大。CN 指标为

$$S_{xy} = |\Gamma(x) \cap \Gamma(y)| \tag{2-5}$$

(2)Salton 指标

Salton 指标是利用两节点的共同邻居数除以节点度值的乘积,来作为两节点相似性判据。节点的度值大,则从某种程度上说明该节点的重要性越高。Salton 指标为

$$S_{xy} = \frac{|\Gamma(x) \cap \Gamma(y)|}{\sqrt{K_x \times K_y}} \tag{2-6}$$

(3)Jaccard 指标

Jaccard 指标是用共同邻居数除以两个节点邻居数的并集,与节点度值不同,当节点度值相同时,重复越多指标越高;反之,指标越低。Jaccard 指标为

$$S_{xy} = \frac{|\Gamma(x) \cap \Gamma(y)|}{|\Gamma(x) \cup \Gamma(y)|} \tag{2-7}$$

(4)Sørensen 指标

Sørensen 指标是用共同邻居数除以两相邻节点的度值之和。Sørensen 指标为

$$S_{xy} = \frac{2|\Gamma(x) \cap \Gamma(y)|}{|K_x + K_y|} \tag{2-8}$$

(5)LHN-I 指标

LHN-I(Leicht-Holme-Newman I)指标侧重点在于节点的相邻节点上,对两节点度值乘积大的予以较小的权值。LHN-I 指标为

$$S_{xy} = \frac{|\Gamma(x) \cap \Gamma(y)|}{K_x \times K_y} \tag{2-9}$$

(6)大度节点有利指标

大度节点有利指标(hub promoted index,HPI)使用共同邻居数除以度值小的节点度值得出。在相邻节点中,与度值大的节点相邻的链路将被赋予更大的权值。HPI 为

$$S_{xy} = \frac{|\Gamma(x) \cap \Gamma(y)|}{\min\{K_x, K_y\}} \tag{2-10}$$

(7)大度节点不利指标

大度节点不利指标(hub depressed index,HDI)与 HPI 相反,是用共同邻居数除以度值大的节点的度,在节点的相邻的节点中,度值大的获得较小的权值。HDI 为

$$S_{xy} = \frac{|\Gamma(x) \cap \Gamma(y)|}{\max\{K_x, K_y\}} \tag{2-11}$$

2.2.2 基于节点度值的相似性指标

基于节点值的相似性指标包括 AA 指标、RA 指标、PA 指标。

(1)AA 指标

AA(Adamic-Adar)指标对所有共同邻居中度值小的节点赋予较大的权值。根据共同邻居节点的度值大小,给每个节点赋予 $1/\log k$ 的权重值。其中,k 为节点的度值。AA 指标为

$$S_{xy}=\sum_{Z\in\Gamma(x)\cap\Gamma(y)}\frac{1}{\log K_Z}\tag{2-12}$$

(2)RA 指标

与 AA 指标类似,RA(resource allocation,资源配置)指标考虑网络中一对没有直接连接的节点 x 与节点 y,假设从节点 x 可传递一些资源到节点 y,在传递过程中,节点 x 与节点 y 所拥有的共同邻居充当传递媒介。那么,假设每个传递者都被分配了一个单位的资源,并会将这一单位的资源平均地分配给它的邻居们,则节点 y 接收到的从节点 x 传递来的资源被定义为节点 x 和节点 y 之间的相似性。RA 指标为

$$S_{xy}=\sum_{Z\in\Gamma(x)\cap\Gamma(y)}\frac{1}{K_Z}\tag{2-13}$$

(3)PA 指标

PA(preferential attachment,优先连接)指标赋予相邻节点度值乘积大的较大权值。PA 指标是一个只需要考虑节点度值大小的相似性指标。使用 PA 连接机制可以生成进化的无标度网络结构,即拥有幂率分布的网络结构。在无标度网络中,一条新生成的连边和节点 x 相连的概率与 x 的度值 K_x 成正比。PA 指标为

$$S_{xy}=K_x\times K_y\tag{2-14}$$

2.2.3 基于路径的相似性指标

基于路径的相似性指标从路径的信息角度定义了相似度。

(1)全路径指标

全路径指标又称 Katz 指标,考虑的对象是网络中所有的路径,与基于共同邻居节点的指标不同,其认为两个节点间的路径越多,则越短的路径表示越强的关系,即越短的路径权重越大。Katz 指标为

$$S_{xy}=\sum_{l=1}^{\infty}\beta^{l}\left|\mathrm{path}_{xy}^{<l>}\right|=\beta\boldsymbol{A}_{xy}+\beta^{2}(\boldsymbol{A})_{xy}^{2}+\beta^{3}(\boldsymbol{A})_{xy}^{3}+\cdots\tag{2-15}$$

式中,$\mathrm{path}_{xy}^{<l>}$ 为节点 x 与节点 y 之间长度为 l 的所有路径;$\boldsymbol{A}$ 为网络的邻接矩阵;$\boldsymbol{A}_{xy}$、$(\boldsymbol{A})_{xy}^{2}$、$(\boldsymbol{A})_{xy}^{3}$ 分别为节点 x 与节点 y 之间路径长度分别为 1、2、3 的路径数;β 为路径权重的衰减因子,用来控制各路径的权重。β 值越小,S_{xy} 越接近共同邻居,因为路径越长贡献越小。

(2)局部路径指标

由于 Katz 算法计算量太大,限制了它在复杂网络中的应用。局部路径(local path,LP)指标算法则考虑邻近节点对相似度的影响,减小了计算复杂度,同时综合考虑了一级邻居和二级邻居。LP 指标为

$$S_{xy} = (\boldsymbol{A})^2_{xy} + \varepsilon\,(\boldsymbol{A})^3_{xy} \tag{2-16}$$

式中,ε 为可调节参数,根据不同的网络类型将赋不同的值,当 $\varepsilon=0$ 时,该指标就演化为共同邻居指标;$\boldsymbol{A}$ 为网络的邻接矩阵;$(\boldsymbol{A})^2_{xy}$、$(\boldsymbol{A})^3_{xy}$ 分别为节点 x 与节点 y 之间路径长度为 2、3 的路径数,值为两节点的共有邻居数,若 x 与 y 直接相连,则其路径数为 1。

(3)LHN-Ⅱ指标

LHN-Ⅱ(Leicht-Holme-Newman Ⅱ)指标是 Katz 指标的一种变形。LHN-Ⅱ指标为

$$(\boldsymbol{A})^3_{xy}S_{xy} = \varphi\boldsymbol{AS} + \boldsymbol{\Psi I} = \boldsymbol{\Psi}(\boldsymbol{I} - \varphi\boldsymbol{A}) - 1 = \boldsymbol{\Psi}(\boldsymbol{I} + \varphi\boldsymbol{A} + \varphi^2\boldsymbol{A}^2 + \cdots) \tag{2-17}$$

式中,φ 和 $\boldsymbol{\Psi}$ 为参数小于 1 的调节参数,较小的 φ 对短路径赋予较大的权值,用来控制两个相似节点之间的平衡;$\boldsymbol{S}$ 为对角矩阵。对于节点 x 和节点 y,如果 x 和 y 的邻居有相同的相似度,那么 x 和 y 的相似度值就高。如果设置 $\boldsymbol{\Psi}=1$,该指标即转化为 Katz 指标。

2.2.4 基于随机游走的相似性指标

该指标假设从节点 x 进行随机游走到达节点 y,所需平均步数越少,则节点 x 和节点 y 的相似性越高。

(1)ACT 指标

假设 $m(x,y)$ 表示随机粒子从节点 x 出发,游走到节点 y 所需要的平均步数。那么,节点 x 到节点 y 游走的平均通勤时间为

$$\mathrm{act}(x,y) = m(x,y) + m(y,x) \tag{2-18}$$

其数据解可通过求该网络的拉普拉斯矩阵的伪逆 l^+,得

$$\mathrm{act}(x,y) = M(l^+_{xx} + l^+_{yy} - 2l^+_{xy}) \tag{2-19}$$

计算出的平均通勤时间越短,两节点间的相似性越大。网络通常存在普遍的聚集效应,因此,距离越近的节点更容易连接,忽略常数 M 的基于平均通勤时间的相似性定义为

$$S_{xy} = \frac{1}{l^+_{xx} + l^+_{yy} - 2l^+_{xy}} \tag{2-20}$$

(2)LRW 指标

LRW(local random walk,局部随机游走)指标是一种仅考虑有限步数进行随机游走过程的指标,定义 q_x 是一个初始分布,$q_x = K_x/M$(M 为一常数)。假设粒子从 t 时刻开始,从节点 x 出发开始随机游走,并且定义 $\boldsymbol{\pi}_x(t)$ 为 $t+1$ 时刻粒子走到节点 y 的概率,那么可得系统演化方程:$\boldsymbol{\pi}_x(t+1) = \boldsymbol{P}^{\mathrm{T}}\boldsymbol{\pi}_x(t)$,$\boldsymbol{P}$ 为转移概率矩阵 。其中,初始向量为 $\boldsymbol{\pi}_x(0) = \boldsymbol{e}_x$,当 $t \geqslant 0$ 时,则基于 t 步随机游走相似性 LRW 指标为

$$S_{xy} = q_x\pi_{xy} + q_y\pi_{yx} \tag{2-21}$$

(3)Cosine⁺指标

Cosine⁺指标是基于向量内积的相似性指标。在欧式空间中，$\boldsymbol{v}_x = \boldsymbol{\Lambda}^{\frac{1}{2}}\boldsymbol{U}^{\mathrm{T}}\boldsymbol{e}_x$ 中的元素 I_{xy}^{+} 表示向量 $\boldsymbol{v}_x^{\mathrm{T}}$ 和 $\boldsymbol{v}_x$ 的内积，$\boldsymbol{U}$ 是一个标准正交矩阵，按照其相对应特征向量的大小排序。$\boldsymbol{\Lambda}$ 是特征向量组成的对角阵，$\boldsymbol{e}_x$ 是一个 $N\times1$ 的向量，它的第 x 个元素为 1，其余的元素均为 0，T 表示矩阵的转置。Cosine⁺指标为

$$S_{xy} = \cos(x,y)^{+} = \frac{\boldsymbol{v}_x^{\mathrm{T}}\boldsymbol{v}_x}{|\boldsymbol{v}_x||\boldsymbol{v}_y|} = \frac{I_{xy}^{+}}{\sqrt{I_{xx}^{+}\cdot I_{yy}^{+}}} \tag{2-22}$$

(4)RWR 指标

RWR(random walk with restart，重启的随机游走)指标假设随机游走的粒子每走一步都要以一定的概率返回到起始位置。假设从节点 x 开始，随机选择一个邻居为下一步的概率为 c，则返回到节点 x 的概率为 $1-c$。用 $\boldsymbol{\pi}_x$ 表示它到达网络中各个节点 y 的概率向量，因此 $\boldsymbol{\pi}_x = c\boldsymbol{P}^{\mathrm{T}}q_x + (1-c)\boldsymbol{e}_x$，其中，$q_x = k_x/M$($M$ 为一常数)，$\boldsymbol{P}$ 为转移概率矩阵，如果 x 和 y 相连，则 $P_{xy}=1/K_x$，反之，$P_{xy}=0$。

该公式也可以直接写为 $\boldsymbol{\pi}_x(t+1) = c\boldsymbol{P}^{\mathrm{T}}\boldsymbol{\pi}_x(t) + (1-c)\boldsymbol{e}_x$ 形式。其中，$\boldsymbol{e}_x$ 为起始状态，其是只有第 x 元素为 1，其他元素均为 0 的一维向量。RWR 指标为

$$S_{xy} = q_{xy} + q_{yx} \tag{2-23}$$

此外，RWR 的另一种快速算法被提出并应用于各个不同领域的预测系统中。

(5)SimRank 指标

SimRank 指标认为，如果两个节点的邻居节点相似，那么，这两个节点也相似。除了特殊情况 similarity$(x,x)=1$，其他情况下的计算方法为

$$S_{xy} = \gamma\frac{\sum_{a\in\Gamma(x)}\sum_{b\in\Gamma(y)}\text{similarity}(a,b)}{|\Gamma(x)|\cdot|\Gamma(y)|} \tag{2-24}$$

式中，$\gamma\in[0,1]$ 为相似性传递时的衰减函数。SimRank 指标是指如果两个节点有相似的邻边结构，则这两个节点也是相似的，即两节点间可能存在连边。由于 SimRank 算法开销较大，其迭代过程中的每次迭代运算都需要进行一次全局同步，并且每次迭代的计算复杂度较高，因此，在对一定规模下的 IP 网络进行缺失链路推断时，算法实时性无法保证。

(6)SRW 指标

SRW(superposed random walk，叠加的局部随机游走)指标是在局部随机游走指标 LRW 的基础上对前几步的叠加。该指标的侧重点在于给予目标节点和它相邻的节点更大的相似度值。SRW 指标为

$$S_{xy} = \sum_{l=1}^{t} S_{xy}(l) = \sum_{l=1}^{t} q_x\pi(l_{xy}) + \sum_{l=1}^{t} q_y\pi(l_{yx}) \tag{2-25}$$

SRW 指标给邻近目标节点的点更多与其相连的机会。

2.3 实验评价

Internet 是当今最大的 IP 网络,人们对 Internet 的认识不断发展。Internet 拓扑结构存在幂率分布特性,在被揭示之前,一直被认为是一种随机的网络结构。1988 年,由 Waxman 提出的 Waxman 模型是随机图模型中最具典型的代表。1999 年,Faloutsos 三兄弟发现 Internet 拓扑结构存在幂率分布特性。BA 模型是由 Barabasi 和 Albert 等提出,拓扑建模中,普遍将 BA 模型作为无标度网络基本模型。BA 模型中节点增长为线性优先连接,当前的 Internet 中,节点更倾向于连接到高连接度的节点上。其中,广义线性优先(generalized linear preference,GLP)模型正是在此基础上提出的。

为了验证各链路预测算法在 IP 网络链路推断中的有效性及准确性,利用 Brite 拓扑生成器生成 Waxman、BA 及 GLP 三种不同类型的 IP 网络拓扑结构模型,并在不同网络规模、不同链路缺失率(link loss rate,LLR)下进行算法的缺失链路推断实验。考虑到 SimRank 算法推断时间复杂度过高,不适合 IP 网络缺失链路推断,因此,不再对该算法进行性能比较评价。实验结果均为所有参数设置相同进行 10 次实验取平均值后所得的结果。

2.3.1 不同 LLR 下算法推断性能比较

对一定规模的 IP 网络(节点数等于 150),模拟 LLR 从 0.05~0.3 发生变化,对各链路预测算法分别在不同类型的 IP 网络拓扑结构模型下进行模拟仿真实验。

2.3.1.1 Waxman 模型

各链路预测算法在 Waxman 模型下的缺失链路推断性能 AUC(节点数等于 150,不同 LLR)如图 2-1 所示。

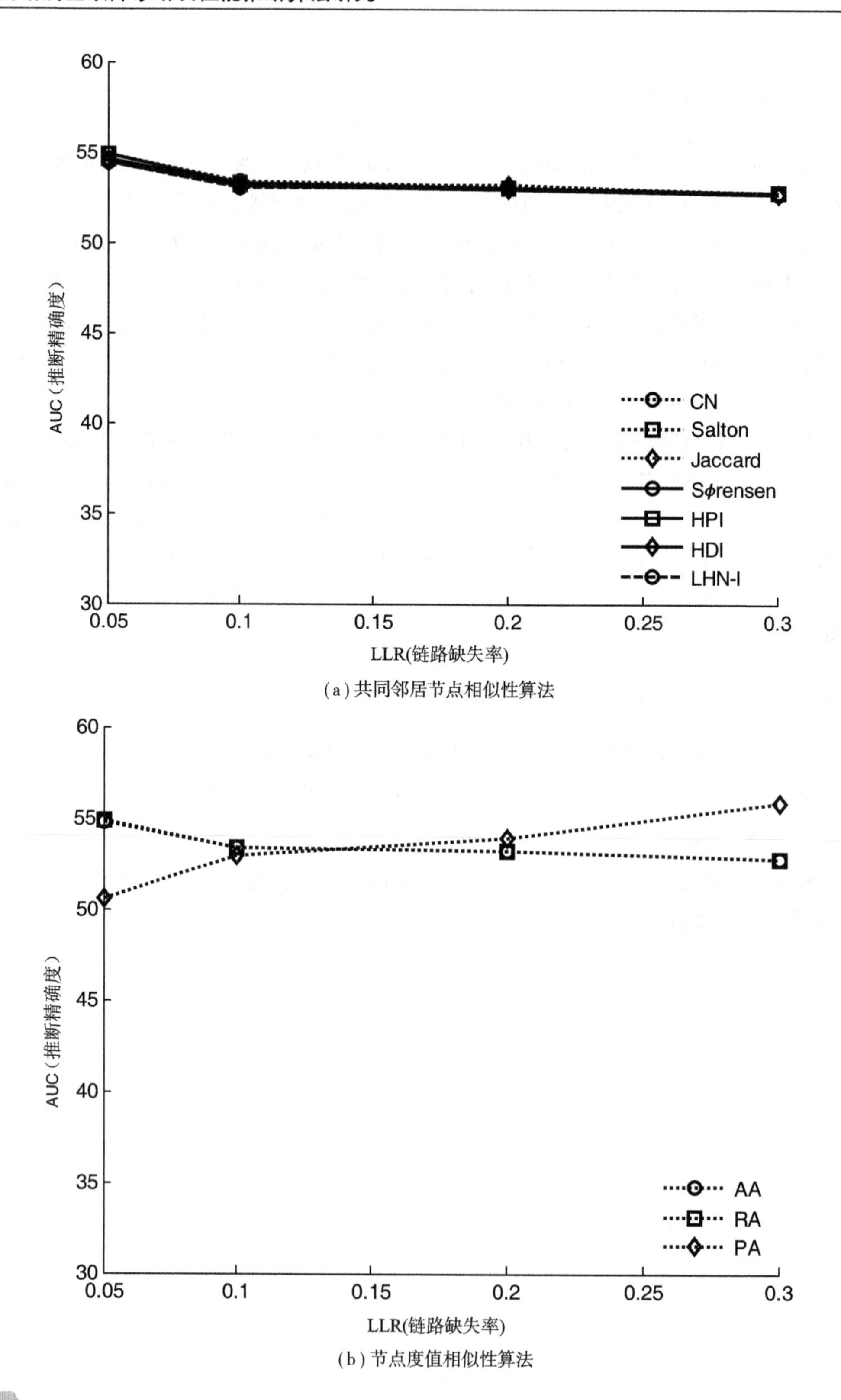

(a) 共同邻居节点相似性算法

(b) 节点度值相似性算法

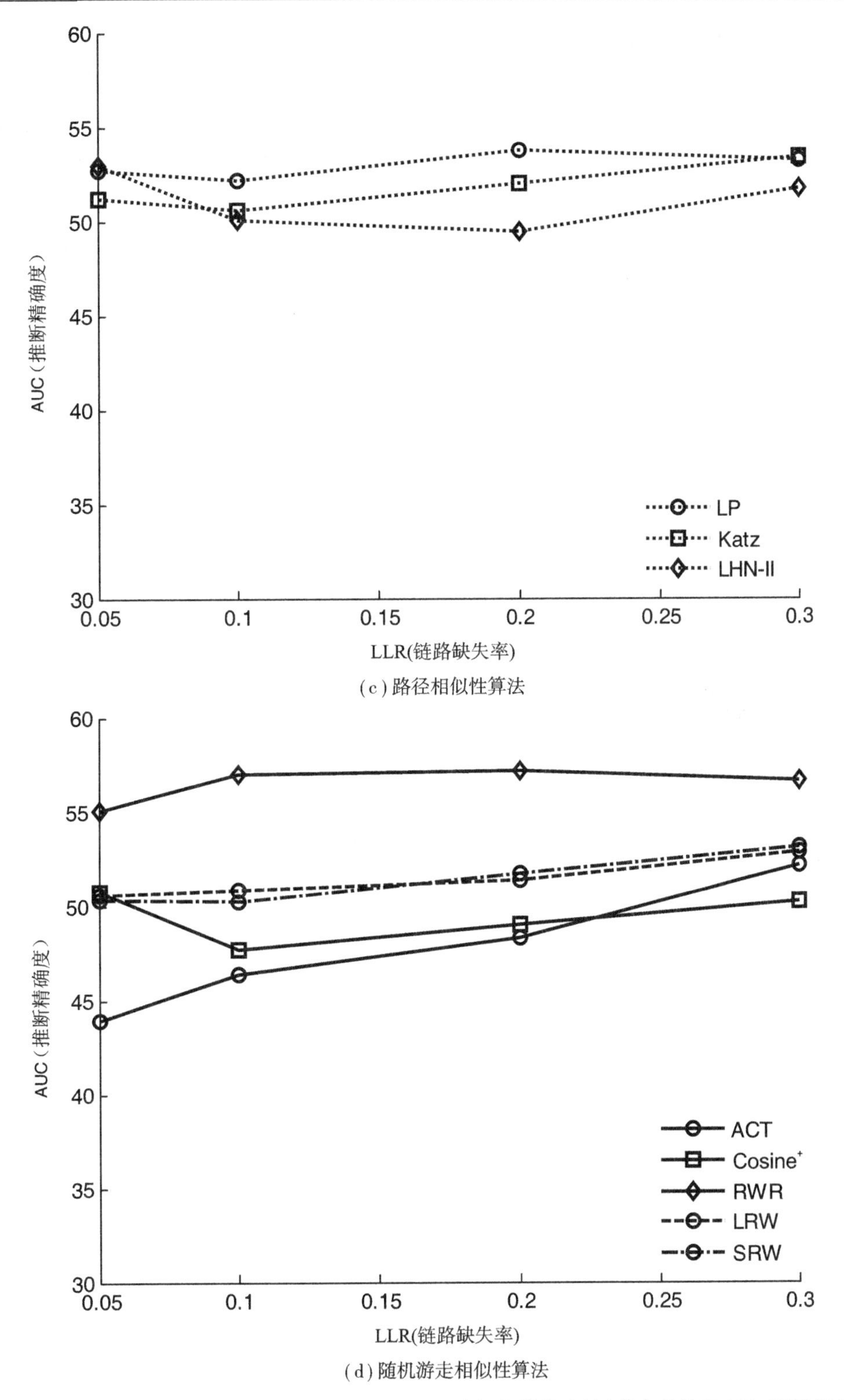

(c) 路径相似性算法

(d) 随机游走相似性算法

图 2-1 各链路预测算法在 Waxman 模型下缺失链路推断性能比较（节点数等于 150，不同 LLR）

由图 2-1 可以看出，在不同 LLR 情况下，各链路预测算法在一定规模的 Waxman 网络拓扑结构模型下的缺失链路推断性能普遍较差，缺失链路推断 AUC 均不超过 60%。这是由于 Waxman 模型本身是一种具有较强随机特性的网络模型，其模型中各条路径长度较长，且共同邻居数较少，在链路缺失的情况下，很难学习各个节点之间链路连接的规律；相比而言，基于随机游走相似性算法中的 RWR 指标在 Waxman 网络拓扑结构模型下的缺失推断性能最佳。但是，随着当前 Internet 规模的不断增大，网络特性呈现出较强的幂率特性。因此，下面对具有幂率特性的 BA 模型及 GLP 模型下各链路预测算法进行缺失链路推断实验。

2.3.1.2 BA 模型

各链路预测算法在 BA 网络拓扑结构模型下的缺失链路推断性能 AUC（节点数等于 150，不同 LLR）如图 2-2 所示。

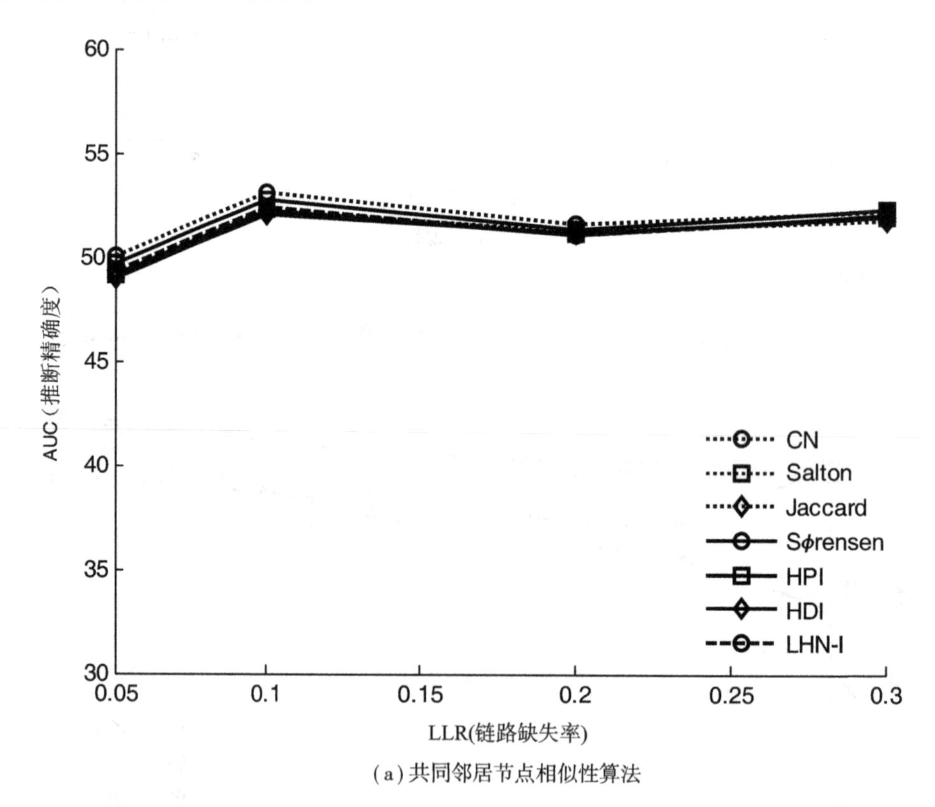

(a) 共同邻居节点相似性算法

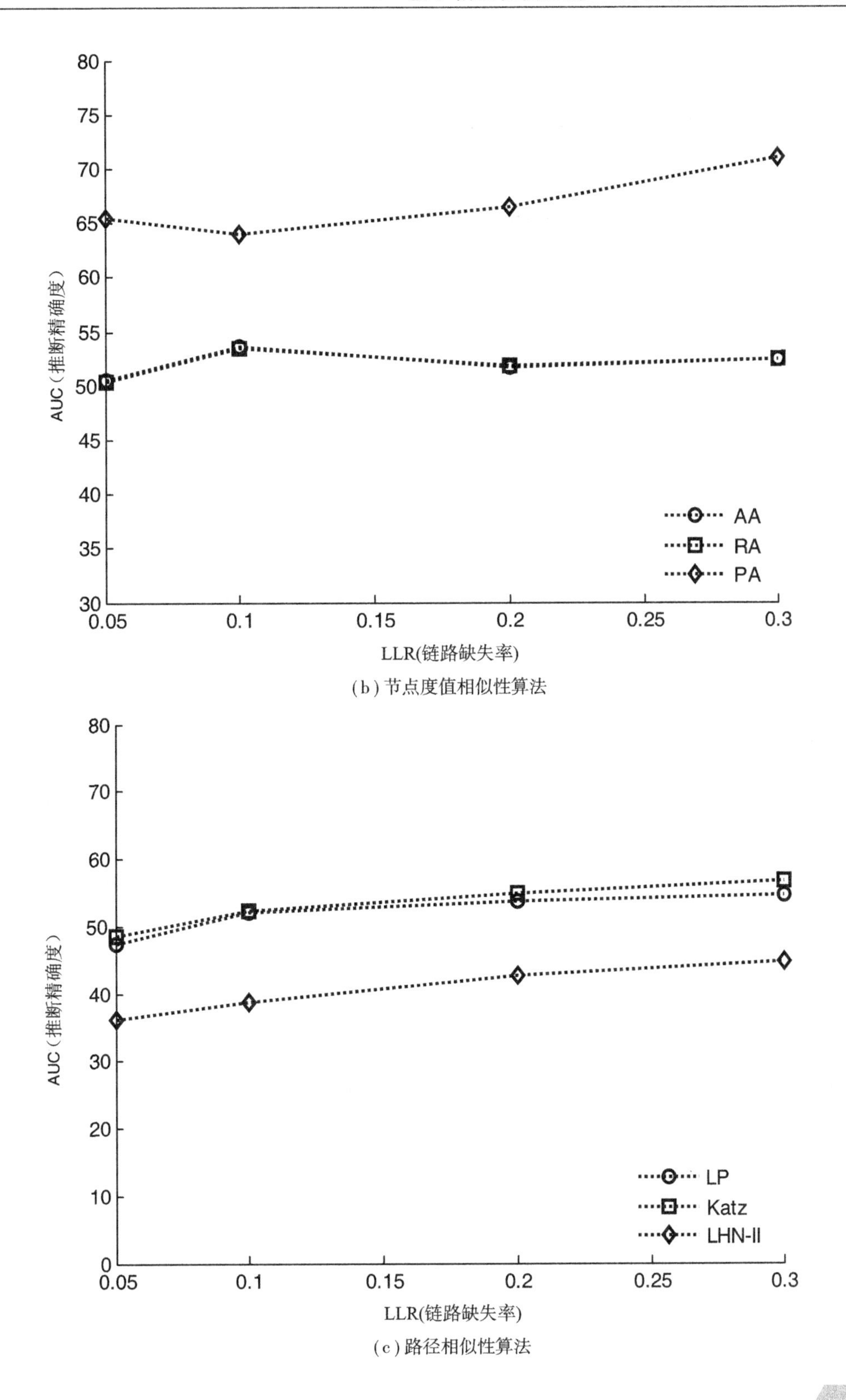

(b) 节点度值相似性算法

(c) 路径相似性算法

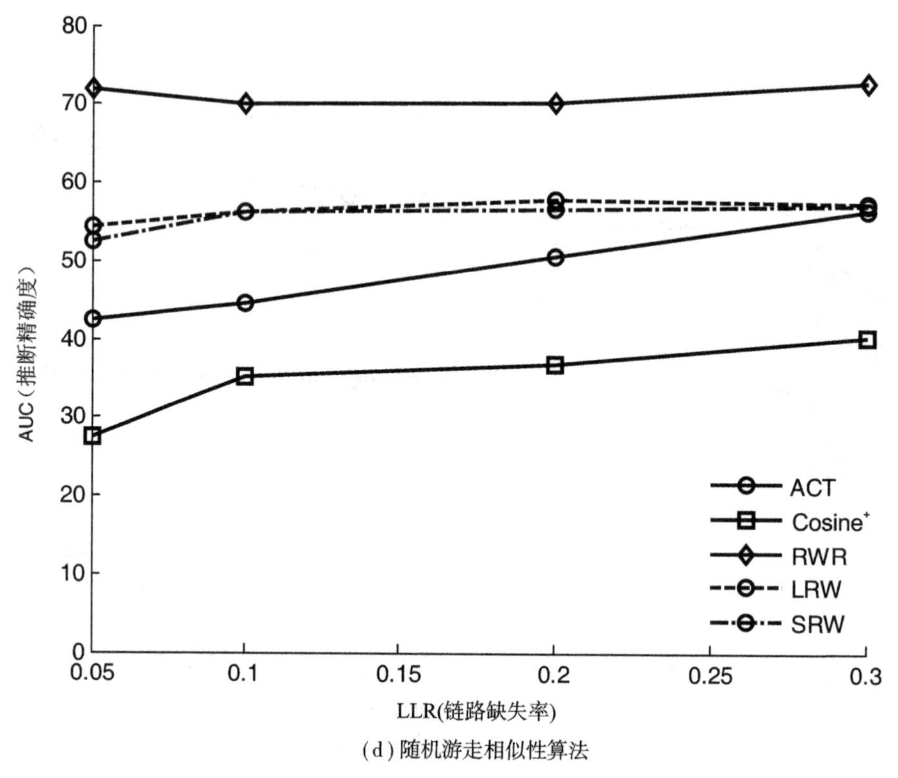

(d)随机游走相似性算法

图 2-2　各链路预测算法在 BA 模型下缺失链路推断性能比较(节点数等于 150,不同 LLR)

由图 2-2,在 BA 网络拓扑结构模型下的各链路预测算法的性能曲线 AUC 可以看出,在不同 LLR 情况下,基于节点度值相似性算法中的 PA 指标与基于随机游走相似性中的 RWR 指标的缺失链路推断 AUC 均高于 63%。其中,RWR 指标保持在 70% 以上,其他各相似性算法下的指标缺失链路推断 AUC 均不超过 60%;相比而言,基于随机游走相似性算法中的 RWR 指标在 BA 网络拓扑结构模型下的缺失链路推断性能最佳。

2.3.1.3　GLP 模型

为了验证各链路预测算法在强幂率特性的网络拓扑中的缺失链路推断性能,以默认参数生成 150 个节点的 GLP 网络拓扑结构模型,在 GLP 网络拓扑结构模型下,各链路预测算法的缺失链路推断性能 AUC(节点数等于 150,不同 LLR)如图 2-3 所示。

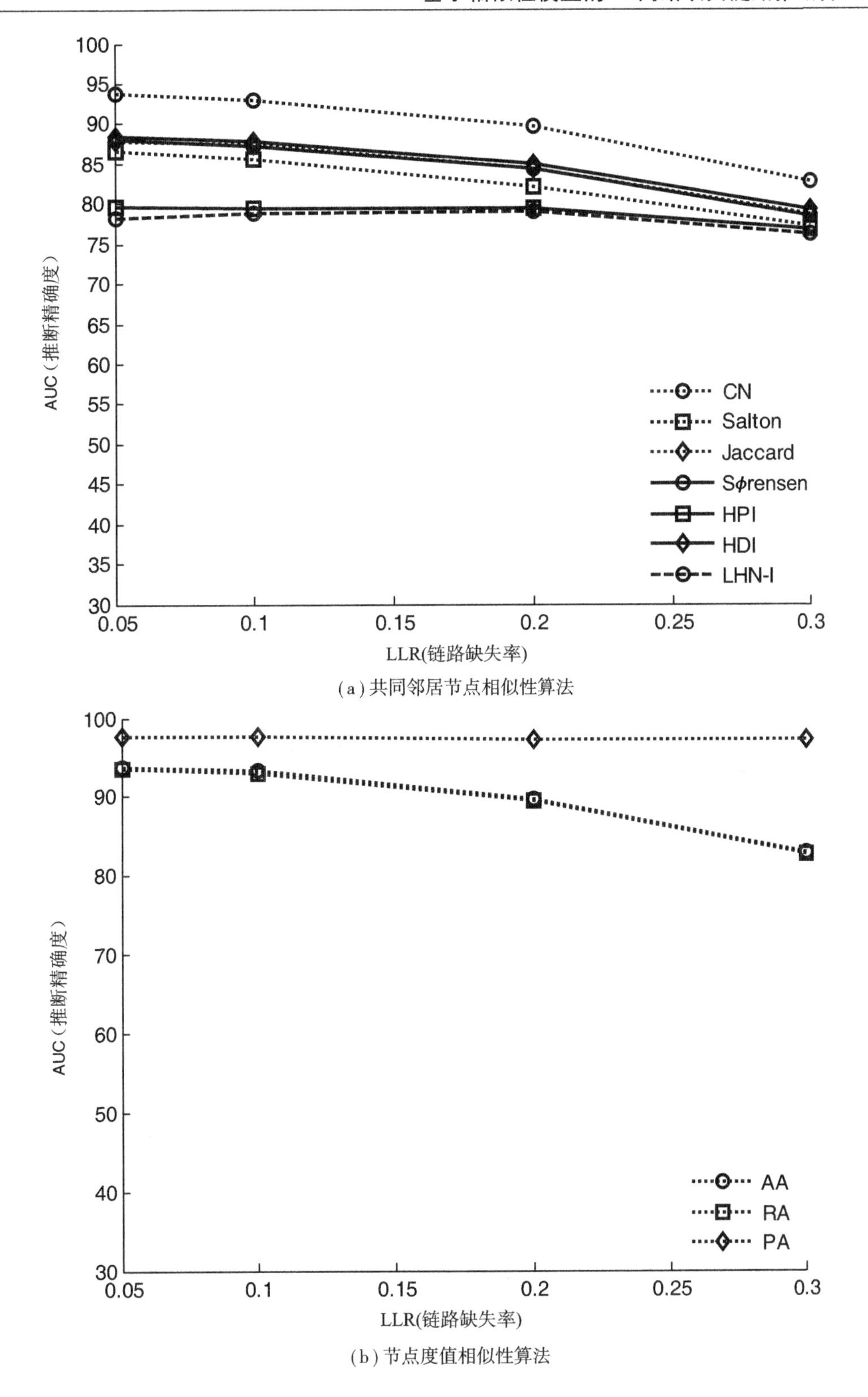

(a) 共同邻居节点相似性算法

(b) 节点度值相似性算法

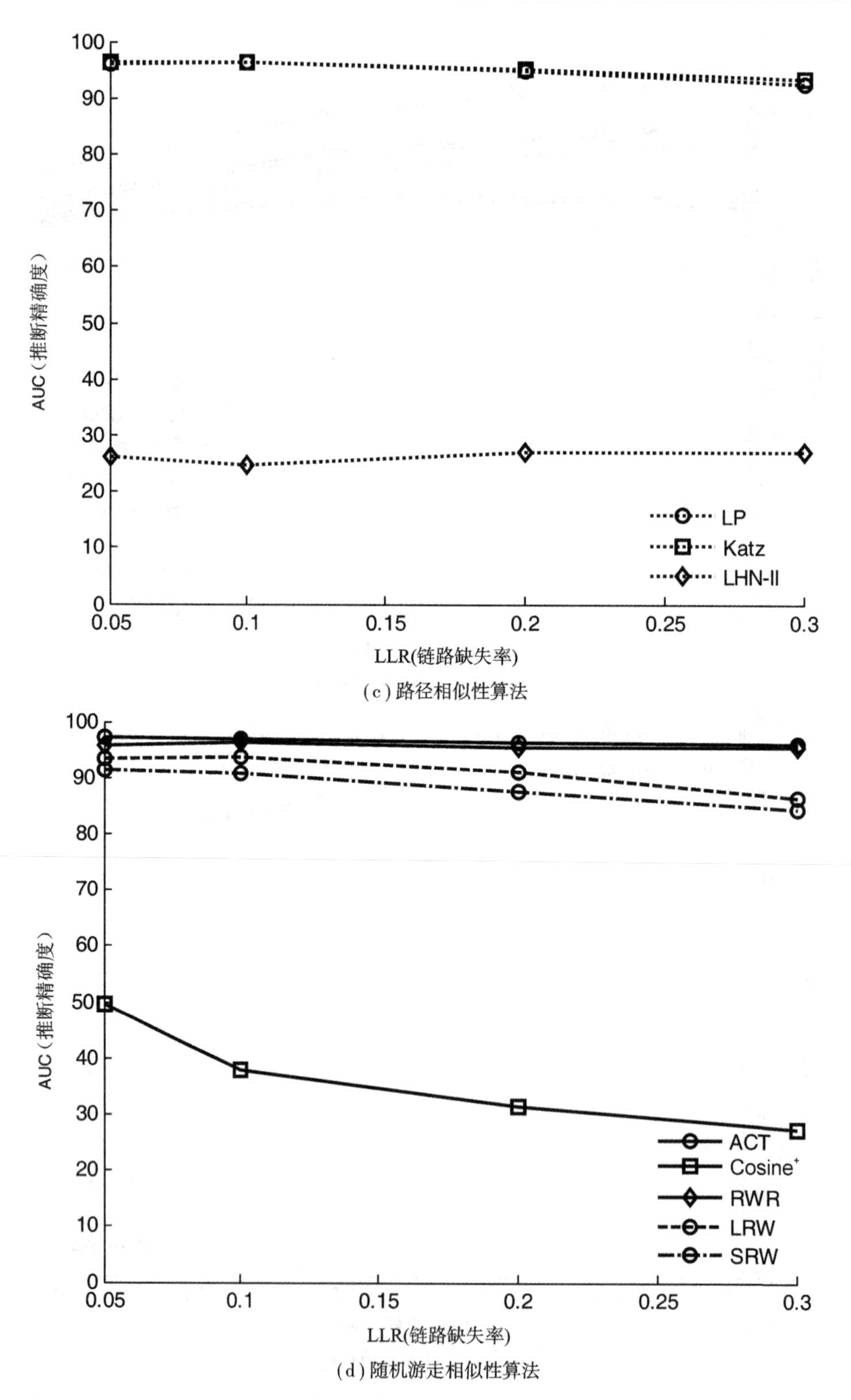

(c) 路径相似性算法

(d) 随机游走相似性算法

图 2-3　各链路预测算法在 GLP 模型下缺失链路推断性能比较(节点数等于 150,不同 LLR)

从各链路预测算法的性能曲线可以看出，在 GLP 网络拓扑结构模型、不同 LLR 情况下，除了基于路径相似性算法中的 LHN－Ⅱ指标与基于随机游走相似性算法中的 Cosine+ 指标缺失链路推断 AUC 始终低于 50%，其他各算法的推断 AUC 均保持在 75% 以上，且在一定 LLR 下，算法的推断性能下降幅度并不明显，保持了较好的鲁棒性特征。其中，随机游走相似性算法中的 RWR 指标及基于节点度值相似性算法中的 PA 指标均保持了较高的缺失链路推断性能，AUC 始终保持在 95% 以上。根据对 PA 指标的分析发现，由于 PA 指标本身是一种基于优先连接机制模型的链路预测算法，在对幂率度分布的 GLP 网络拓扑结构模型下应具有较好的推断结果。

综合比较上述不同相似性模型下的各链路预测指标，对 IP 网络缺失链路推断过程中的性能进行分析。在 GLP 网络拓扑结构模型下，基于节点度值相似性的链路预测算法中，PA 链路预测指标以及基于随机游走相似性的链路预测算法中的 RWR 指标均能够较好地推断出不同类型网络拓扑模型中的缺失链路。但是，在 BA 网络拓扑结构模型及 Waxman 网络拓扑结构模型下，RWR 指标的缺失链路推断 AUC 优于 PA 指标。因此，在对 IP 网络缺失链路进行推断时，特别是对当前具有幂率特性的 Internet 网络进行缺失链路推断时，优先选取 RWR 算法补全缺失 IP 网络的拓扑信息。

2.3.2 不同网络规模下算法推断性能比较

为验证各算法在不同 IP 网络规模下的缺失链路推断准确性及稳定性，模拟不同节点规模（节点数为 50 ~ 500）的网络拓扑，LLR = 0.1，分别对各链路预测算法在不同类型、不同规模的 IP 网络拓扑结构模型下进行模拟实验比较评价。

2.3.2.1 Waxman 模型

各链路预测算法在 Waxman 网络拓扑结构模型下的缺失链路推断性能 AUC（LLR = 0.1，不同节点数）如图 2-4 所示。

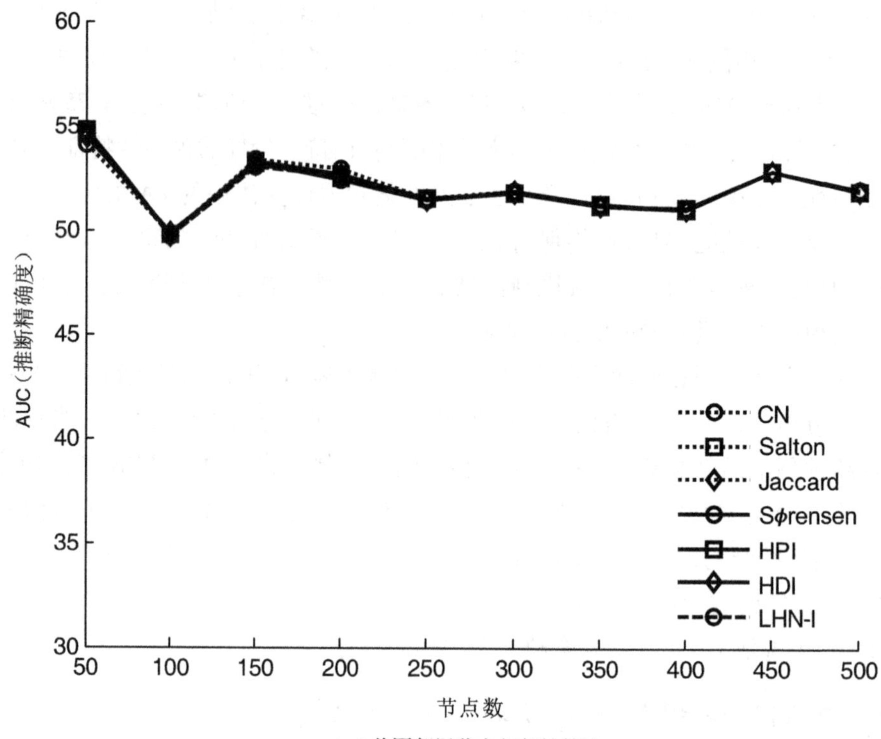

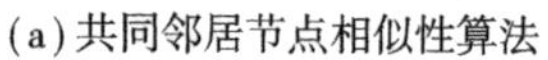
(a) 共同邻居节点相似性算法

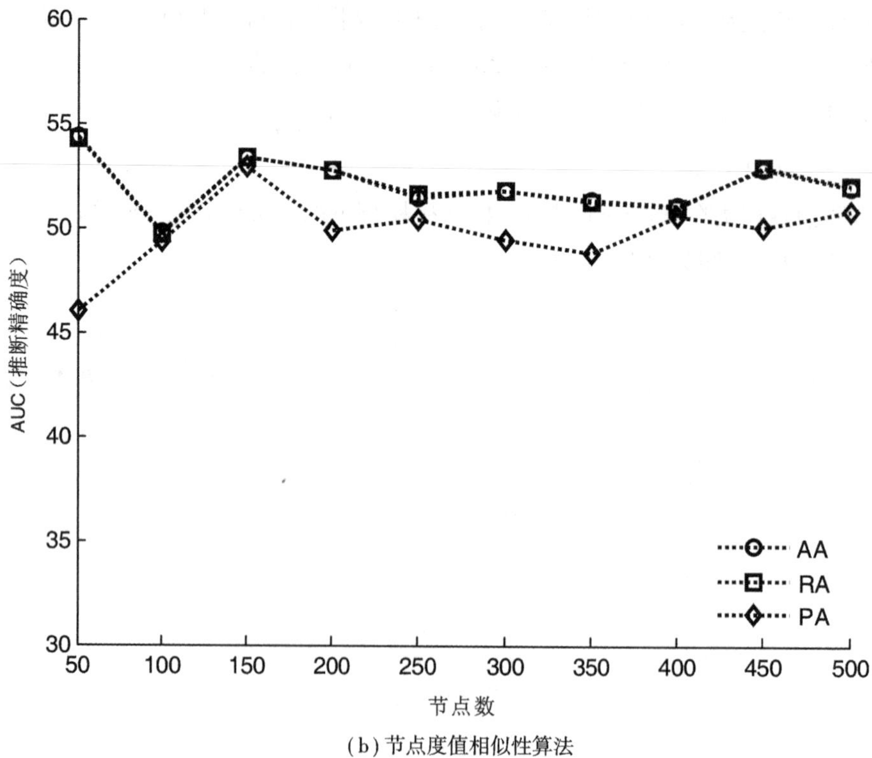

(b) 节点度值相似性算法

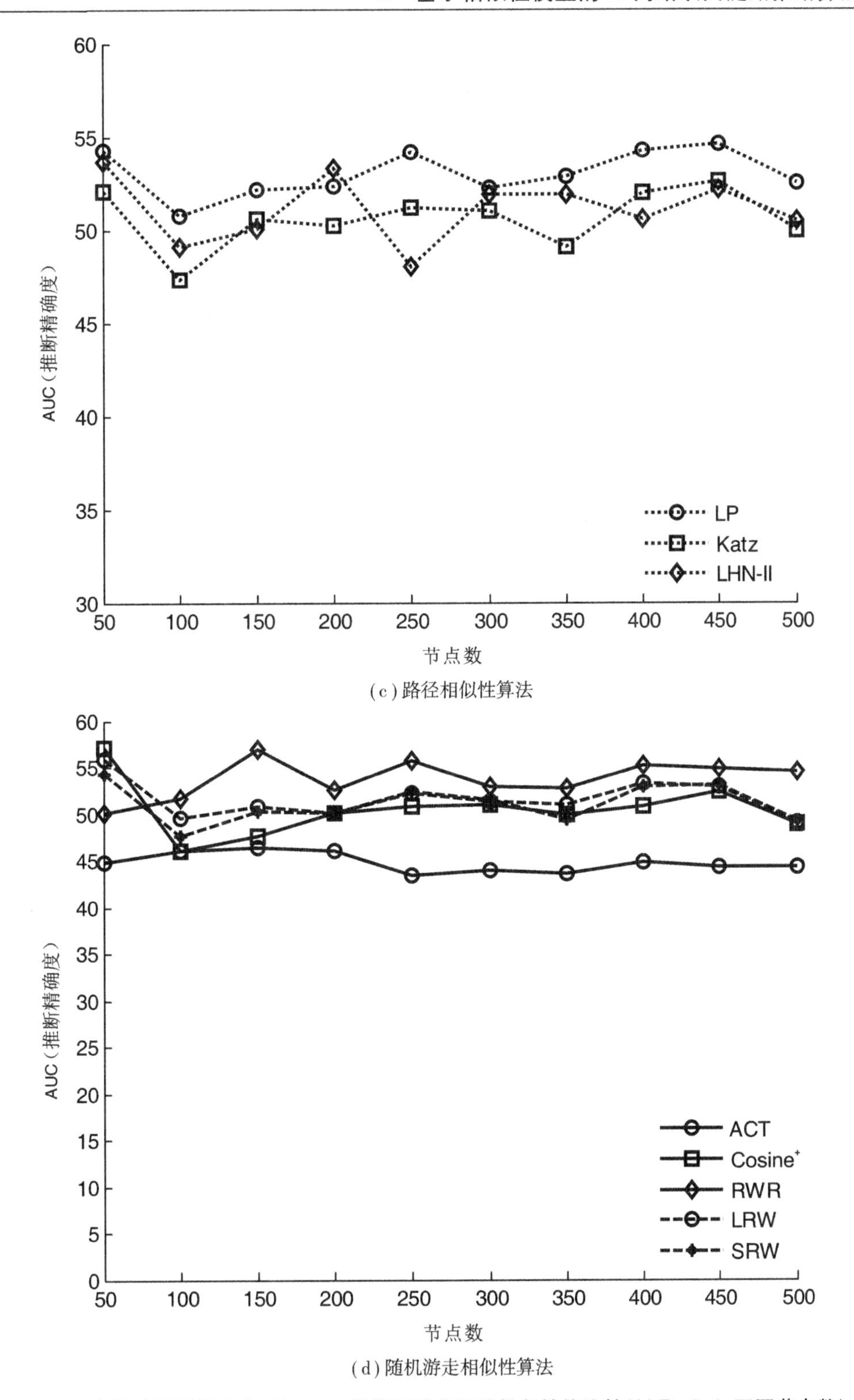

(c) 路径相似性算法

(d) 随机游走相似性算法

图 2-4　各链路预测算法在 Waxman 模型下缺失链路推断性能比较(LLR=0.1,不同节点数)

由图 2-4 可知,在 Waxman 网络拓扑结构模型下,各缺失链路推断算法在不同网络规模下的 AUC 曲线变化不明显,除了基于随机游走相似性算法下的 RWR 指标能够保持在 55% 左右,其余各缺失链路推断算法的性能随 IP 网络规模的增大,缺失链路推断 AUC 值均不超过 55%。因此,各链路预测算法均不能在随机网络拓扑模型下推断缺失链路,不适合进行 IP 网络拓扑信息补全。

2.3.2.2　BA 模型

各链路预测算法在 BA 网络拓扑结构模型下的缺失链路推断性能 AUC(LLR = 0.1,不同节点数)如图 2-5 所示。

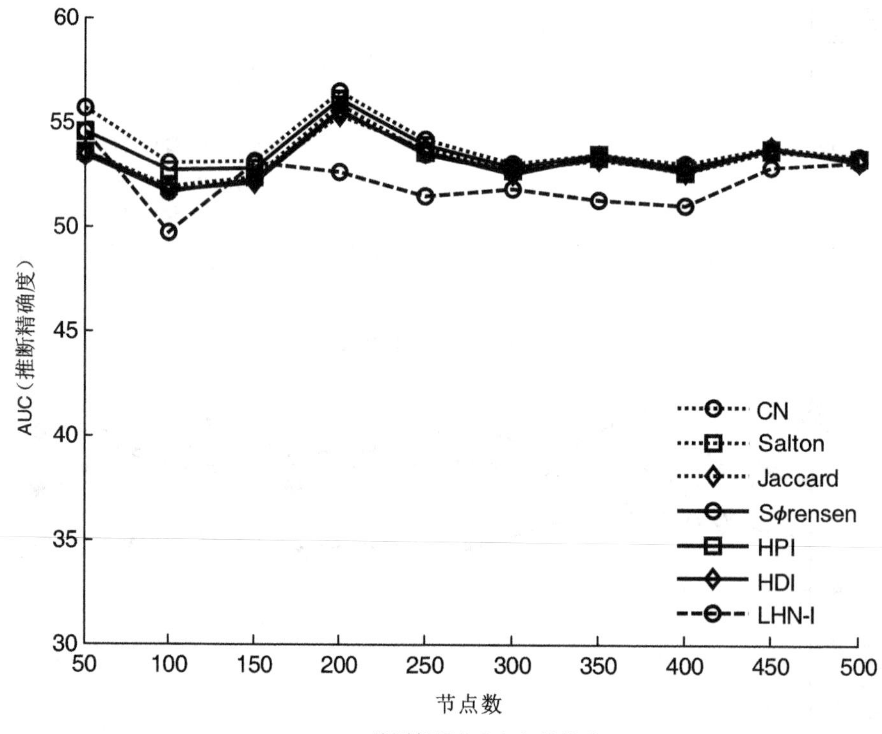

(a)共同邻居节点相似性算法

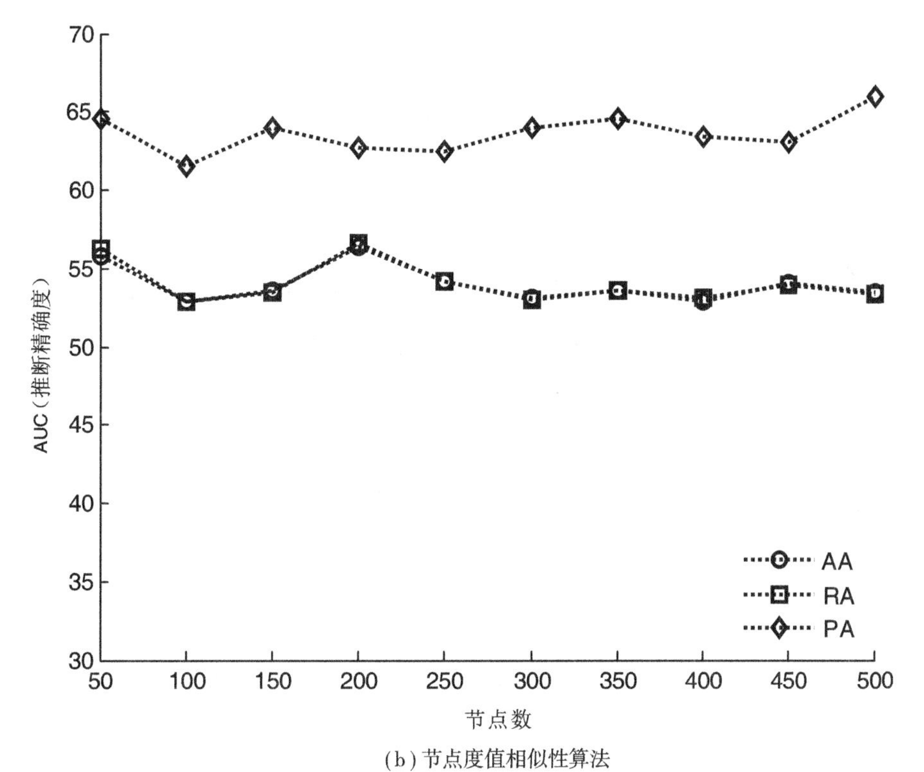

(b) 节点度值相似性算法

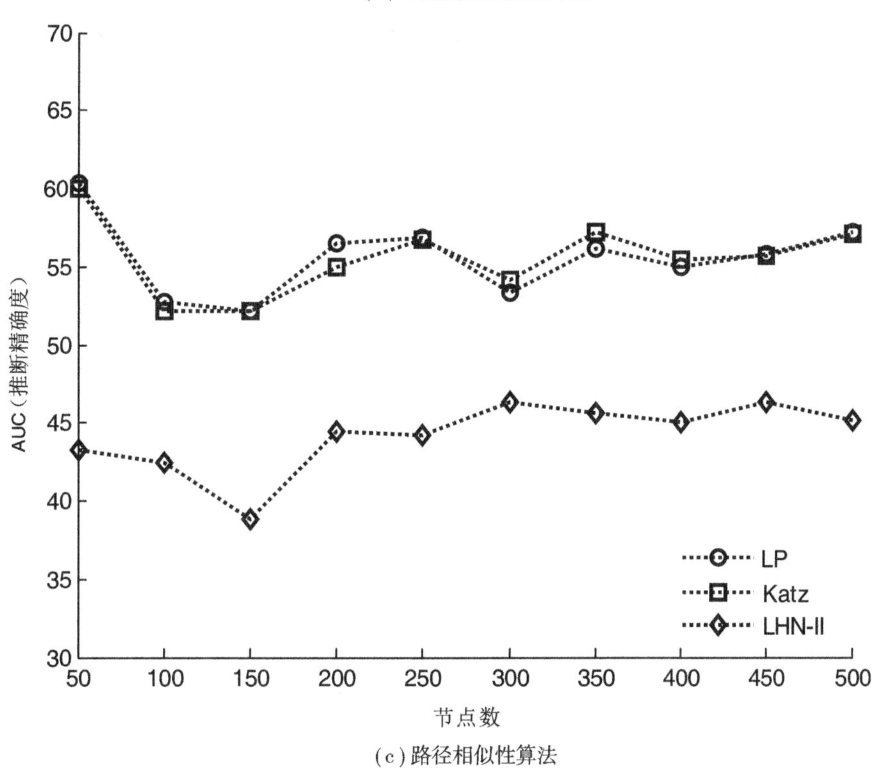

(c) 路径相似性算法

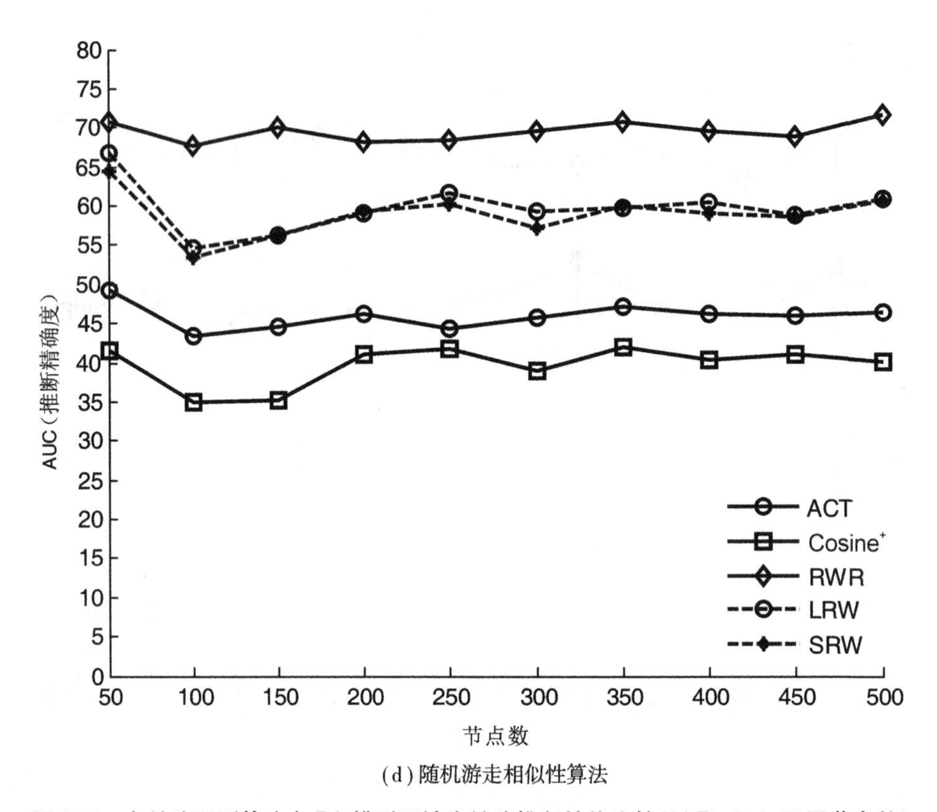

(d)随机游走相似性算法

图 2-5　各链路预测算法在 BA 模型下缺失链路推断性能比较(LLR=0.1,不同节点数)

由图 2-5 可知,在 BA 网络拓扑结构模型下,随着 IP 网络规模的增大,各缺失链路预测算法推断 AUC 基本保持不变。其中,基于节点度值相似性算法中的 PA 指标 AUC 始终高于60%,基于随机游走相似性算法中的 RWR 指标 AUC 始终高于65%。其他各相似性算法下的指标缺失链路推断 AUC 均不超过65%(LRW 指标在节点数较少时除外);相比而言,基于随机游走相似性算法中的 RWR 指标在 BA 网络拓扑结构模型中的缺失链路推断性能最佳。

2.3.2.3　GLP 模型

各链路预测算法在 GLP 网络拓扑结构模型下的缺失链路推断性能 AUC(LLR = 0.1,不同节点数)如图 2-6 所示。

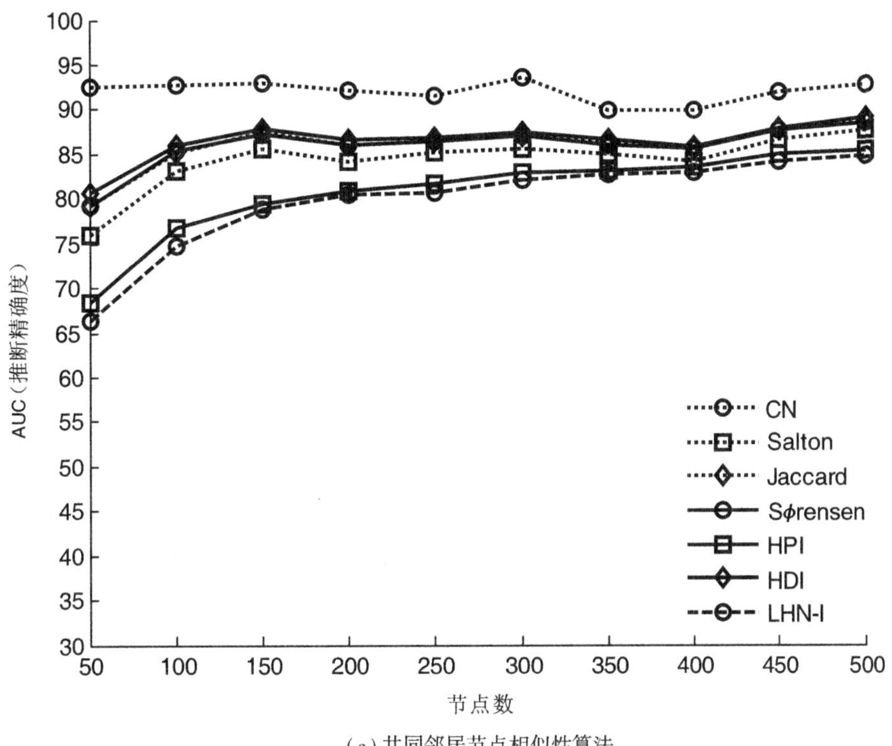

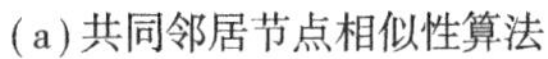
(a)共同邻居节点相似性算法

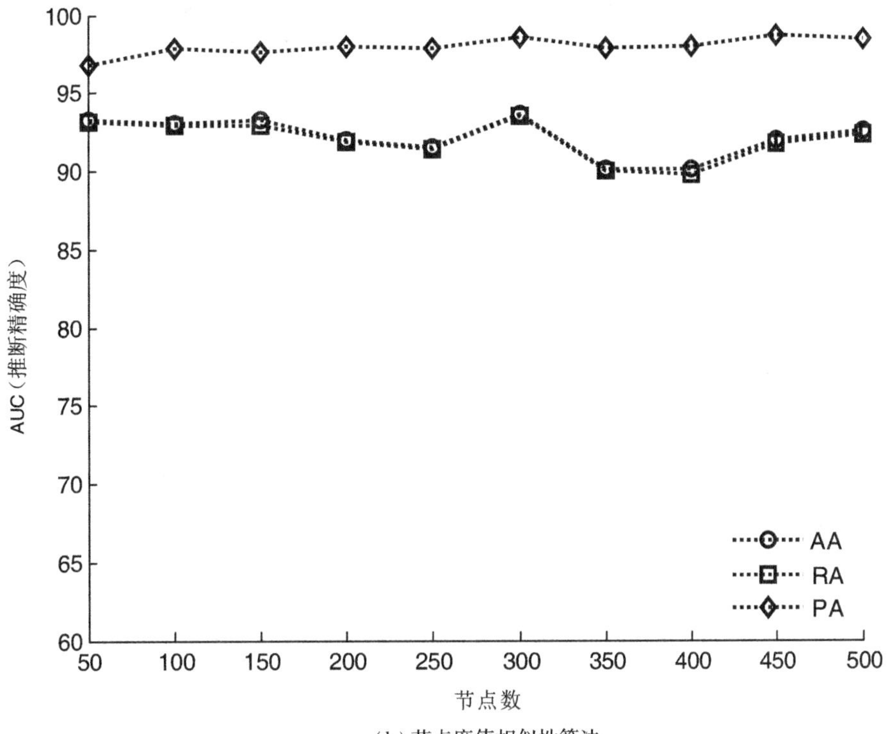

(b)节点度值相似性算法

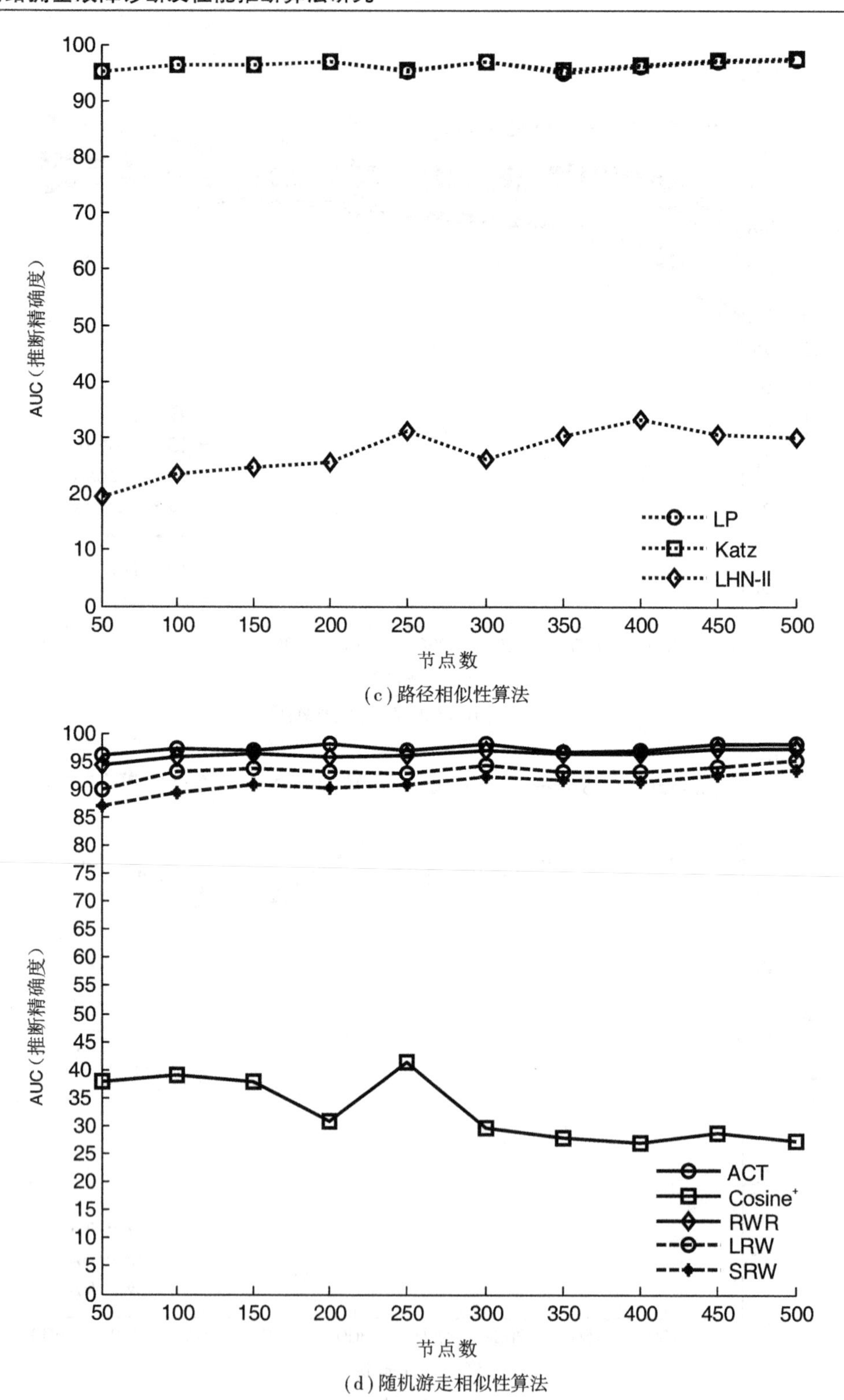

(c) 路径相似性算法

(d) 随机游走相似性算法

图 2-6　各链路预测算法在 GLP 模型下缺失链路推断性能比较(LLR=0.1,不同节点数)

由图 2-6 可知，在 GLP 网络拓扑模型下，除 LNH-Ⅱ 指标及 Cosine+ 指标无法实现缺失链路推断外，其余各链路预测算法的性能均较在 BA 模型及 Waxman 网络拓扑结构模型下有显著提高。其中，基于共同邻居节点相似性算法中的 CN 指标，基于节点度值相似性算法中的 AA、RA、PA 指标，基于路径相似性算法中的 LP、Katz 指标以及基于随机游走相似性算法中的 RWR、ACT、LRW 指标，其缺失链路推断 AUC 始终保持在 90% 以上。特别是基于节点度值相似性算法中的 PA 指标，随着网络规模的增大，缺失链路推断 AUC 始终保持在 97% 以上。

综合比较不同的链路预测算法在不同的 IP 网络拓扑结构模型中的缺失链路推断性能：基于随机游走相似性算法中的 RWR 指标在 BA 模型下仍能保持 65% 以上的 AUC，而 PA 指标 AUC 不超过 70% 。因此，随着网络规模的变化，RWR 指标同样在各 IP 网络拓扑结构模型下性能最佳。特别是在幂率特性 IP 网络中表现出更好的缺失链路推断性能，准确性较高。另外，从 RWR 算法的 AUC 方差值来看，方差值较小，说明 RWR 算法不仅能够保证较高推断精度，而且能够保证推断结果的稳定性。

2.4 本章小结

基于主动探测技术对待测 IP 网络拓扑结构进行获取时，如获取拓扑信息时发生链路缺失现象，将无法构建系统选路矩阵，这将直接影响网络故障诊断及性能推断算法的精度。本章提出利用链路预测算法推断待测 IP 网络中的缺失链路，通过在不同类型、不同规模的网络拓扑模型下，对不同链路预测算法进行缺失链路推断实验，比较验证了基于随机游走相似性模型中的 RWR 算法能够在当前幂率特性 IP 网络中取得较好的推断性能，为网络故障诊断及性能推断算法精度提供有效的保障。

3 基于路由器度值的 E2E 探测及探针部署优选算法

主动探测技术通常以尽可能少的探针部署开销对 E2E 路径性能进行探测，对尽可能多的链路性能进行诊断。随着 IP 网络规模不断扩大，探测选取的计算复杂度越来越高，计算时间随着网络节点数呈指数级增长。如果为了提高链路覆盖率，对所有网元设备部署探针，既会带来巨大软硬件资源开销，又会给网络带来过多额外流量负荷。因此，合理的探测选取已成为 IP 网络、多链路拥塞定位及性能推断的关键。本章首先介绍当前探测选取算法存在的问题；然后，基于路由器度值，提出贪婪启发式搜索算法，通过引入优选系数确定最优 E2E 探测路径及探针部署方案；最后，实验证明了本章提出的探测选取算法的准确性及计算效率。

3.1 问题描述及算法原理

现有的分布式探针部署方案多将探针部署在端主机节点或叶子节点上，并基于固定源 IP 路由，从源端路由器向各目的端路由器发送数据包，从而获取各 E2E 路径途经链路及性能情况。实验发现，在当前的互联网中，路由算法多为最短路径优先策略，而传统方式仅对叶子节点进行探针硬件设备部署，其对待测 IP 网络的链路覆盖有限。为了覆盖尽可能多的链路，需要部署较多的硬件探针设备，从而给网络管理系统带来较大的软硬件系统开销，且给被管理网络带来较多的额外流量负荷。如何对待测 IP 网络部署尽可能少的探针，通过发送尽可能少的探测数据包覆盖尽可能多的链路是一个相互矛盾的问题。本章针对当前 IP 网络路由算法中的最短路径优先策略，提出一种基于度值的探测选取方法（based detection selection method based on degree value，DVDSM）。

本章提出的 IP 网络 E2E 探测及探针部署优选算法首先考虑网络中最短路径优先路由算法策略，基于贪婪启发式搜索算法对待测 IP 网络拓扑结构中各链路进行遍历。综合考虑 E2E 路径数，减少因发包探测对网络带来的额外流量负荷。为了在保证链路覆盖率的基础上进一步优化 E2E 发包探测路径，对 E2E 探测路径及途经各链路按照第 2 章中的定义 1-1 构建选路矩阵的方法，构建待测 IP 网络的探测矩阵 $\boldsymbol{D}$，并对探测矩阵通过初等式变换，去除探测矩阵中各线性相关行。因探测矩阵在移除线性相关行的过程中，矩阵列数不发生改变,即覆盖链路数不变。原理如式(3-1)所示。

$$\boldsymbol{D}=\begin{pmatrix}1&0&0\\0&1&0\\0&0&1\\1&0&1\end{pmatrix}\quad\Rightarrow\quad\boldsymbol{D}'=\begin{pmatrix}1&0&0\\0&1&0\\0&0&1\end{pmatrix}\tag{3-1}$$

式(3-1)中,探测矩阵 $\boldsymbol{D}$ 的各行代表了E2E探测路径,各列代表了E2E路径途经的各链路。由于式(3-1)中的第4行为线性相关行,因此,移除第4行后,该矩阵性质不发生改变。在对IP网络进行E2E探测获取时,采用贪婪启发式搜索方法进行网络遍历,如构建探测矩阵中出现线性相关行,可通过矩阵的初等行变换,移除线性相关行,从而减少实际网络中需发包探测的E2E路径数。另外,考虑到IP网络,如对所有端节点两两进行贪婪启发式搜索,其时间复杂度高,将各叶子节点仅作为接收包路由器节点,进一步减少对待测IP网络获取到的E2E探测路径数。

3.2 算法设计

DVDSM算法的设计思路如下:

(1)根据待测IP网络路由器度值,预选收发包路由器节点,算法引入度阈值(degree threshold value,DTV)参数,度值不大于DTV的路由器作为预选收发包路由器节点;

(2)基于动态路由算法中最短路径优先策略,对已知待测IP网络拓扑结构各预选收发包路由器节点进行贪婪启发式搜索,获取预选E2E探测路径及其途经链路;

(3)根据各预选E2E探测路径及途经链路关系,构建待测IP网络预选E2E探测矩阵;

(4)借助矩阵特性,对预选E2E探测矩阵进行最大线性无关组求解,化简该矩阵,并根据优选系数 ρ 确定最优DTV参数,确定最终优选的E2E探测路径;

(5)在各优选E2E探测路径的源端路由器,即需要在实际IP网络中部署探针的路由器节点位置,进行E2E路径遍历。

DVDSM算法设计流程如图3-1所示。

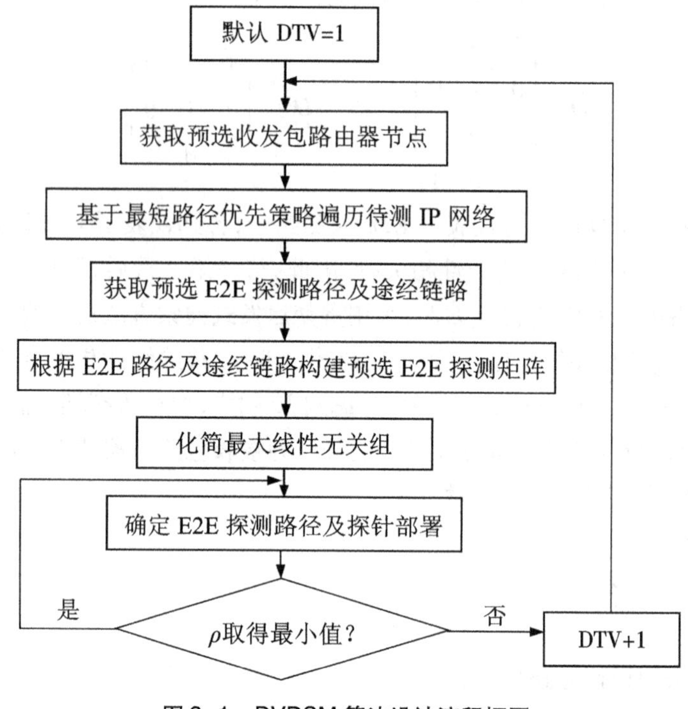

图 3-1　DVDSM 算法设计流程框图

3.2.1　获取预选收发包路由器节点

为便于对 DVDSM 算法进行分析说明，且不失一般性，借助 Brite 拓扑生成器以默认参数生成由 10 个路由器节点、17 条链路组成的具有一定幂率特性的 BA 模型，作为待测 IP 网络拓扑结构，如图 3-2 所示。其中，数字 0～9 分别代表 IP 网络拓扑中各路由器节点，节点间的连接边代表连接各路由器之间的链路。

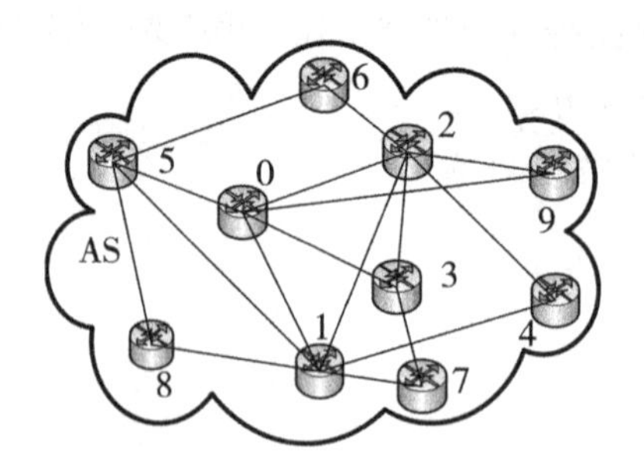

图 3-2　Brite 拓扑生成器以默认参数生成的 BA 网络模型（节点数等于 10）

传统 E2E 探测路径是以叶子节点作为收发包路由器节点，并对其进行探针部署，相互之间通过发包探测，完成对待测 IP 网络的拓扑结构以及各 E2E 路径性能的获取，而仅以叶子节点进行 IP 网络下的链路覆盖，链路覆盖率在某些网络拓扑模型结构中不高。研究发现，链路覆盖率直接影响拥塞链路定位及性能推断算法的准确性。

本章根据待测 IP 网络各路由器节点度值大小，引入度阈值参数 DTV，由 DTV 的大小决定 IP 网络中预选收发包路由器端点。由于根据 DTV 初次确定的各收发包路由器端点并非最终需要进行主动 E2E 路径探测的路由器，因此，这里用预选来表述。如图 3-2 所示网络，如 DTV=2，则节点 ID=4、6、7、8、9(度值均为 2)的路由器为预选收发包端点。借助 Brite 拓扑生成器以默认参数生成的 BA 网络模型缺少度值为 1 的路由器节点，否则，度值为 1 的叶子节点将同样被选为预选收发包端点。

预选收发包端点确定后，各端点两两之间以最短路径优先的算法策略进行预选 E2E 探测路径循环搜索遍历。当选取某预选收发包端点作为发包路由器源端，对其他各预选收发包端点以最短路径优先策略进行路径探测时，如某路由器节点已经存在于某条预选 E2E 探测路径中，则该节点不再作为其他 E2E 路径途经节点。

如图 3-3 所示，以节点 ID 为 4 的路由器向节点 ID 为 7 的路由器进行 E2E 路径探测，假设各链路带宽相同，因途经路由器节点 1 到达路由器节点 7 为最短路径，因此，当节点 ID 为 4 的路由器与节点 ID 为 1 的路由器之间链路状态正常时，不会途经节点 ID 为 2 的路由器以及节点 ID 为 1 的路由器到达节点 ID 为 7 的路由器。只有当节点 ID 为 4 的路由器与节点 ID 为 1 的路由器之间连接链路发生带宽受限等拥塞现象，触发了重路由，从而导致 E2E 路径途经链路发生改变；否则，从节点 ID 为 4 的路由器向节点 ID 为 7 的路由器探测发包时，源端路由器到目的端路由器组成的 E2E 路径将不会经过节点 ID 为 2 的路由器。

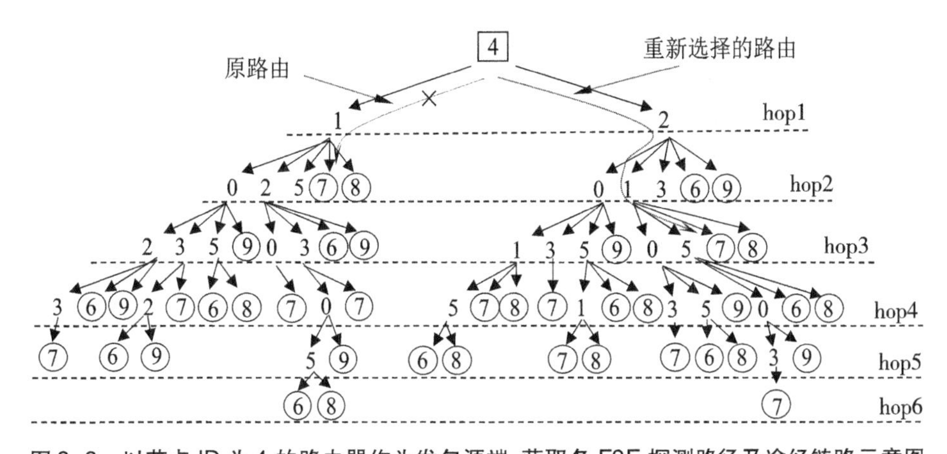

图 3-3　以节点 ID 为 4 的路由器作为发包源端，获取各 E2E 探测路径及途经链路示意图

图 3-3 为图 3-2 所示 IP 网络以节点 ID 为 4 的路由器作为发包源端，向各收发包路由器端点进行预选 E2E 路径遍历的示意图。图 3-3 中，符号“□”代表发包路由器源端点，符号“○”代表接收包路由器目的端点，符号内部的数字分别代表各收发包路由器的节点 ID。

其余不加符号的单独数字，则分别代表预选 E2E 探测路径中途经的各路由器节点 ID。

图 3-2 中，当 IP 网络拓扑结构不发生改变时，以节点 ID 为 4 的预选收发包端点向节点 ID 分别为 6、7、8、9 的预选收发包端点进行发包探测，假设网络以最短路径优先策略获取各 E2E 路径，则仅能获取 4 条路径，分别为 P_1:4→1→7；P_2:4→1→8；P_3:4→2→6；P_4:4→2→9。即利用 traceroute 进行路径途径链路获取时，第 2 跳（hop2）便实现了对预选 E2E 探测路径的获取。而实际 IP 网络中，因链路性能，如可用带宽受限触发重路由，则各 E2E 路径途经的链路将有可能发生改变。例如在图 3-2 中，初始优选路由中的链路 1|7 持续发生拥塞，触发了 E2E 路径的重路由，则根据 IP 网络动态路由算法中的最短路径优先策略，路径 P_1:4→1→7 将被路径 P'_1:4→2→1→7 替代。如图 3-3 所示，左侧点画线表示原始 E2E 探测路径 P_1，右侧虚线表示重路由所组成的 E2E 探测路径 P'_1。

3.2.2 获取预选 E2E 探测路径及途经链路

如图 3-3 所示，如仅通过单一预选收发包路由器端点向其他各端点进行 E2E 路径遍历，E2E 路径总数较少，且链路覆盖率低，直接影响网络故障诊断及性能推断算法的性能。因此，本章提出一种基于预选收发包端点两两双向轮询遍历策略。各预选收发包路由器端点既可作为发包路由器源端，也可作为接收包路由器目的端，根据最短路径优先策略完成对待测 IP 网络中各 E2E 探测路径遍历及链路覆盖。但是，由此策略获取到的各 E2E 探测路径中，可能存在同条链路、方向相反的情况，而在对待测 IP 网络进行选路矩阵 $\boldsymbol{D}$ 构建时，路由器 A、B 间链路无论表示为 A->B 还是 B->A，其物理意义均为同一条链路。为了实现以尽可能少的 E2E 路径覆盖各链路，进行预选 E2E 路径获取时，将方向相反的同一条链路及其所在预选 E2E 探测路径剔除，减轻 E2E 路径发包探测带来的额外网络负荷，保证对待测 IP 网络选路矩阵 $\boldsymbol{D}$ 构建时，$\boldsymbol{D}$ 中各列元素代表不同链路。对图 3-2 所示的 IP 网络拓扑模型进行各预选收发包路由器端点两两轮询遍历，获取预选 E2E 探测路径的原理如图 3-4 所示。

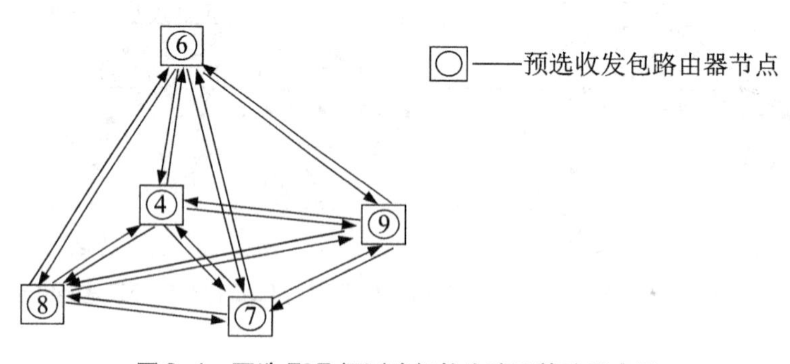

图 3-4 预选 E2E 探测路径轮询遍历策略示意图

图 3-4 中，按照前述方法对图 3-2 所示的 IP 网络各预选收发包端点 4、6、7、8、9 两

两轮询遍历,可获取到 10 条预选 E2E 探测路径。分别为:P_1:4|2→2|6;P_2:4|2→2|9;P_3:4|1→1|7;P_4:4|1→1|8;P_5:6|5→5|8;P_6:6|5→5|1→1|7;P_7:7|3→3|2→2|6;P_8:7|3→3|2→2|9;P_9:9|0→0|1→1|7;P_{10}:9|0→0|1→1|8。

各预选 E2E 探测路径中,各路由器起始端即为预选探针部署发包路由器,即路由器 4、6、7、9 为发包源端。此时,10 条预选 E2E 探测路径覆盖了整个 IP 网络中的 13 条链路,覆盖率为 76%。同理,在实际 IP 网络中,为了尽可能少地部署探针,在最短路径优先策略下,部分链路将不参与当前各 E2E 路径的数据传输。

随着 IP 网络规模扩大,实际 IP 网络中的路由器数目呈指数级增长,如果对待测 IP 网络中所有满足度值小于 DTV 的各预选收发包路由器端点均进行两两轮询遍历策略,找到预选 E2E 探测路径及途经链路,势必会造成算法的时间复杂度过大,E2E 路径获取实时性变差,甚至导致程序运行失败。因此,针对较多的 IP 网络拓扑结构,特别是叶子节点(度值为 1 的路由器)在基于各预选收发包路由器端点两两轮询遍历时,对其进行算法的优化。DVDSM 算法中引入预选接收包路由器节点度值参数(node degree value,NDV),对 E2E 路径轮询遍历策略进行优化,对路由器度值小于等于 NDV 的预选收发包路由器端点,仅作为接收包路由器目的端,不对其他各预选收发包路由器端进行轮询遍历。如图 3-5 所示。

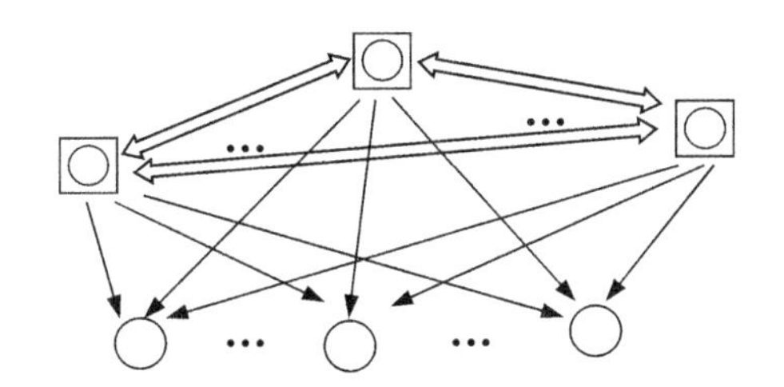

图 3-5　E2E 探测路径获取优化方法示意图

图 3-5 中,"◎"代表度值大于 NDV 的预选收发包路由器端点,既可作为接收包路由器端点,也可作为发包路由器端点,各预选收发包路由器端点间的"空心双向箭头"表示此类端点间进行两两双向轮询遍历策略;"○"代表度值小于等于 NDV 的预选接收包路由器端点,此类端点仅作为预选接收包路由器端点,"细线单向箭头"指向的端点仅可作为 E2E 路径中的接收包路由器目的端。优化后,度值小于等于 NDV 的预选收发包路由器端点最终将仅作为接收包路由器目的端,不必进行探针部署,减小了硬件部署开销,并且减小了 E2E 探测路径获取的时间复杂度。实验验证了优化算法的运行时间大幅减小,E2E 探测路径数较优化前有一定程度的减少,且链路覆盖数(率)未发生明显改变。

本章提出的 DVDSM 算法中,默认设置 NDV=1,即待测 IP 网络中,仅将叶子节点作为接收包路由器目的端。为了进一步减少拥塞链路定位及性能推断过程中探针部署开销,优化 E2E 探测路径及探针部署点选取,算法可进一步进行优化。

具体措施如下:

(1)待测 IP 网络中,如果预选收发包路由器端点与叶子节点(度值为 1 的路由器)相连,那么由网络结构可以看出,该预选收发包路由器端点即便不作为预选收发包路由器,叶子节点也必定与其相连。因此,与叶子节点相连的各预选收发包路由器端点不作为预选收发包路由器端点,对 E2E 探测路径及覆盖链路数目不会造成影响,并能够减少待测 IP 网络中的探针部署开销。

(2)如果两个预选收发包路由器端点彼此相连,基于最短路径优先策略,两预选收发包路由器间链路为最短 E2E 路径,但是,如此选取探针部署路由器,势必造成探针部署开销过大。因此,仅将探针部署在相邻的两个预选收发包路由器中度值较小的路由器上,从而减少探针部署开销。

实验发现,对待测 IP 网络,可借助本章提出的优化策略对 E2E 探测路径的获取及链路的覆盖进行优化,优化后可大大减少算法的计算时间,且算法优化后的链路覆盖率变化不明显。

3.2.3 构建预选 E2E 探测矩阵

对图 3-2 所示的 IP 网络,如前所述,利用 DVDSM 算法可以获取的预选 E2E 路径数为 10 条。各预选 E2E 探测路径及途经各链路情况如表 3-1 所示。

表 3-1 图 3-2 所示 IP 网络 AS 各预选 E2E 探测路径及途经链路

预选 E2E 路径	途经链路
P_1	4|2→2|6
P_2	4|2→2|9
P_3	4|1→1|7
P_4	4|1→1|8
P_5	6|5→5|8
P_6	6|5→5|1→1|7
P_7	7|3→3|2→2|6
P_8	7|3→3|2→2|9
P_9	9|0→0|1→1|7
P_{10}	9|0→0|1→1|8

各预选 E2E 探测路径共覆盖链路 13 条,按照上述各预选 E2E 探测路径顺序,将各条

路径途经链路以跳数（hop）级别关系，依次可写出各链路，分别为：4|2、4|1、6|5、7|3、9|0、2|6、2|9、1|7、1|8、5|8、5|1、3|2、0|1。

由此，各预选 E2E 探测路径及途经链路可以 Boolean 形式进行表示，其中，E2E 路径中包含该链路时相应位置为“1”，不包含该链路时相应位置为“0”，如表 3-2 所示。

表 3-2　图 3-2 所示 IP 网络 AS 各预选 E2E 探测路径及途经链路 Boolean 表示形式

预选 E2E 路径	途经链路												
	4|2	4|1	6|5	7|3	9|0	2|6	2|9	1|7	1|8	5|8	5|1	3|2	0|1
P_1	1	0	0	0	0	1	0	0	0	0	0	0	0
P_2	1	0	0	0	0	0	1	0	0	0	0	0	0
P_3	0	1	0	0	0	0	0	1	0	0	0	0	0
P_4	0	1	0	0	0	0	0	0	1	0	0	0	0
P_5	0	0	1	0	0	0	0	0	0	1	0	0	0
P_6	0	0	1	0	0	0	0	1	0	0	1	0	0
P_7	0	0	0	1	0	1	0	0	0	0	0	1	0
P_8	0	0	0	1	0	0	1	0	0	0	0	1	0
P_9	0	0	0	0	1	0	0	1	0	0	0	0	1
P_{10}	0	0	0	0	1	0	0	0	1	0	0	0	1

对获取到的各预选 E2E 探测路径以源端路由器标识序号从小到大的顺序进行排列。由表 3-1，根据第 1 章定义 1-1 选路矩阵的构建方法，可得出图 3-2 网络模型的预选 E2E 探测矩阵 $\boldsymbol{D}$ 的表达式，如式（3-2）所示。

$$
\begin{array}{ccccccccccccc}
4|2 & 4|1 & 6|5 & 7|3 & 9|0 & 2|6 & 2|9 & 1|7 & 1|8 & 5|8 & 5|1 & 3|2 & 0|1
\end{array}
$$

$$
\boldsymbol{D}=\begin{pmatrix}
1 & 0 & 0 & 0 & 0 & 1 & 0 & 0 & 0 & 0 & 0 & 0 & 0 \\
1 & 0 & 0 & 0 & 0 & 0 & 1 & 0 & 0 & 0 & 0 & 0 & 0 \\
0 & 1 & 0 & 0 & 0 & 0 & 0 & 1 & 0 & 0 & 0 & 0 & 0 \\
0 & 1 & 0 & 0 & 0 & 0 & 0 & 0 & 1 & 0 & 0 & 0 & 0 \\
0 & 0 & 1 & 0 & 0 & 0 & 0 & 0 & 0 & 1 & 0 & 0 & 0 \\
0 & 0 & 1 & 0 & 0 & 0 & 0 & 1 & 0 & 0 & 1 & 0 & 0 \\
0 & 0 & 0 & 1 & 0 & 1 & 0 & 0 & 0 & 0 & 0 & 1 & 0 \\
0 & 0 & 0 & 1 & 0 & 0 & 1 & 0 & 0 & 0 & 0 & 1 & 0 \\
0 & 0 & 0 & 0 & 1 & 0 & 0 & 1 & 0 & 0 & 0 & 0 & 1 \\
0 & 0 & 0 & 0 & 1 & 0 & 0 & 0 & 1 & 0 & 0 & 0 & 1
\end{pmatrix}
\begin{array}{l}
P_1 \\ P_2 \\ P_3 \\ P_4 \\ P_5 \\ P_6 \\ P_7 \\ P_8 \\ P_9 \\ P_{10}
\end{array}
\tag{3-2}
$$

待测 IP 网络的各预选 E2E 探测路径及途经链路确定后，在运用主动探测技术对算法覆盖的各条链路进行性能推断时，需要借助各 E2E 路径探测出的性能测量值（如丢包率、可用带宽等），而主动探测中对 IP 网络额外发送 TCP/UDP 探针包，虽字节数较少，但亦会增加网络的运行负荷。

3.2.4 确定最终 E2E 探测路径及探针部署

根据矩阵特性可知，对矩阵去除各线性相关行，即求与原矩阵等价的最大线性无关组矩阵，矩阵性质不发生改变。因此，本章利用初等行列式变换，对 IP 网络构建的选路矩阵 $\boldsymbol{D}$ 进行最大线性无关组求取，获取最终 E2E 探测路径。通过移除选路矩阵 $\boldsymbol{D}$ 中的各线性相关行（预选 E2E 探测路径中的冗余路径），剩余各行即最终需要进行主动探测发包的 E2E 路径。从数学角度上分析，初等行列式化简后，矩阵的列数不变；对选路矩阵 $\boldsymbol{D}$ 模型，化简即移除需要发包探测的预选 E2E 路径，由于选路矩阵各列代表了各条待推断的链路，矩阵列数不变即待测 IP 网络的链路覆盖数未发生改变，通过行列式化简既减小了 E2E 路径探测发包对网络带来的负荷，又保证了拥塞链路推断范围不发生变化。

对式（3-2）所示的选路矩阵 $\boldsymbol{D}$，通过初等行列式化简，$\boldsymbol{D}$ 中的第 2 行 P_2 及第 10 行 P_{10} 因与其他各行的元素线性相关而被移除。移除后，得到最终需要进行主动 E2E 发包探测的路径数为 8 条，减少了 2 条，剩余 E2E 路径分别为：P_1：4|2→2|6；P_3：4|1→1|7；P_4：4|1→1|8；P_5：6|5→5|8；P_6：6|5→5|1→1|7；P_7：7|3→3|2→2|6；P_8：7|3→3|2→2|9；P_9：9|0→0|1→1|7。

化简后，矩阵列数仍为 13，并未发生改变，即在减少了 2 条 E2E 发包探测路径的情况下，仍覆盖了待测 IP 网络中的 13 条链路。

由此，式（3-2）的探测矩阵 $\boldsymbol{D}$ 可被优化为式（3-3）所示的化简矩阵 $\boldsymbol{D}'$。

$$
\begin{array}{c} \\ \boldsymbol{D}'= \end{array}
\begin{array}{c}
\begin{array}{ccccccccccccc} 4|2 & 4|1 & 6|5 & 7|3 & 9|0 & 2|6 & 2|9 & 1|7 & 1|8 & 5|8 & 5|1 & 3|2 & 0|1 \end{array} \\
\left(\begin{array}{ccccccccccccc}
1 & 0 & 0 & 0 & 0 & 1 & 0 & 0 & 0 & 0 & 0 & 0 & 0 \\
0 & 1 & 0 & 0 & 0 & 0 & 0 & 1 & 0 & 0 & 0 & 0 & 0 \\
0 & 1 & 0 & 0 & 0 & 0 & 0 & 0 & 1 & 0 & 0 & 0 & 0 \\
0 & 0 & 1 & 0 & 0 & 0 & 0 & 0 & 0 & 1 & 0 & 0 & 0 \\
0 & 0 & 1 & 0 & 0 & 0 & 0 & 1 & 0 & 0 & 1 & 0 & 0 \\
0 & 0 & 0 & 1 & 0 & 1 & 0 & 0 & 0 & 0 & 0 & 1 & 0 \\
0 & 0 & 0 & 1 & 0 & 0 & 1 & 0 & 0 & 0 & 0 & 1 & 0 \\
0 & 0 & 0 & 0 & 1 & 0 & 0 & 1 & 0 & 0 & 0 & 0 & 1
\end{array}\right)
\end{array}
\begin{array}{l} \\ P_1 \\ P_3 \\ P_4 \\ P_5 \\ P_6 \\ P_7 \\ P_8 \\ P_9 \end{array}
\qquad (3\text{-}3)
$$

化简矩阵 $\boldsymbol{D}'$ 中的各行为最终需要进行主动探测发包的 E2E 路径，各路径中的源端路由器即需要进行探针部署的位置。由此，最终确定了图 3-2 所示的 IP 网络需要进行探针部署的路由器 ID 分别为 4、6、7、9。在对 IP 网络进行拥塞链路推断时，借助此节中引入的初等行列式化简的方法，可减小探针部署开销，减少过多额外流量负荷对待测 IP 网络的注入。

3.2.5 DTV 值优选

借助 DTV 获取 E2E 探测路径时，探针部署的路由器位置及部署数目将直接影响 E2E 探测路径及链路覆盖率。在减小探针部署开销的基础上，为了覆盖待测 IP 网络中尽可能多的链路，在本章提出的 DVDSM 算法中，引入性能优选参数 ρ 优选 DTV 的值。ρ 的计算公式为

$$\rho=探针部署数目^{\alpha}\times E2E\ 探测路径数目^{\beta}\times 未覆盖链路率^{\chi} \tag{3-4}$$

算法综合考虑以下三个因素，对引入的优选系数 ρ 进行选取：

1）尽可能减少待测 IP 网络探针部署开销；

2）尽可能减少对待测 IP 网络注入的额外流量负荷；

3）尽可能提高待测 IP 网络覆盖的链路数目。

为了满足在不同需求下对优选系数 ρ 的选取，式（3-4）中分别添加了各因素的权重系数 α，β，χ，取值均为正数，在本程序算法设计中，默认参数的取值分别为：$\alpha=1$，$\beta=1$，$\chi=1$。

本章在 DVDSM 算法中，基于优选系数 ρ 提出一种 DTV 参数优选策略：在对待测 IP 网络覆盖尽可能多的链路情况下，将 ρ 取得最小值（或者较小值）时所对应的 DTV 大小作为 E2E 路径选取以及探针部署点获取的依据。即

$$DTV_{optimal}=\min(DTV\mid_{argmin(\rho)}) \tag{3-5}$$

另外，对不同的待测 IP 网络进行拥塞链路推断时，需求可能有所不同，根据用户对网络传输质量的要求情况，对式（3-4）中的参数权重值进行优选。如为了对当前待测 IP 网络中尽可能全部的链路进行性能推断，不论链路所处位置是否易发生拥塞，总是以参数“未覆盖链路率”的最小值作为选取依据，通过增大其在优选中的权重值 χ 实现。但是，这样可能会增加系统的额外开销。此外，实验发现，当待测 IP 网络中的链路覆盖率较低时，对拥塞链路定位性能将有一定程度的影响。

3.3 实验评价

为了验证本章提出的 DVDSM 算法在待测 IP 网络各 E2E 探测路径选取以及探针部署中的性能。首先，利用 Brite 拓扑生成器以默认参数分别生成三种不同类型、不同规模的 IP 网络拓扑结构模型 Waxman、BA 以及 GLP。传统算法中的收发包路由器为叶子节点或端主机，即 DVDSM 算法中，将待测 IP 网络中具有最小度值的路由器作为 E2E 探测路径端点。为了保证本章提出的 DVDSM 算法在不同网络拓扑结构下的有效性，分别生

成早期平均度值较小、路径长度较长的 Waxman 模型,当前网络中符合幂率规则的 BA 模型及 GLP 模型,在不同拓扑模型下,分别选取不同的 DTV 值进行实验验证。

3.3.1 BA 模型

以默认参数生成20 个节点 BA 网络拓扑模型,该模型包含37 条链路,通过对 DTV 值进行选取,基于最短路径优先原则可获取待测 IP 网络各 E2E 探测路径及探针部署位置。

在不同 DTV 取值下,DVDSM 算法获取到待测 IP 网络中的各 E2E 探测路径数、链路覆盖数(率)、发包探针部署数目以及计算出的优选参数 ρ ,如表 3-3 所示。

表 3-3　BA 模型下 DVDSM 算法性能比较(节点数等于 20,不同 DTV)

DTV	E2E 探测路径数	链路覆盖数(率)	发包探针部署数目	ρ ($\times10^3$)
2	27	30 (81%)	5	0.945
3 ~ 4	32	27 (73%)	7	2.24
5 ~ 8	29	25 (68%)	5	1.74
9 ~ 13	14	18 (49%)	5	1.33

由表 3-3 可知,$\min(\rho|_{DTV=2}) = 0.945$。因此,选取 DTV = 2 作为预选 E2E 路径获取优选参数。此时,探针部署的路由器位置为网络中具有最小度值的路由器节点。因此,对 BA 模型下的网络拓扑结构,利用端主机节点能够较好地实现网络中链路的有效覆盖。

为验证 DVDSM 算法在一定规模 BA 网络模型下的有效性,以默认参数生成 150 个节点(297 条链路,DTV $\in$ [2,33])BA 网络模型,以最短路径优先选路策略,在不同 DTV 值设置下进行 E2E 探测路径及探针部署点获取,结果如表 3-4 所示。

由表 3-4 可知,$\min(\rho|_{DTV=2}) = 0.9037$,即 DTV = 2 作为预选 E2E 路径获取优选参数。此时,可覆盖 259 条链路,探针部署数 20 个,链路覆盖率 87.2% 。而 DTV = 3 时,链路覆盖率为 90.6% ,此时需进行路由器发包探针部署数较 DTV = 2 时增加 4 个,但需要多增加 48 条 E2E 探测路径,需要额外注入更多的探针流量。因此,综合考虑链路覆盖率及系统开销,选取 DTV = 2 作为最优度阈值进行 E2E 路径及探针部署点获取。

表 3-4　BA 模型下 DVDSM 算法性能比较(节点数等于 150,不同 DTV)

DTV	E2E 探测路径数	链路覆盖数(率)	发包探针部署数目	ρ ($\times10^3$)
2	353	259 (87.2%)	20	0.9037
3	401	269 (90.6%)	24	0.9047
4	321	258 (86.9%)	31	1.3036

续表 3-4

DTV	E2E 探测路径数	链路覆盖数(率)	发包探针部署数目	ρ (×10^3)
5	282	250 (84.2%)	30	1.3367
6	287	243 (81.8%)	25	1.3059
7	286	239 (80.5%)	28	1.5616
8	315	235 (79.1%)	30	1.9751
9	274	229 (77.1%)	27	1.6941
10	293	233 (78.5%)	26	1.6379
11	309	232 (78.1%)	23	1.5564
12 ~ 15	278	226 (76.1%)	26	1.7275
16 ~ 33	290	219 (73.7%)	23	1.7542

3.3.2 Waxman 模型

利用 Brite 拓扑生成器生成由 150 个节点组成的 Waxman 网络拓扑结构模型,该模型中包含 300 条链路,DTV ∈ [2,14],并且通过选取不同的 DTV 值(2 ~ 14),基于最短路径优先策略获取各 E2E 探测路径以及探针部署位置。在不同 DTV 取值下,本章提出的 DVDSM 算法性能及 ρ 值计算等结果如表 3-5 所示。

表 3-5 Waxman 模型下 DVDSM 算法性能比较(节点数等于 150,不同 DTV)

DTV	E2E 探测路径数	链路覆盖数(率)	发包探针部署数目	ρ (×10^3)
2	179	251 (84%)	15	0.4296
3	266	277 (92%)	26	0.5533
4	276	285 (95%)	30	0.4140
5	294	281 (94%)	29	0.5116
6	272	272 (91%)	27	0.6610
7	286	280 (93%)	32	0.6406
8 ~ 10	284	275 (92%)	29	0.6589
11	283	274 (91%)	27	0.6877
12 ~ 14	253	277 (92%)	25	0.5060

如表 3-5 所示,当选择 DTV = 4 时,ρ 的取值为最小值。此时,DVDSM 算法覆盖待测 IP 网络中的链路数为 285 条,覆盖率可达 95%,需对待测 IP 网络进行探测发包的 E2E 路

径数为 276 条，需要进行探针部署的路由器节点数目为 30 个。由于 Waxman 网络拓扑模型是典型的随机模型，随机模型路径较长，途经的链路数目较多，通常其链路的数目多于 E2E 探测路径的数目。由于默认参数生成的 Waxman 模型中缺少 DTV（degree value，度值）=1 的路由器节点。而以度值最小时（该网络中，DTV 最小值为 2）的端路由器作为 E2E 探测路径获取以及探针部署位置，对待测 IP 网络的链路覆盖率最低。因此，在对路由器节点的发包探针进行部署时，对叶子节点或端主机节点进行探针部署可能存在覆盖链路数较低的情况。根据 Waxman 模型结构特点，利用本章提出的 DVDSM 算法进行链路覆盖时，通过改变 DTV 值，可得到不同的链路覆盖率及 E2E 探测路径。当优选系数 ρ 取得最小值时，算法覆盖的链路数最多，并兼顾了硬件探针部署开销，减少了 E2E 发包探测时的额外流量注入对待测 IP 网络带来的传输性能影响。

3.3.3 GLP 模型

当前 IP 网络的拓扑结构表现出越来越强的幂率特性。因此，为了验证本章提出的 DVDSM 算法在当前部分 IP 网络中的 E2E 探测路径及探针部署点获取性能，以默认参数生成 200 个节点的 GLP 模型（链路 354 条，叶子节点 148 个，DTV $\in$ [1,47]）。利用本书提出的 DVDSM 算法分别进行 E2E 探测路径获取及链路覆盖。为了验证本章提出的优化策略对算法性能的影响，将算法优化前后获取到的 E2E 路径数、链路覆盖数（率）以及发包探针部署数分别进行了统计，对优化后的优选参数 ρ 进行计算，其结果如表 3-6 所示。

表 3-6　GLP 模型下 DVDSM 算法优化前后性能比较（节点数等于 200，不同 DTV）

DTV	探针部署数		E2E 探测路径数		链路覆盖数（率）		运行时间/ms		ρ ($\times 10^3$)
	优化前	优化后	优化前	优化后	优化前	优化后	优化前	优化后	优化后
1	1	—	147	—	188 (58%)	—	17704	—	—
2	4	4	248	250	220 (67.9%)	220 (67.9%)	23548	5833	0.321
3	7	7	378	393	247 (76.2%)	245 (75.6%)	26005	7692	0.671
4	9	8	494	387	270 (83.3%)	253 (78.1%)	27319	8047	0.678
5~7	8	8	442	454	260 (80.2%)	260 (80.2%)	20455	8494	0.719
8	9	8	389	416	247 (76.2%)	247 (76.2%)	19768	7224	0.792
9~47	10	10	352	352	245 (75.6%)	245 (75.6%)	20461	7339	0.859

如表 3-6 所示，在对 200 个节点的 GLP 网络拓扑结构模型进行 E2E 路径探测、覆盖待测 IP 网络中的各链路时，由于 GLP 幂率模型中的各 E2E 探测路径途径的链路数目较少，传统以叶子节点作为发包探针部署节点对 IP 网络进行链路覆盖时的链路覆盖率仅为 58%。而本章提出的 DVDSM 算法，通过改变 DTV 的值，算法覆盖的待测 IP 网络中的链

路数有一定程度的提高，并且随着 IP 网络规模的不断增大，利用本章提出的优化策略对算法进行改进后，算法的运行时间大幅度地减少，但是，对待测 IP 网络的链路覆盖数（率）变化并不大。DTV=3，$\min(\rho|_{DTV=3})=0.671$，链路覆盖率 75.6%，较传统以叶子节点作为发包探针部署节点算法提高 17.6%。DTV=2 时，ρ 值为最小值，但此时的链路覆盖率不足 70%。故选择 ρ 值获得次小值时的 DTV 作为 DVDSM 算法中的最优 DTV 值。

通过分析不同类型、不同规模的 IP 网络拓扑结构模型下的 ρ 值计算结果发现，当 ρ 值选取得最小值（或次小值）时，能够兼顾链路覆盖数（率）、探针部署数以及 E2E 探测发包路径数，验证了 DVDSM 算法中参数 ρ 的选取对 E2E 路径及探针部署选取有非常重要的意义。

3.4　本章小结

本章提出一种基于 E2E 探测路径及探针部署点获取算法 DVDSM。算法首先借助矩阵特性优化选路矩阵模型，减少探测发包路径数；通过优选度阈值参数，兼顾 E2E 探测路径发包对网络带来的额外负荷及探针部署开销，尽可能覆盖待测 IP 网络各链路。实验验证，传统基于叶子节点的探针部署方法在 Waxman 模型及 GLP 模型下的链路覆盖率不高，这将直接影响拥塞链路的定位准确性以及拥塞链路性能推断算法的精度。在后续的拥塞链路定位算法以及拥塞链路性能推断算法中，在没有特别交代的情况下，算法中覆盖的待测 IP 网络各个链路均选取本章提出的 DVDSM 算法在最优 DTV 值时覆盖的链路。

基于贝叶斯 MAP 准则改进拉格朗日松弛次梯度算法的多链路拥塞定位算法

本章研究 IP 网络拥塞链路定位方法。首先,本章介绍拥塞链路定位所建立的贝叶斯网络模型概念,描述 IP 网络多链路拥塞定位相关问题;然后,讨论借助 E2E 探测性能结果及矩阵性质,简化拥塞链路推断过程,并针对推断过程中遇到的问题逐一解决,提出适用于多链路拥塞 IP 网络环境的故障诊断方法;最后,实验验证了算法的有效性和准确性。

4.1 相关概念及问题描述

4.1.1 贝叶斯网络模型

贝叶斯网络模型是有向无环图(directed acyclic graph,DAG)模型,可表示为

$$G=(\nu,\varepsilon) \tag{4-1}$$

式中,ν 为节点;ε 为连接节点的有向边。借助贝叶斯网络模型因果关系,利用各节点先验概率及条件概率,由各证据节点变量情况,推断出隐藏节点各变量情况。通过对待测 IP 网络构建贝叶斯网络模型,将各 E2E 路径状态作为证据节点(观测变量),E2E 路径途经各链路状态作为模型隐藏节点(隐藏变量),各 E2E 路径状态对应的证据节点与途经各链路隐藏节点间的连接关系构成了贝叶斯网络模型中的有向边。

基于 Boolean 代数模型,各 E2E 路径的状态变量及途经各链路状态变量的定义如下:

定义 4-1 待测 IP 网络中的各 E2E 路径,其状态变量集合为:$Y=(y_1,\cdots,y_i,\cdots,y_{n_p})$;E2E 路径途经的各链路状态变量集合为:$X=(x_1,\cdots,x_j,\cdots,x_{n_c})$。当路径 P_i 拥塞时,其状态变量 $y_i=1$;反之,$y_i=0$。同理,某链路 l_j 拥塞时,其状态变量 $x_j=1$;反之,$x_j=0$。

在定义 4-1 中,n_p 表示 E2E 路径总数,n_c 表示 E2E 路径途经各链路总数。

如图 4-1(a)为 IP 网络拓扑单元。其中,A、O、B、C 表示网络中路由器等网元设备。如果 E2E 路径 P_1(A→O→B)及 P_2(A→O→C)的状态变量分别用 y_1、y_2 表示,各 E2E 路径

途经链路 L_1、L_2、L_3的状态变量分别用 x_1、x_2、x_3 表示。那么，该网络单元中各 E2E 路径及途经链路的性能关系可用贝叶斯网络模型表示为图 4-1(b)。

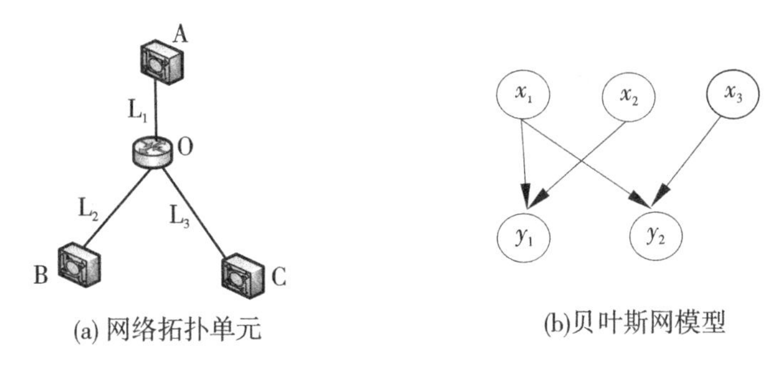

(a) 网络拓扑单元　　(b)贝叶斯网模型

图 4-1　IP 网络拓扑单元及贝叶斯网络模型

图 4-1(a)中，链路 L_1既是路径 P_1途经的链路，又是路径 P_2途经的链路，则从链路 L_1所表示的隐藏节点 x_1 出发，有两条边指向路径 P_1所表示的观测节点 y_1。同理，链路 L_2仅包含在路径 P_1中，则从 x_2 出发，只有一条边指向 y_1。

根据本书第 1 章中的式(1-1)，对图 1-1 所示的 IP 网络构建贝叶斯网络模型，如图 4-2 所示。

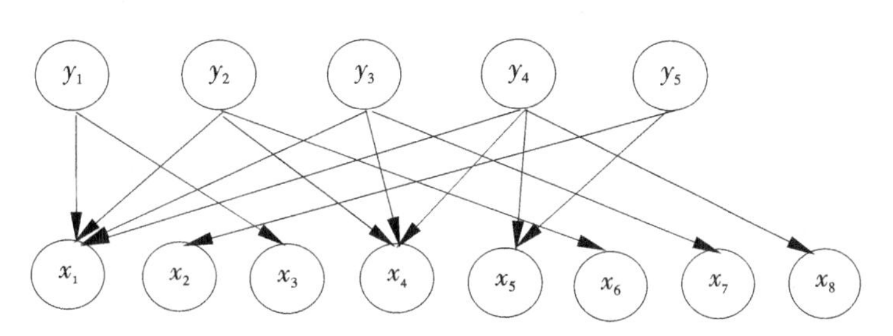

图 4-2　对图 1-1 所示 IP 网络构建的贝叶斯网络模型

4.1.2　问题描述及定义

基于贝叶斯网络模型推断拥塞链路，即根据证据节点状态(E2E 路径性能)对隐藏节点状态(链路拥塞与否)进行推断。本书在定位 IP 网络拥塞链路时，根据各路径 $P_i(i=1,2,\cdots,n_p)$状态，推断待测 IP 网络中最有可能发生拥塞的链路集合。

在贝叶斯网络模型中，节点联合概率为

$$P(X)=\prod_{j=1}^{n_c}P[x_j \mid p_a(x_j)] \tag{4-2}$$

式中，$p_a(x_j)$ 为节点 x_j 的父节点。借助贝叶斯定理，根据各观测节点变量推断各隐藏节点变量，可利用最大评分参量 argmax 进行求解，即

$$\operatorname{argmax}P(X \mid Y)=\operatorname{argmax}\frac{P(Y,X)}{P(Y)} \tag{4-3}$$

式中，$P(Y)$ 仅与路径性能有关，而与链路选取无关，则式(4-3)可简化为

$$\operatorname{argmax}P(X \mid Y)=\operatorname{argmax}P(X,Y)=\operatorname{argmax}\left\{\prod_{i=1}^{n_p}P[y_i \mid p_a(y_i)]\prod_{j=1}^{n_c}P(x_j)\right\} \tag{4-4}$$

式中，$p_a(y_i)$ 为 y_i 的父节点。为了求解式(4-4)，引入引理 4-1：

引理 4-1　$P[y_i \mid p_a(y_i)]$ 取得最大值，当满足如下条件：①如果 $y_i=0$，且 $D_{ij}=1$，则 $x_i=0$；②如果 $y_i=1$，则至少存在一个 $x_i=1$，使 $D_{ij}=1$。

根据若路径性能正常，则途经各链路也均正常；路径拥塞则途经各链路中至少有一条发生了拥塞，得出 E2E 探测路径与各途经链路之间存在如式(4-5)所示的概率关系：

$$P[y_i=0 \mid p_a(y_i)=\{0,\cdots,0\}]=1\ ,\ P[y_i=1 \mid \exists x_i=1 \cap x_i \in p_a(y_i)]=1 \tag{4-5}$$

当某条路径 E2E 测量不丢包时，途经链路必正常，不必再对途经各链路状态进行推断，即可将贝叶斯网络模型中正常路径对应的观测变量 y_i 及相关隐藏变量 x_j（途经链路状态变量）从图 4-2 所示的贝叶斯网络模型中移除。为了简化推断过程，作出如下定义：

定义 4-2　在对待测 IP 网络构建的贝叶斯网络模型中，移除各 E2E 路径性能探测结果为正常的路径（观测节点）以及途经各链路（隐藏节点），并且移除贝叶斯网络模型中连接各节点之间的有向边，可对待测 IP 网络构建出拥塞贝叶斯网络模型。

在式(4-4)中，$P[y_i \mid p_a(y_i)]$ 可通过式(4-5)得出，由于式(4-4)中缺少 $P(x_j)$ 的信息，为了得到 IP 网络中各链路拥塞先验概率，从而借助贝叶斯 MAP 准则可对当前状态下的拥塞链路进行推断。

在多链路拥塞 IP 网络环境中进行故障诊断，如何获取各条链路的拥塞先验概率是本书研究的重点。本书通过多时隙 E2E 探测获取各路径拥塞统计信息，根据路径与途经链路关系求解各链路拥塞概率，代替传统"以共享瓶颈链路作为最容易发生拥塞的链路"的专家经验知识。

根据拥塞 E2E 路径的整体丢包率与途经各链路的丢包率关系求解链路拥塞先验概率，路径传输率等于途经各链路传输率的乘积，即

$$\Psi_i=\prod_{j=1}^{n_g}\varphi_j^{D_{ij}} \tag{4-6}$$

式中，Ψ_i 为第 i 条 E2E 路径整体传输率；φ_j 为第 i 条 E2E 路径途经的第 j 条链路的传输率；$D_{ij}=\{0,1\}$ 为选路矩阵 $\boldsymbol{D}$ 中第 i 行、第 j 列的元素值。借助 Boolean 最大化操作，操作符"∨"，可利用式(4-7)表示出 E2E 路径拥塞与途径各链路拥塞之间的关系。

$$y_i=\bigvee_{j=1}^{n_g}x_j \cdot D_{ij} \tag{4-7}$$

借助式(4-7)推断各链路拥塞先验概率存在一定问题：

(1)由于 tomography 技术以尽可能少的 E2E 路径覆盖尽可能多的链路,对 IP 网络构建的选路矩阵 $\boldsymbol{D}$ 为稀疏系数矩阵,且矩阵有可能奇异,从而导致对各链路拥塞先验概率求解时失败。

(2)随着 IP 网络规模增大,计算复杂度呈指数级增长,如何简化推断过程,快速、准确地获取各链路拥塞先验概率是保障拥塞链路定位实时性的关键。

另外,现有基于专家经验知识或者基于 SCS 理论定位拥塞链路时,在多链路 IP 网络拥塞环境下将导致拥塞链路定位准确率降低,因此,如何提高拥塞链路定位准确率是本书需要解决的关键问题。

4.2　算法设计

在待测 IP 网络中定位拥塞链路的问题是典型的 0-1 规划问题,0-1 规划问题的求解通常包括精确求解方法和启发式求解方法两类。其中,精确求解方法主要包括分支定界法、动态规划法、隐枚举法等;启发式求解方法通常包括贪心算法、遗传算法、退火算法以及拉格朗日松弛次梯度算法等。精确求解方法主要用于求解线性规划问题,而拥塞链路定位问题中的目标函数为非线性函数,因此,精确求解方法并不适用。启发式求解方法中,贪心算法并不一定能够保证求得最优解;遗传算法及退火算法的计算量巨大,并不适合大规模 IP 网络中拥塞链路定位;而拉格朗日松弛次梯度算法能够将约束吸收到目标函数中,计算效率高,特别在大规模的系统问题求解的过程中,该方法更具优势,已被广泛地应用于多领域的组合优化问题求解中。

本章提出基于贝叶斯 MAP 准则的拉格朗日松弛次梯度(lagrangian relaxation sub-gradient based on Bayesian MAP,LRSBMAP)算法,算法主要包括链路拥塞先验概率学习以及当前时刻拥塞链路集合推断两个过程。

(1)链路拥塞先验概率学习

通过对待测 IP 网络进行 N 次 E2E 路径性能探测,可获得拥塞路径及途经的各链路,移除正常路径并构建待测 IP 网络,剩余拥塞 E2E 路径及途经各链路的拥塞选路矩阵模型,根据 E2E 路径性能统计信息,可构建出待测 IP 网络各链路拥塞先验概率求解线性方程组。在求解待测 IP 网络覆盖的各链路拥塞先验概率时,本章提出一种对称逐次超松弛分裂预处理共轭梯度(symmetric successive over-relaxation based pretreatment conjugated gradient,SSORPCG)算法。

(2)当前时刻拥塞链路集合推断

基于贝叶斯 MAP 准则及剩余贝叶斯网络模型,根据 E2E 路径性能探测结果,贪婪启发式搜索当前 IP 网络最有可能发生拥塞的链路集合。

本章提出 LRSBMAP 算法的原理框图如图 4-3 所示。

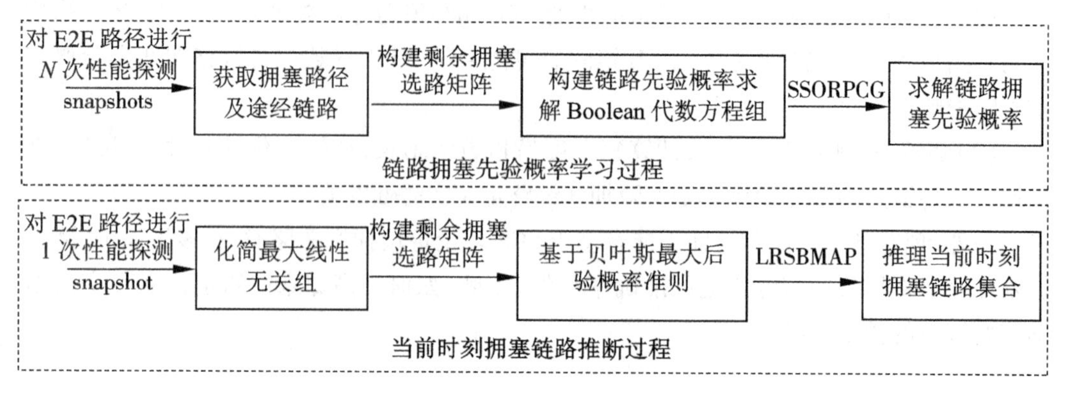

图4-3 LRSBMAP算法原理框图

4.2.1 链路拥塞先验概率学习

4.2.1.1 剩余贝叶斯网络模型及剩余选路矩阵构建

对待测IP网络进行拥塞链路定位时，由于拥塞链路所在的E2E路径必为拥塞路径，而路径性能正常，途经链路性能也应为正常状态。另外，在进行多时隙E2E路径的性能探测时，如果多次E2E路径的性能探测结果均为正常，该路径在当前时刻的拥塞链路推断过程中时，其为正常路径的概率非常大，算法中可将链路移除。因此，在对待测IP网络进行各拥塞链路位置定位过程中，剩余拥塞贝叶斯网络模型的构建涉及两次：第一次是在链路拥塞先验概率求解过程中，移除每次snapshot状态均正常的E2E路径及途径链路，构建剩余拥塞贝叶斯网络模型及剩余选路矩阵；第二次是在当前拥塞链路推断时刻，移除当前1次snapshot下，状态正常的E2E路径及途径的各链路，构建当前时刻剩余拥塞贝叶斯网络模型及剩余选路矩阵。

（1）先验概率学习过程

链路拥塞先验概率学习过程中，移除正常状态的路径及途经链路对应的选路矩阵 $\boldsymbol{D}$ 中的各行及各列，并进行化简后得到 $\boldsymbol{D}'$，剩余的选路矩阵为拥塞选路矩阵，化简后得到 $\boldsymbol{D}''$，将 $\boldsymbol{D}''$ 作为IP网络链路拥塞先验概率学习过程中构建的系统线性方程组中的系数矩阵。因此，需要对链路拥塞先验概率学习过程中的待测IP网络进行贝叶斯网络模型及 D'' 构建。通过对待测IP网络各E2E路径进行 N 次性能探测snapshots。其中，利用traceroute命令能够获取到待测IP网络中各E2E路径途经各路由器IP地址，组成各E2E路径途经各链路信息；利用ping命令能够获取到每次snapshot下，各E2E路径的整体性能结果（正常还是拥塞）。当E2E的路径拥塞次数（path congestion times，PCT）不超过设定阈值时，该E2E路径的性能状态为正常，则该E2E路径途经各链路性能状态也均为正常；反之，该E2E路径的性能状态为拥塞，那么该E2E路径途经的各链路中，至少存在一条链路的性能状态为拥塞。

参数 PCT 的值可根据网络管理者或用户对网络传输性能进行设置，默认设置 PCT=0。即 N 次探测中只要有 1 次 E2E 路径性能探测为拥塞状态，则该 E2E 路径即为拥塞状态；否则，路径正常。将 N 次 E2E 路径性能探测过程中正常 E2E 路径及途经各链路从图 4-2 所示的贝叶斯网络模型中移除，可得出在链路拥塞先验概率学习过程中的剩余拥塞贝叶斯网络模型。将正常 E2E 路径以及其途经各链路对应的矩阵行、列从经过线性无关化简后的选路矩阵 $\boldsymbol{D}'$ 中再次进行移除，并且经过线性无关化简，得到待测 IP 网络各链路拥塞先验概率学习过程中的剩余拥塞选路矩阵 $\boldsymbol{D}''$。

为了更好地理解剩余拥塞贝叶斯网络模型及剩余选路矩阵构建的概念，这里针对图 1-1 所示的 IP 网络拓扑结构进行实例说明。如图 1-1 所示 IP 网络在进行了 N 次 E2E 路径性能探测 snapshots，路径 P_2 的性能始终为正常状态，则 E2E 路径 P_2 及途经各链路 L_1、L_4 及 L_6 对应的状态变量 x_1、x_4、x_6，两者间有向边可分别从图 4-2 所示的贝叶斯网络模型中移除，移除后的贝叶斯网络模型为先验概率学习过程中剩余拥塞贝叶斯网络模型，如图 4-4 所示。

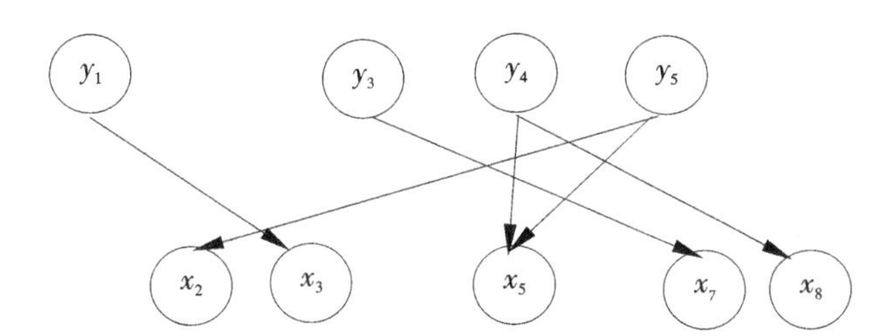

图 4-4　移除正常 E2E 路径及途经链路后构建的拥塞贝叶斯网络模型

同样，对图 1-1 所示 IP 网络拓扑构建选路矩阵 $\boldsymbol{D}$，见第 2 章式(2-1)，从去相关化简后的矩阵 $\boldsymbol{D}'$ 中移除正常 E2E 探测路径对应的矩阵行、列，移除后的矩阵为 $\boldsymbol{D}'_1$，如式(4-8)所示。

$$\boldsymbol{D}'=\begin{array}{c}\begin{matrix} L_1 & L_2 & L_3 & L_4 & L_5 & L_6 & L_7 & L_8 \end{matrix}\\ \begin{pmatrix} 1 & 0 & 1 & 0 & 0 & 0 & 0 & 0 \\ 1 & 0 & 0 & 1 & 0 & 1 & 0 & 0 \\ 1 & 0 & 0 & 1 & 0 & 0 & 1 & 0 \\ 1 & 0 & 0 & 1 & 1 & 0 & 0 & 1 \\ 0 & 1 & 0 & 0 & 1 & 0 & 0 & 0 \end{pmatrix}\begin{matrix} P_1 \\ P_2 \\ P_3 \\ P_4 \\ P_5 \end{matrix}\end{array} \Longrightarrow \boldsymbol{D}'_1=\begin{array}{c}\begin{matrix} L_2 & L_3 & L_5 & L_7 & L_8 \end{matrix}\\ \begin{pmatrix} 0 & 1 & 0 & 0 & 0 \\ 0 & 0 & 0 & 1 & 0 \\ 0 & 0 & 1 & 0 & 1 \\ 1 & 0 & 1 & 0 & 0 \end{pmatrix}\begin{matrix} P_1 \\ P_3 \\ P_4 \\ P_5 \end{matrix}\end{array} \tag{4-8}$$

对矩阵 $\boldsymbol{D}'_1$ 去相关化简后可得矩阵 $\boldsymbol{D}''$，本例中，因 $\boldsymbol{D}'_1$ 已经为最简矩阵，故 $\boldsymbol{D}'_1=\boldsymbol{D}''$，如式(4-9)所示。

$$L_2 \quad L_3 \quad L_5 \quad L_7 \quad L_8$$

$$\boldsymbol{D}'' = \begin{pmatrix} 0 & 1 & 0 & 0 & 0 \\ 0 & 0 & 0 & 1 & 0 \\ 0 & 0 & 1 & 0 & 1 \\ 1 & 0 & 1 & 0 & 0 \end{pmatrix} \begin{matrix} P_1 \\ P_3 \\ P_4 \\ P_5 \end{matrix} \tag{4-9}$$

从图4-4可以看出，在推断待测IP网络中拥塞链路集合时，如果E2E路径P_1为拥塞状态，必然是由于链路L_3拥塞造成的；同样，当E2E探测路径P_3拥塞，则必然是由于链路L_7拥塞造成的。通过构建拥塞贝叶斯网络模型，能够有效减小拥塞链路推断过程的时间复杂度。

（2）拥塞链路推断过程

在拥塞链路推断过程中，采取相同的方法构建该过程中的剩余拥塞选路矩阵$\boldsymbol{D}_d$。首先，对先验概率学习过程中构建的剩余拥塞选路矩阵$\boldsymbol{D}''$中的各行，即对待测IP网络各E2E路径进行1次性能探测snapshot，可以获取当前时刻各E2E路径的性能状态；将正常E2E路径及各途经链路对应节点和有向边从先验概率学习过程中构建的拥塞贝叶斯网络模型中移除，获得当前拥塞链路推断时刻剩余拥塞贝叶斯网络模型。同样，从先验概率学习过程构建的$\boldsymbol{D}''$中，移除当前性能状态为正常的各E2E路径及其途经各链路所对应的剩余选路矩阵的各行、各列，并通过线性无关化简，可得到当前拥塞链路推断时刻的剩余拥塞选路矩阵$\boldsymbol{D}_d$。

图1-1所示的IP网络，如拥塞链路推断过程中路径P_4状态为正常，则剩余拥塞选路矩阵$\boldsymbol{D}_d$如式（4-10）所示。

$$\begin{matrix} & L_2 & L_3 & L_5 & L_7 & L_8 & \\ \boldsymbol{D}''= & \Big(0 & 1 & 0 & 0 & 0 \Big) & P_1 \\ & \Big(0 & 0 & 0 & 1 & 0 \Big) & P_3 \\ & \Big(0 & 0 & 1 & 0 & 1 \Big) & P_4 \\ & \Big(1 & 0 & 1 & 0 & 0 \Big) & P_5 \end{matrix} \Rightarrow \begin{matrix} & L_2 & L_3 & L_7 & \\ \boldsymbol{D}_d= & \Big(0 & 1 & 0 \Big) & P_1 \\ & \Big(0 & 0 & 1 \Big) & P_3 \\ & \Big(1 & 0 & 0 \Big) & P_5 \end{matrix} \tag{4-10}$$

4.2.1.2 构建链路拥塞先验概率求解线性方程组

在推断当前时刻IP网络中的拥塞链路时，首先学习待测IP网络中各链路拥塞先验概率，代替传统专家经验知识的“以共享瓶颈链路作为最容易发生拥塞的链路”。根据对各E2E路径的N次性能探测snapshots结果，移除性能状态为正常的E2E路径以及该路径途经各链路对应的选路矩阵中的各行、各列，并再次对其进行线性无关化简后可以得到矩阵$\boldsymbol{D}''$，并将该矩阵$\boldsymbol{D}''$作为链路拥塞先验概率求解Boolean代数线性方程组中的系数矩阵。

经两次化简操作可大大减小Boolean代数线性方程组求逆复杂度。化简后，式（4-7）可转化为

$$y_i = \bigvee_{j=1}^{n_\varepsilon} x_j \cdot \boldsymbol{D}''_{ij} \tag{4-11}$$

对式(4-11)两边分别取数学期望 E 并转换,可得各 E2E 路径拥塞与途径各链路拥塞关系表达式,即

$$E(y_i) = P(\bigvee_{j=1}^{n_\varepsilon} x_j \cdot \boldsymbol{D}''_{ij} = 1) = 1 - P(\bigvee_{j=1}^{n_\varepsilon} x_j \cdot \boldsymbol{D}''_{ij} = 0) = 1 - \prod_{j=1}^{n_\varepsilon} (1 - p_j)\boldsymbol{D}''_{ij} \tag{4-12}$$

E2E 探测路径拥塞期望值 $E(y_i)$ 可利用 N 次 E2E 路径性能探测结果求出,用 $\bar{y}_i$ 进行表示,通过 N 次性能状态变量 $y_i=\{0,1\}$ 求和取平均值后得出。

为方便求解,对式(4-12)取对数可得拥塞贝叶斯网络模型中各拥塞链路先验概率求解 Boolean 线性方程组,即

$$-\lg(1 - \bar{y}_i) = -\lg(1 - P_i) = \sum_{j=1}^{n_\varepsilon} \boldsymbol{D}''_{ij} \cdot [-\lg(1 - p_j)] \tag{4-13}$$

将各 E2E 路径拥塞概率 P_i 及剩余拥塞选路矩阵 $\boldsymbol{D}''_{ij}$ 带入式(4-13),求解各链路拥塞先验概率 p_j。当系数矩阵 $\boldsymbol{D}''_{ij}$ 非奇异时,先验概率求解 Boolean 代数线性方程组有唯一解。但是,由于 E2E 路径途经的链路通常不止 1 条,当 E2E 路径数目过少,$\boldsymbol{D}''_{ij}$ 可能为奇异(欠定)矩阵。

为了能够对各链路拥塞先验概率进行求解,将 E2E 路径性能探测结果作为一个整体,关联其中 2 条拥塞 E2E 路径为 1 条新拥塞 E2E 路径,通过 Boolean 代数二进制最大化“Λ”操作,获取系数矩阵补满秩所需扩展路径行,根据补满秩所需行数,构建扩展矩阵 $\boldsymbol{D}''_{kj}$,并将线性去相关化简后的拥塞选路矩阵 $\boldsymbol{D}''_{ij}$ 与 $\boldsymbol{D}''_{kj}$ 进行合并,再次去相关化简后得到系数矩阵非奇异的链路拥塞先验概率求解 Boolean 线性方程组。扩展后的系数矩阵 $\boldsymbol{D}'''$ 的秩为 n_ε,补满秩的矩阵行数 k 值的大小取决于 $n_\varepsilon - n'_\theta$ 所得的结果,n_ε 为拥塞 E2E 路径途径的链路总数,n'_θ 为拥塞选路矩阵去相关化简后得到的剩余选路矩阵所代表的 E2E 路径数。

$$D''' = \begin{pmatrix} D''_{ij} \\ D''_{kj} \end{pmatrix}_{n_\varepsilon \times n_\varepsilon} \tag{4-14}$$

如对式(4-9)所示 4×5 的矩阵 $\boldsymbol{D}''$ 进行补满秩扩展,那么需要增加一线性无关矩阵行(E2E 探测路径)以完成对满秩矩阵 $\boldsymbol{D}'''$ 的构建。矩阵补满秩后的结果为

$$\boldsymbol{D}''' = \begin{array}{c} \begin{array}{ccccc} \mathrm{L}_2 & \mathrm{L}_3 & \mathrm{L}_5 & \mathrm{L}_7 & \mathrm{L}_8 \end{array} \\ \begin{pmatrix} 0 & 1 & 0 & 0 & 0 \\ 0 & 0 & 0 & 1 & 0 \\ 0 & 0 & 1 & 0 & 1 \\ 1 & 0 & 1 & 0 & 0 \\ 1 & 0 & 1 & 0 & 1 \end{pmatrix} \end{array} \begin{array}{l} \\ \mathrm{P}_1 \\ \mathrm{P}_3 \\ \mathrm{P}_4 \\ \mathrm{P}_5 \\ \mathrm{P}_{45} \end{array} \tag{4-15}$$

$\boldsymbol{D}'''$ 中扩展路径行可通过对路径 P_4 及 P_5 取 Boolean 代数最大化操作“Λ”获得。由式

(4-15),拥塞选路矩阵 $\boldsymbol{D}'''$ 各行代表 E2E 路径 P_1、P_3、P_4、P_5及扩展的 E2E 路径 P_{45};各列代表途径各链路 L_2、L_3、L_5、L_7及 L_8。

因此,求解拥塞 E2E 路径途经各链路拥塞先验概率唯一解的 Boolean 线性方程组可转化为

$$-\lg(1-P_i)=\sum_{j=1}^{n_\varepsilon}\boldsymbol{D}'''\cdot[-\lg(1-p_j)] \tag{4-16}$$

在式(4-16)求解中,对扩展路径行 P_{il} 对应的拥塞概率 $\overline{y}'_{il}$ 可通过对关联拥塞路径 P_i 及 P_l的 N 次性能探测结果变量 y_i 及 y_l 计算获得,具体计算方法如下:①将两路径每次性能探测结果变量分别进行 Boolean 代数二进制最大化操作"Λ";②对步骤①中每次最大化操作后的计算结果求和、取平均值后得出。

为了方便对式(4-16)进行表示,利用其向量形式进行表示,即

$$\begin{bmatrix} y \\ y' \end{bmatrix}=\boldsymbol{D}'''[-\lg(1-p)]^{\mathrm{T}} \tag{4-17}$$

式中,
$$y=[-\lg(1-\overline{y}_1),-\lg(1-\overline{y}_2),\cdots,-\lg(1-\overline{y}_{n'_\theta})]^{\mathrm{T}}$$

$$y'=\left[-\lg(1-\overline{y}_{12}),\cdots,-\lg(1-\overline{y}_{1n'_\theta}),-\lg(1-\overline{y}_{23}),\cdots,-\lg(1-\overline{y}_{2n'_\theta}),\cdots,-\lg(1-\overline{y}_{\frac{(n'_\theta-1)n'_\theta}{2}})\right]^{\mathrm{T}}$$

$$\lg(1-p)=[\lg(1-p_1),\lg(1-p_2),\cdots,\lg(1-p_{n_\varepsilon})]^{\mathrm{T}}$$

研究发现,对任选的 2 条 E2E 路径关联获取扩展路径行补满秩操作后所得系数矩阵可能仍存在线性相关行,仍然无法求式(4-17)的唯一解。因此,需要进一步对扩展路径行进行重新选取,使系数矩阵补满秩操作后仍为最大线性无关矩阵,确保对待测 IP 网络进行链路拥塞先验概率求解时有解且唯一。

4.2.1.3 求解链路拥塞先验概率

通常,求解线性方程组的方法主要包括精确解求解以及迭代求解近似解两大类方法。其中,精确解求解法主要包括高斯消元法、克拉默法则法、直接三角形法、平方根法及追赶法等。在用精确解求解法求解线性方程组时,对于系数矩阵 $\boldsymbol{A}$ 对角占优是很有效的。在线性方程组的阶数不高的情况下,通常能够求出精确解。但是,当线性方程组的阶数较大时,利用直接求解法所需要的存储量和计算量均很大,并且由于累计误差,导致结果失真。

在实现过程中,由于矩阵求逆操作计算量大,尤其是在异步条件下,变换矩阵 $\boldsymbol{A}$ 是不定阶并且变化的,实际应用较难实现。对待测 IP 网络各链路构建的拥塞先验概率求解系统线性方程组中,当网络规模较大时,主元 $\boldsymbol{D}_{kk}^{(k)}=0(k=1,2,\cdots,n_{\varepsilon'})$时,方程组将无法完成计算。即使主元 $\boldsymbol{D}_{kk}^{(k)}\neq 0$,但是,当其绝对值 $|\boldsymbol{D}_{kk}^{(k)}|$ 很小时,剩余拥塞选路矩阵作为除数,并对其进行求逆计算时,因计算过程中舍入误差的存在也将会给求解带来较大的误差,从而使上述方法失效。因此,为了解决这个问题,本书通过迭代求解近似解法求解

方程组近似唯一解取代矩阵求逆，大大降低了计算的复杂度。

线性方程组迭代求解算法是用某种极限过程去逐步逼近线性方程组精确解的方法。因其不存储系数矩阵的零元素，所以它需要的存储单元较少。迭代求解算法基本思想是对给定方程组 $\boldsymbol{Ax}=\boldsymbol{b}$ 构造一个序列 $\{x^{(k)}\}$，使其收敛到某个极限向量 $\boldsymbol{x}^*$，其中，$\boldsymbol{x}^*$ 是 $\boldsymbol{Ax}=\boldsymbol{b}$ 的精确解。

20 世纪 50 年代，国内外专家与学者们开始研究如何利用迭代求解算法近似求解线性方程组 $\boldsymbol{Ax}=\boldsymbol{b}$ 的求解方法，并且提出了许多有效的近似解求解方法。雅克比（Jacobi）算法、高斯-赛德尔（Gauss-Seidel）算法、逐次超松弛（successive over-relaxation，SOR）算法等线性方程组求解方法均属于一阶线性定常迭代求解算法。基于对当前 IP 网络构建的链路拥塞先验概率求解方程组系数矩阵的稀疏性，本章通过对方程组系数矩阵 $\boldsymbol{A}$ 进行分裂，即 $\boldsymbol{A}=\boldsymbol{M}-\boldsymbol{N}$。其中，$\boldsymbol{M}$ 为可逆矩阵，将线性方程组转化为 $(\boldsymbol{M}-\boldsymbol{N})\boldsymbol{X}=\boldsymbol{b}$，即

$$\boldsymbol{X} = \boldsymbol{M}^{-1}\boldsymbol{NX} + \boldsymbol{M}^{-1}\boldsymbol{b} \tag{4-18}$$

并可得到迭代求解公式为

$$\boldsymbol{X}^{(k+1)} = \boldsymbol{HX}^{(k)} + \boldsymbol{d} \tag{4-19}$$

式中，$\boldsymbol{H} = \boldsymbol{M}^{-1}\boldsymbol{N}$，$\boldsymbol{d} = \boldsymbol{M}^{-1}\boldsymbol{b}$，对任意一初始向量 $\boldsymbol{X}^{(0)}$ 的一阶定常迭代求解算法收敛的充要条件为：迭代矩阵 $\boldsymbol{H}$ 的谱半径小于 1，即 $\rho(\boldsymbol{H}) < 1$；另外，对任一矩阵范数，恒有 $\rho(\boldsymbol{H}) < \|\boldsymbol{H}\|$，故可得收敛的充分条件是：$\|\boldsymbol{H}\| < 1$。

（1）Jacobi 迭代求解算法

如 $\boldsymbol{D}$ 为 $\boldsymbol{A}$ 的对角矩阵，且对角元素不全为 0。系数矩阵 $\boldsymbol{A}$ 的一个分解为 $\boldsymbol{A}=\boldsymbol{D}-(\boldsymbol{L}+\boldsymbol{U})$，其中，$\boldsymbol{D}$ 为 $\boldsymbol{A}$ 的对角元素所构成的对角矩阵，$\boldsymbol{L}$ 为严格下三角阵，$\boldsymbol{U}$ 为严格上三角阵。Jacobi 迭代求解算法的矩阵形式为

$$\boldsymbol{X}^{(k+1)} = \boldsymbol{H}_1\boldsymbol{X}^{(k)} + \boldsymbol{d}_1 \tag{4-20}$$

式中，$\boldsymbol{d}_1 = \boldsymbol{D}^{-1}\boldsymbol{b}$；$\boldsymbol{H}_1 = 1 - \boldsymbol{D}^{-1}\boldsymbol{A}$，称 $\boldsymbol{H}_1$ 为 Jacobi 迭代矩阵，Jacobi 迭代计算公式为

$$x_i^{(k+1)} = \frac{1}{a_{ii}}(b_i - \sum a_{ij}x_j^{(k)}), i = 1,2,\cdots,n \tag{4-21}$$

迭代矩阵 $\boldsymbol{H}_J$ 的谱半径 $\rho(H_J) < 1$，则对于任何迭代初值 $\boldsymbol{X}^{(0)}$，迭代求解算法收敛。

（2）Gauss-Seidel 迭代求解算法

若对角矩阵 $\boldsymbol{D}$ 的对角元素全部为 0，系数矩阵 $\boldsymbol{A}$ 可分解为

$$\boldsymbol{A} = (\boldsymbol{D} - \boldsymbol{L}) - \boldsymbol{U} \tag{4-22}$$

Gauss-Seidel 算法的迭代矩阵形式为

$$\boldsymbol{X}^{(k+1)} = \boldsymbol{H}_{\mathrm{GS}}\boldsymbol{X}^{(k)} + \boldsymbol{d}_{\mathrm{GS}} \tag{4-23}$$

式中，$\boldsymbol{H}_{\mathrm{GS}} = (\boldsymbol{D} - \boldsymbol{L})^{-1}\boldsymbol{U}$；$\boldsymbol{d}_{\mathrm{GS}} = (\boldsymbol{D} - \boldsymbol{L})^{-1}\boldsymbol{L}$，$\boldsymbol{H}_{\mathrm{GS}}$ 为 Gauss-Sediel 迭代矩阵。Gauss-Sediel 迭代计算公式为

$$x_i^{(k+1)} = \frac{1}{a_{ii}}(b_i - \sum_{i-1} a_{ij}x_j^{(k)} - \sum_{j=i+1}^{n} a_{ij}x_j^{(k)}), i=1,2,\cdots,n; k=0,1,\cdots \tag{4-24}$$

若 $\boldsymbol{A}$ 为严格或不可约的对角占优矩阵，或为对称正定阵，则对于任意初值 $\boldsymbol{X}^{(0)}$，迭代求解算法收敛。Gauss－Sediel 迭代求解算法可以看作是 Jacobi 迭代求解算法的改进。Jacobi 迭代求解算法不使用变量的最新信息计算 $x_i^{(k+1)}$，而由 Seidel 迭代公式可知，计算 x 第 i 个分量 $x_i^{(k+1)}$ 时，用到了 $x_j^{(k+1)}$ $(j=1,2,\cdots,i-1)$，Seidel 迭代求解算法每迭代一次只需计算一次矩阵与向量的乘法。

（3）SOR 迭代求解算法

一般情况下，因为 Jacobi 迭代收敛速度不够快，所以，在工程中使用并不普及。在 Jacobi 迭代收敛速度很慢的情况下，通常 Gauss－Seidel 迭代求解算法也不会太快。因此，提出一种收敛速度快的方法 SOR。对系数矩阵 $\boldsymbol{A}$ 分解为

$$\boldsymbol{A} = \left(\frac{1}{\omega}\boldsymbol{D} - \boldsymbol{L}\right) - \left(\frac{1-\omega}{\omega}\boldsymbol{I} + \boldsymbol{U}\right) \tag{4-25}$$

式中，$\boldsymbol{D}$ 为 $\boldsymbol{A}$ 的对角元素构成的对角矩阵；$\boldsymbol{L}$ 为严格下三角阵；$\boldsymbol{U}$ 为严格上三角阵；$\boldsymbol{I}$ 为单位矩阵。则 SOR 迭代求解算法的矩阵形式为

$$\boldsymbol{X}^{(k+1)} = \boldsymbol{H}_{\text{SOR}}\boldsymbol{X}^{(k)} + \boldsymbol{d}_{\text{SOR}} \tag{4-26}$$

式中，$\boldsymbol{H}_{\text{SOR}} = (\boldsymbol{D} - \omega\boldsymbol{L})^{-1}[(1-\omega)\boldsymbol{D} + \omega\boldsymbol{U}]$；$\boldsymbol{d}_{\text{SOR}} = \omega(\boldsymbol{D} - \omega\boldsymbol{L})^{-1}\boldsymbol{b}$。计算公式为

$$x_i^{(k+1)} = (1-\omega)x_j^{(k)} + \omega \times \frac{1}{a_{ii}}\left(b_i - \sum_{j=1}^{i-1} a_{ij}x_j^{(k+1)} - \sum_{j=i+1}^{n} a_{ij}x_j^{(k)}\right) \tag{4-27}$$

式中，ω 为松弛因子，$0 < \omega < 2$。当 $\omega = 1$ 时，SOR 迭代求解算法退化成 Gauss－Seidel 迭代求解算法。若 $\boldsymbol{A}$ 为对称正定矩阵，则 SOR 迭代求解算法收敛。在松弛因子取最优值的情况下，SOR 迭代求解算法的迭代收敛速度很快。但是，由于迭代计算时还需要求出对应的 Jacobi 迭代矩阵的谱半径，因此，计算过程较为复杂。由于对待测 IP 网络构建的拥塞选路矩阵作为线性方程组系数矩阵，其各元素为 Boolean 代数值，且非零元素少，为一典型的稀疏矩阵。在对此类方程组求解时，因系数矩阵 $\boldsymbol{A}$ 或 $\boldsymbol{b}$ 的细微变化，均会造成线性方程组迭代近似解发生较大变化，为典型的病态方程组。

（4）SSOR 迭代求解算法

SSOR（symmetric over-relaxation，对称逐次超松弛）迭代求解算法的矩阵形式为

$$\begin{cases} \boldsymbol{X}^{\left(k+\frac{1}{2}\right)} = \boldsymbol{H}_{\text{FSOR}}\boldsymbol{X}^{(k)} + \boldsymbol{d}_{\text{FSOR}} \\ \boldsymbol{X}^{(k+1)} = \boldsymbol{H}_{\text{BSOR}}\boldsymbol{X}^{(k)} + \boldsymbol{d}_{\text{BSOR}} \end{cases} \tag{4-28}$$

SSOR 迭代矩阵为

$$\boldsymbol{H}_{\text{SSOR}} = (\boldsymbol{D} - \omega\boldsymbol{L})^{-1}[(1-\omega)\boldsymbol{D} + \omega\boldsymbol{U}](\boldsymbol{D} - \omega\boldsymbol{U})^{-1}[(1-\omega)\boldsymbol{D} + \omega\boldsymbol{L}] \tag{4-29}$$

SSOR 迭代先按照自然次序（$i=1,2,\cdots,n$）用向前 SOR 法逐点计算 $x_i^{\left(k+\frac{1}{2}\right)}$。计算方法为

$$x_i^{\left(k+\frac{1}{2}\right)} = (1-\omega)x_i^{(k)} + \omega \times \frac{1}{a_{ii}}\left(b_i - \sum_{j=1}^{i-1} a_{ij}x_j^{\left(k+\frac{1}{2}\right)} - \sum_{j=i+1}^{n} a_{ij}x_j^{(k)}\right) \tag{4-30}$$

式中，$i=1,2,\cdots,n$；$k=0,1,2,\cdots$。然后，按照相反的次序（$i=n,n-1,\cdots,1$）用向后的 SOR 方法逐点计算 $x_i^{(k+1)}$。

$$x_i^{(k+1)}=(1-\omega)x_i^{(k+\frac{1}{2})}+\omega\times\frac{1}{a_{ii}}(b_i-\sum_{j=1}^{i-1}a_{ij}x_j^{(k+\frac{1}{2})}-\sum_{j=i+1}^{n}a_{ij}x_j^{(k+1)})\tag{4-31}$$

式中，$i=n,n-1,\cdots,1$；$k=0,1,2,\cdots$。如果线性方程组 $\boldsymbol{A}x=\boldsymbol{b}$ 中，$\boldsymbol{A}$ 是正定矩阵，且$0<\omega<2$，则 SSOR 迭代求解算法收敛。

（5）CG 迭代求解算法

通常，共轭梯度（conjugate gradient，CG）迭代求解算法和加预处理的共轭梯度（pretreatment conjugated garden，PCG）迭代求解算法具有存储量少、计算量小的优点，常被用于大型系统线性方程组或非线性方程组迭代求解中。

CG 迭代求解算法仅需要利用一阶导数信息，克服了最速下降法收敛慢的缺点，同时也避免了牛顿法需要存储和计算 Hesse 矩阵以及求逆的缺点。当系数矩阵 $\boldsymbol{A}$ 是对称正定矩阵时，可采用共轭梯度法对线性方程组进行求解，即

$$f(\boldsymbol{x})=\frac{1}{2}\boldsymbol{x}^{\mathrm{T}}\boldsymbol{A}\boldsymbol{x}-\boldsymbol{b}^{\mathrm{T}}\boldsymbol{x}\tag{4-32}$$

取得的极小值 $\boldsymbol{x}^*$ 是 $\boldsymbol{A}x=\boldsymbol{b}$ 的解。

CG 迭代求解算法是把求解线性方程组的问题转化为求解一个与之等价的二次函数极小值的问题。从任意给定的初始值出发，沿着一组关于矩阵 $\boldsymbol{A}$ 共轭方向进行线性搜索，在没有舍入误差存在的情况下，最多迭代 n 次（n 为系数矩阵 $\boldsymbol{A}$ 的阶数），就可以求得此二次函数的极小值点。迭代计算公式为

$$\boldsymbol{x}^{(k+1)}=\boldsymbol{x}^{(k)}+a_k\boldsymbol{d}^{(k)}\tag{4-33}$$

式中，a_k 可以通过一元函数 $\varphi(a)=f(\boldsymbol{x}^{(k)}+a\boldsymbol{d}^{(k)})$ 的极小值求得，其表达式为

$$a_k=\frac{(\boldsymbol{r}^{(k)},\boldsymbol{r}^{(k)})}{(\boldsymbol{d}^{(k)},\boldsymbol{A}\boldsymbol{d}^{(k)})}=\frac{\boldsymbol{r}^{(k)\mathrm{T}}\boldsymbol{r}^{(k)}}{\boldsymbol{d}^{(k)\mathrm{T}}\boldsymbol{A}\boldsymbol{d}^{(k)}}\tag{4-34}$$

式中，$\boldsymbol{r}^{(k)}=\boldsymbol{y}-\boldsymbol{A}x^{(k)}$ 为剩余向量，$\boldsymbol{P}=\{d^{(k)}\}_{k=0}^{K}$ 为迭代过程中的搜索方向，是关于$\boldsymbol{A}$ 的共轭向量系，具有性质：$\boldsymbol{d}^{(i)\mathrm{T}}\boldsymbol{A}\boldsymbol{d}^{(k)}=0,i\neq k$。取 $\boldsymbol{d}^{(0)}=\boldsymbol{r}^{(0)}=\boldsymbol{b}-\boldsymbol{A}x^{(0)}$，则 $\boldsymbol{d}^{(k+1)}=\boldsymbol{r}^{(k+1)}+\boldsymbol{\beta}_k\boldsymbol{d}^{(k)}$，要求 $\boldsymbol{d}^{(k+1)}$ 满足 $(\boldsymbol{d}^{(k+1)},\boldsymbol{A}\boldsymbol{d}^{(k)})=0$，可得 $\boldsymbol{\beta}_k$ 的表达式为

$$\boldsymbol{\beta}_k=-\frac{\boldsymbol{r}^{(k+1)\mathrm{T}}\boldsymbol{A}\boldsymbol{d}^{(k)}}{\boldsymbol{d}^{(k)\mathrm{T}}\boldsymbol{A}\boldsymbol{d}^{(k)}}\tag{4-35}$$

CG 迭代求解算法的计算过程如下：

1）任取 $\boldsymbol{x}^{(0)}$，精度 $\varepsilon>0$；

2）计算 $\boldsymbol{r}^{(0)}=\boldsymbol{b}-\boldsymbol{A}\boldsymbol{x}^{(0)}$，取 $\boldsymbol{d}^{(0)}=\boldsymbol{r}^{(0)}$；

3）For $k=0$ to $n-1$ do

$$a_k=\frac{\boldsymbol{r}^{(k)\mathrm{T}}\boldsymbol{r}^{(k)}}{\boldsymbol{d}^{(k)\mathrm{T}}\boldsymbol{A}\boldsymbol{d}^{(k)}}；\boldsymbol{X}^{(k+1)}=\boldsymbol{X}^{(k)}+a_k\boldsymbol{d}^{(k)}；\boldsymbol{r}^{(k+1)}=\boldsymbol{b}-\boldsymbol{A}\boldsymbol{x}^{(k+1)}；$$

If $\| \boldsymbol{r}^{(k+1)} \| \leqslant \varepsilon$ 或 $k+1=n$,then

输出近似解 $\boldsymbol{x}^{(k+1)}$,Stop;

Else $\beta_k = \dfrac{\| \boldsymbol{r}^{(k+1)} \|_2^2}{\| \boldsymbol{r}^{(k)} \|_2^2}$; $\boldsymbol{d}^{(k+1)} = \boldsymbol{r}^{(k+1)} + \beta_k \boldsymbol{d}^{(k)}$;

End do

由于 CG 算法收敛速度与其系数矩阵条件数紧密相关,条件数越小,则算法收敛性越好,且求解精度越高。当链路拥塞先验概率求解线性方程组的系数矩阵条件数很大时,其收敛速度将会明显变慢。

(6)SSORPCG 迭代求解算法

考虑到 SSOR 分裂中具有对称因子,可用于加速 CG 迭代求解算法的收敛过程。因此,本章在对待测 IP 网络构建线性方程组进行各链路拥塞先验概率求解时,采用 SSOR 分裂预处理的 CG 迭代求解算法 SSORPCG。

SSORPCG 迭代求解算法的计算过程如下:

1)任取 $\boldsymbol{x}^{(0)}$,精度 $\varepsilon > 0$;

2)计算 $\boldsymbol{r}^{(0)}=\boldsymbol{b}-\boldsymbol{A}\boldsymbol{x}^{(0)}$, $\boldsymbol{z}^{(0)} = \boldsymbol{M}^{-1}\boldsymbol{r}^{(0)}$,取 $\boldsymbol{d}^{(0)}=\boldsymbol{r}^{(0)}$;

3)For $k=0$ to $n-1$ do

$$a_k = \frac{(\boldsymbol{z}^{(k)},\boldsymbol{r}^{(k)})}{(\boldsymbol{d}^{(k)},\boldsymbol{A}\boldsymbol{d}^{(k)})} = \frac{\boldsymbol{z}^{(k)\mathrm{T}}\boldsymbol{r}^{(k)}}{\boldsymbol{d}^{(k)\mathrm{T}}\boldsymbol{A}\boldsymbol{d}^{(k)}};\ \boldsymbol{x}^{(k+1)} = \boldsymbol{x}^{(k)} + a_k \boldsymbol{d}^{(k)};$$

$$\boldsymbol{r}^{(k+1)} = \boldsymbol{r}^{(k)} - a^{(k)}\boldsymbol{A}\boldsymbol{d}^{(k)};\ \boldsymbol{z}^{(k+1)} = \boldsymbol{M}^{-1}\boldsymbol{r}^{(k+1)};$$

If $\| \boldsymbol{r}^{(k+1)} \| \leqslant \varepsilon$ 或 $k+1=n$,then

输出近似解 $\boldsymbol{x}^{(k+1)}$,Stop;

Else $\beta_k = \dfrac{(\boldsymbol{z}^{(k+1)},\boldsymbol{r}^{(k+1)})}{\boldsymbol{z}^{(k)},\boldsymbol{r}^{(k)}}$; $\boldsymbol{d}^{(k+1)} = \boldsymbol{z}^{(k+1)} + \beta_k \boldsymbol{d}^{(k)}$;

End do

通过在 SSORPCG 算法中引入预处理矩阵 $\boldsymbol{M}$,使链路拥塞先验概率求解 Boolean 线性方程组特征值分布更集中,从而降低矩阵条件数,提高 CG 迭代求解时的收敛速度及求解精度。本章 SSORPCG 迭代求解算法中,设 $\boldsymbol{A} = \boldsymbol{D} - \boldsymbol{L} - \boldsymbol{U}$,$\boldsymbol{D}$ 是 $\boldsymbol{A}$ 的对角线元素,$\boldsymbol{L}$ 和 $\boldsymbol{U}$ 分别是 $\boldsymbol{A}$ 的严格下三角阵和严格上三角阵部分。由于 $\boldsymbol{A}$ 是对称矩阵, $\boldsymbol{L} = \boldsymbol{U}^{\mathrm{T}}$ 。令 $\boldsymbol{M} = \boldsymbol{C}\boldsymbol{C}^{\mathrm{T}}$,其中:

$$\boldsymbol{C} = [\omega(2-\omega)]^{-\frac{1}{2}}(\boldsymbol{D} - \omega\boldsymbol{L})\boldsymbol{D}^{-\frac{1}{2}},\ \boldsymbol{C}^{\mathrm{T}} = [\omega(2-\omega)]^{-\frac{1}{2}}\boldsymbol{D}^{-\frac{1}{2}}(\boldsymbol{D} - \omega\boldsymbol{L}^{\mathrm{T}}) \tag{4-36}$$

式中,ω 为超松弛因子,其最优值可通过多次实验进行选取。实验证明,SSOR 预处理后,$\boldsymbol{C}^{-1}\boldsymbol{A}\boldsymbol{C}^{\mathrm{T}}$ 的条件数约为 $\boldsymbol{A}$ 条件数的平方根。

相比 CG 算法,SSORPCG 算法在 CG 算法每次迭代的过程中加入 $\boldsymbol{z}^{(k+1)} = \boldsymbol{M}^{-1}r^{(k+1)}$。$\boldsymbol{z}^{(k+1)}$ 的求解过程可以转化为求解三角方程 $\boldsymbol{C}\boldsymbol{b} = \boldsymbol{r}^{(k+1)}$,$\boldsymbol{C}^{T}\boldsymbol{z}^{(k+1)} = \boldsymbol{b}$ 的过程。在对 IP 网络各链路拥塞先验概率求解过程中,通过对图 4-1 所示 IP 网络中各 E2E 探测路径进行 $N=$

30 次性能探测，例如，对各 E2E 路径 P_1、P_2、P_3、P_4、P_5的性能探测结果为拥塞次数 13、0、1、16、15，由此可得各 E2E 路径拥塞概率：$P_1=0.4333$，$P_2=0$，$P_3=0.0333$，$P_4=0.5333$，$P_5=0.5$。

根据式(4-14)所示的补满秩方法得到的拥塞矩阵 $\boldsymbol{D}'''$（式 4-15），$\boldsymbol{D}'''$ 的第 5 行为路径 P_4、P_5经最大化操作补满秩得到。

将 P_1、P_2、P_4、P_5、P_{45}及 $\boldsymbol{D}'''$ 所得结果代入式(4-17)，分别利用高斯消元法、Jacobi、Gauss-Seidel、SOR、SSOR、CG 及 SSORPCG 迭代求解算法分别求解链路 L_2、L_3、L_5、L_7及 L_8的拥塞先验概率。

不同算法的求解结果如表 4-1 所示。

表 4-1　各线性方程组求解算法求出的链路拥塞先验概率结果

线性方程组求解算法	各链路先验概率求解结果				
	L_2	L_3	L_5	L_7	L_8
高斯消元法	0	0.5679	0.6931	0.0333	0.0690
Jacobi 迭代求解算法	无法实现算法收敛				
Gauss-Seidel 迭代求解算法	0.0049	0.5679	0.6870	0.0333	0.0726
SOR 迭代求解算法	0.0026	0.5679	0.6903	0.0333	0.0704
SSOR 迭代求解算法	0.0020	0.5679	0.6897	0.0333	0.0714
CG 迭代求解算法	0	0.5679	0.6931	0.0333	0.0690
SSORPCG 迭代求解算法	0	0.5679	0.6931	0.0333	0.0690

由表 4-1 可以看出，高斯消元法能够求出链路拥塞先验概率，除 Jacobi 迭代求解算法外，Gauss-Seidel、SOR、SSOR、CG 及 SSORPCG 迭代求解算法均能实现算法收敛，求解出各链路拥塞先验概率。由于高斯消元法为精确解求解方法，利用 Gauss-Seidel、SOR 及 SSOR 迭代求解算法求出的近似唯一解与精确解虽区别不大，但仍有一定误差，而利用 CG 及 SSORPCG 迭代求解算法求出的各链路拥塞先验概率近似唯一解与精确值相同。由于当前网络规模较小，各迭代求解算法虽迭代次数及运行时间各不相同，但运算时间均在 0.5 ms 差距以内，不再对此仿真实例进行迭代次数及运行时间上的比较。

利用不同迭代求解算法对链路拥塞先验概率近似唯一解求解实验发现，随着网络规模增大，高斯消元法、最速下降法、Jacobi 迭代求解算法均不能实现收敛。

4.2.2　基于 MAP 准则的拥塞链路推断

推断当前时刻待测 IP 网络中各链路性能时，根据当前时刻各 E2E 路径性能及各途经链路信息，定位当前时刻待测 IP 网络中的的拥塞链路可以借助数学模型进行表述。

根据各 E2E 路径性能探测 snapshots 结果，确定各 E2E 路径中最有可能发生拥塞的链路集合 $X\subseteq S$，即求解 $\mathrm{argmax}P(X\mid Y)$ 值，使其后验拥塞概率最大，即

$$\mathrm{argmax}P(X\mid Y)=\mathrm{argmax}\frac{P(X,Y)}{P(Y)} \tag{4-37}$$

式中，由于 $P(Y)$ 的取值仅与网络状态有关，与链路选取无关，故可将式(4-37)简化为

$$\mathrm{argmax}P(X\mid Y)=\mathrm{argmax}P(X,Y)=\mathrm{argmax}\left\{\prod_{i=1}^{n_{\theta'}}P[y_i\mid p_a(y_i)]\prod_{j=1}^{n_{\varepsilon'}}P(x_j)\right\} \tag{4-38}$$

式中，$n_{\theta'}$ 为当前时刻剩余拥塞路径数；$n_{\varepsilon'}$ 为当前时刻剩余拥塞路径途经的各链路数；$p_a(y_i)$ 为拥塞贝叶斯网络模型中的观测节点 y_i 的父节点；$P(x_j)$ 为求解出的待测 IP 网络链路 x_j 的拥塞先验概率。因此，由各 E2E 路径性能与途经各链路性能之间的状态变量概率关系式(4-4)、式(4-5)，对式(4-38)的求解过程可转化为

$$\mathrm{argmax}P(X\mid Y)=\mathrm{argmax}P(X) \tag{4-39}$$

利用当前时刻对各 E2E 路径的 1 次性能探测结果，对各链路拥塞联合概率求解表达式服从贝努利概型二项概率公式，即

$$P_n(k)=C_n^kp^k(1-p)^{(n-k)} \tag{4-40}$$

故对拥塞链路的推断即为求解式(4-40)的过程，由于在进行拥塞链路集合推断时刻，仅对待测 IP 网络中各 E2E 路径进行 1 次性能探测，即 $n=1$。且待测 IP 网络中各链路的状态概率均为独立分布，则由式(4-39)、式(4-40)，借助各链路拥塞先验概率 p_j，可得

$$\mathrm{argmax}P(X\mid Y)=\mathrm{argmax}P(X)=\mathrm{argmax}\prod_{j'=1}^{n_{\varepsilon'}}p_j^{x_j}\cdot(1-p_j)^{(1-x_j)} \tag{4-41}$$

为了便于研究，对式(4-41)取对数运算得

$$\mathrm{argmax}\sum_{j=1}^{n_{\varepsilon'}}[x_j\cdot\lg p_j+(1-x_j)\cdot\lg(1-p_j)]=\mathrm{argmax}\sum_{j=1}^{n_{\varepsilon'}}\left[x_j\cdot\lg\frac{p_j}{1-p_j}+\lg(1-p_j)\right] \tag{4-42}$$

式中，第二项 $\lg(1-p_j)$ 的取值与链路状态 x_j 的取值无关，故 $\mathrm{argmax}P_p(X\mid Y)$ 可由式(4-43)求解得

$$\mathrm{argmax}P_p(X\mid Y)=\mathrm{argmax}\sum_{j=1}^{n_{\varepsilon'}}\left(x_j\cdot\lg\frac{p_j}{1-p_j}\right)=\mathrm{argmin}\sum_{j=1}^{n_{\varepsilon'}}\left(x_j\cdot\lg\frac{1-p_j}{p_j}\right) \tag{4-43}$$

由式(4-43)，借助贝叶斯 MAP 推断网络最容易发生拥塞的链路集合，即求解满足使式(4-43)中的 $\lg[p_j/(1-p_j)]$ 取得最大值时或 $\lg[(1-p_j)/p_j]$ 最小值时的链路集合。

4.2.3 算法设计及伪代码

在对当前时刻拥塞链路推断时，根据 1 次各 E2E 路径性能探测结果，从对待测 IP 网络构建的拥塞贝叶斯网络模型中移除正常 E2E 路径以及途经各链路，可得到剩余拥塞贝叶斯网络模型及剩余拥塞选路矩阵。

对当前时刻拥塞链路推断的过程可被归纳为集合覆盖问题(set coverage problem, SCP)的求解过程,由于 SCP 是典型的 NP 难问题,本书提出 LRSBMAP 算法求解拥塞链路集合最优解,是一种加权集合覆盖问题(weighted set cover problem, WSCP),算法基于 SCS 理论,借助贝叶斯 MAP 准则得到链路拥塞代价值 C_p,即

$$C_p = \lg\left(\frac{1 - p_k}{p_k}\right) / |\mathrm{Domain}(l_k)| \tag{4-44}$$

通过贪婪启发式搜索策略推断当前时刻待测 IP 网络各拥塞 E2E 路径中最有可能发生拥塞的链路集合。加权系数 $|\mathrm{Domain}(l_k)|$ 为推断时刻链路 l_k 在各 E2E 路径中的共享数目。CLINK 算法引入加权系数,综合考虑共享瓶颈链路对路径拥塞中的贡献程度。但是,由于 CLINK 算法基于 WSCP 理论,在拥塞链路比例不超过一定数目的情况下,能够取得较好的推断结果。但是,当待测 IP 网络有多链路拥塞,特别是当 E2E 路径存在多条拥塞链路时,算法推断出某 E2E 路径中最有可能发生拥塞的链路后,将该拥塞路径及途经链路从待推断集合中移除,无法继续推断该拥塞路径中是否还存在其他的拥塞链路。

本章将式(4-43)归纳为 SCP 求解式(4-45)。

$$\begin{cases} z_{sc} = \operatorname{argmin} \sum_{j=1}^{n_{\varepsilon'}} c_j x_j \\ \text{s.t.} \sum_{j=1}^{n_{\varepsilon'}} D_{d_{ij}} x_j \geqslant 1, \quad i = 1,2,\cdots,n_{\theta'} \\ x_j \in \{0,1\}, \quad j = 1,2,\cdots n_{\varepsilon'} \end{cases} \tag{4-45}$$

式(4-45)将拥塞链路推断 NP 难问题转化为 NP 完全问题(NP-complete problem),在对待测 IP 网络构建的链路拥塞先验概率求解方程组中系数矩阵维数过大(待测 IP 网络链路数过多)时,当前的最优化算法无法在多项式计算时间内求出最优解。因此,本章提出一种折衷方法,通过利用贪婪启发式算法,在可接受时间内获取问题近优解。

本章提出拥塞链路推断过程中采用一种基于贝叶斯 MAP 准则改进的拉格朗日松弛次梯度算法的约束规划方法,将基于贝叶斯 MAP 准则获取的加权系数 C_p 转化为拉格朗日松弛次梯度算法中的费用 C_j,设计了一种贪婪启发式搜索算法,对待测 IP 网络中各拥塞链路进行定位。拉格朗日松弛是整数规划问题的一个下界,但应该求与整数规划问题最接近的下界,即有

$$z_{\mathrm{LD}} = \operatorname*{argmax}_{\lambda \geqslant 0} \{ z_{\mathrm{L}R}(\lambda) \} \tag{4-46}$$

式(4-46)被称为拉格朗日松弛的对偶问题。利用次梯度优化算法进行求解的思想,与非线性规划梯度下降算法中的问题求解思想基本相同,拉格朗日对偶问题希望下界 z_{LRSC} 尽可能大,并且按照 z_{LRSC} 上升方向逐步逼近 z_{LD}。

次梯度优化算法根据 z_{LRSC} 分段线性特征来构造。因此,在借助拉格朗日松弛理论对式(4-45)进行松弛,可得

$$\begin{cases} z_{\text{LRSC}}(u) = \operatorname{argmin} \sum_{j=1}^{n_{\varepsilon'}} d_j x_j + \sum_{i=1}^{n_{\theta'}} u_i \\ x_j \in \{0,1\}, j = 1,2,\cdots,n'_{\varepsilon} \end{cases} \tag{4-47}$$

式中,拉格朗日乘子 $d_j = c_j - \sum_{i=1}^{n_{\theta'}} u_i D_{d_{ij}}$, $u_i \geqslant 0$, $i = 1,2,\cdots,n_{\theta'}$。对初始 SCP 优化算法中的一个有效的下界是当 $d_j \leqslant 0$ 时, $x_j = 1$;反之, $x_j = 0$。即

$$z_{\text{LB}} = \sum_{j=1}^{n_{\varepsilon'}} \min(0,d_j) + \sum_{i=1}^{n_{\theta'}} u_i \tag{4-48}$$

z_{LD} 为松弛算法中搜索到的下确界, z_{UB} 为式(4-43)的一组最优可行解所对应的最优值, z_{LB} 为对式(4-48)求解得出的某可行解所对应的一组最优值。

本章提出的 LRSBMAP 算法伪代码如下:

输入:当前拥塞链路定位时刻,待测 IP 网络拥塞 E2E 路径集合 P_i、拥塞 E2E 路径途经各链路集合 L_j,剩余拥塞选路矩阵 $\boldsymbol{D}_d$;链路集合 L_j 中链路 l_j 的拥塞先验概率 p_j。

Step 1:初始化 $z_{\text{LD}} = -\infty$, $z_{\text{UB}} = \infty$, $u_i = \min[c_j \mid D_{d_{ij}} = 1, j = 1,2,\cdots,n'_{\varepsilon}]$, $i = 1, 2,\cdots,n'_{\theta}$。

Step 2:用当前的 u 求解式(4-24),令其最优值为 z_{LB},更新 $z_{\text{LD}} = \max(z_{\text{LD}}, z_{\text{LB}})$。

Step 3:构造原始 SCP 的一个可行解。

1) 令 $S = [j \mid x_j = 1,2,\cdots,n'_{\varepsilon}]$;

2) 对未覆盖行 i(即 $\sum_{j=1}^{n'_{\varepsilon}} D_{d_{ij}} x_j = 0$),将 $\min[j \mid D_{d_{ij}} = 1, d_j < \infty, j = 1,2,\cdots,n'_{\varepsilon}]$ 添加到 S;

3) 将 $j \in S$ 按降序排列。如: $S - [j]$ 仍然是 SCP 的可行解, $S = S - [j]$;

4) 更新 $z_{\text{UB}} = \min(z_{\text{UB}}, \sum_{j \in S} c_j)$。

Step 4: $z_{\text{LD}} = \max z_{\text{LRSC}}(u)$,If $z_{\text{LD}} = z_{\text{UB}}$,转 Step 9。

Step 5:计算次梯度 $g_i = 1 - \sum_{j=1}^{n'_{\varepsilon}} D_{d_{ij}} x_j, i = 1,2,\cdots,n'_{\theta}$。If $\sum_{i=1}^{n'_{\theta}} (g_i)^2 = 0$,转 Step 9。

Step 6:计算迭代步长 $\delta = f(1.05 z_{\text{UB}} - z_{\text{LB}}) / \sum_{i=1}^{n'_{\theta}} (g_i)^2$,其中初始值 $f(0) = 2$,If 连续 30 次迭代后, z_{LD} 值并不增加,则 f 减半。

Step 7:If $f \leqslant 0.005$,转 Step 9。

Step 8:更新拉格朗日乘子 $u_i = \max[0, u_i + \delta g_i]$, $i = 1,2,\cdots,n'_{\theta}$,转 Step 2。

Step 9:输出 $L_j = \{l_j \mid x_j = 1\}$ 为最优解。

4.3　实验评价

为了验证 LRSBMAP 算法性能，借助标准答案已知的模拟实验进行算法的验证。由于 Waxman、BA 及 GLP 三种类型的网络拓扑结构模型分别体现了不同的 IP 网络特性。因此，利用 Brite 拓扑生成器以默认参数生成不同类型、不同规模的 IP 网络拓扑结构模型文件，并在 Eclipse 软件平台下导入该模型文件，从而构建待测 IP 网络。

实验过程中，根据网络中路由算法最短路径优先原则，对待测 IP 网络拓扑结构模型中的各 E2E 路径进行多时隙性能探测 snapshots。其中，使用 traceroute 命令可以获取待测 IP 网络中各 E2E 路径及途经各链路信息，使用 ping 命令可以获取各 E2E 路径的性能（丢包率）。为了模拟不同拥塞链路事件造成的 E2E 路径拥塞，并增加算法的一般性，本书利用随机数模型（random number model，RNM）生成每次性能探测中链路发生拥塞的位置。

4.3.1　参数设置及评价指标

LRSBMAP 算法中的各参数如下：将不大于 DTV 的路由器作为预选收发包路由器节点，并根据 ρ 值对 DTV 进行优选；对于 30 次 E2E 路径性能探测 snapshots 所得到的路径拥塞次数不大于 PCT 的路径，视其状态为正常。LRSBMAP 算法中默认设置 PCT=0；在 Eclipse 平台下进行模拟实验时，引入拥塞链路率（congeston link rate，CLR），即拥塞链路与算法覆盖总链路的比例，其取值范围为 0.05～0.6。通过对待测 IP 网络中各链路进行 RNM 赋值，按 RNM 值的大小进行排序，根据 CLR 由大到小选取每次性能探测拥塞的链路集合。

利用检测率（detection rate，DR）、误报率（false positives rate，FPR）对 LRSBMAP 算法和 CLINK 算法性能进行比较评价。为了减少 RNM 对算法性能的影响，DR 及 FPR 均为各参数不变的情况下 10 次取平均值后所得的结果。DR 及 FPR 计算式为

$$\mathrm{DR}=\frac{F\cap X}{F},\ \mathrm{FPR}=\frac{X\backslash F}{X} \tag{4-49}$$

式中，F 为待测 IP 网络中实际发生拥塞的链路集合。在模拟实验中，F 即根据 CLR 确定出的网络中各拥塞链路组成的链路集合；X 为各算法推断出的各拥塞链路组成的集合。

4.3.2　模拟实验流程

本章提出的 LRSBMAP 算法模拟实验流程如下：

（1）读取 IP 网络拓扑结构模型文件，获取待测 IP 网络中各路由器的节点数目、度值、链路数及节点间链路连接关系。

(2)基于最短路径优先选路原则和 DTV 值,借助 DVDSM 算法获取待测 IP 网络中各 E2E 路径及途经链路,构建选路矩阵 $\boldsymbol{D}$,并求出 $\boldsymbol{D}$ 最大线性无关组矩阵 $\boldsymbol{D}'$ 。

(3)利用随机数发生器,以 CLR 比例产生算法覆盖链路下 30 次 snapshots 过程中的链路拥塞事件,并得到每次 snapshot 各 E2E 路径的拥塞结果。

(4)根据 PCT 获取待测 IP 网络拓扑模型中各拥塞 E2E 路径,移除性能状态正常的 E2E 路径及其途经各链路,得到拥塞矩阵 $\boldsymbol{D}_d$,关联 $\boldsymbol{D}_d$ 中各 E2E 路径,得到补满秩扩展矩阵 $\boldsymbol{D}'_d$,即拥塞链路先验概率求解 Boolean 代数线性方程组中的系数矩阵。

(5)根据 30 次路径性能探测结果,得到 E2E 路径及其扩展路径的拥塞概率 P_i,利用本章提出的 SSORPCG 算法迭代求解各链路拥塞先验概率近似唯一解 p_j。

(6)根据 CLR 随机产生 1 次 snapshot 下的链路拥塞事件,构建当前时刻多链路拥塞场景,并基于贝叶斯 MAP 准则,借助贪婪启发式搜索策略推断待测 IP 网络中的拥塞链路集合。LRSBMAP 算法的模拟实验流程如图 4-5 所示。

4.3.3 先验概率求解分析

为验证一定规模的 IP 网络下 SSORPCG 算法性能,利用 Brite 拓扑生成器以默认参数生成 500 个节点(1000 条链路)Waxman 网络拓扑结构模型,500 个节点(997 条链路)BA 网络拓扑结构模型及 500 个节点(923 条链路)GLP 网络拓扑结构模型,并模拟一定比例链路拥塞(CLR=0.1)。传统高斯消元法精确求解链路拥塞先验概率失效,最速下降法及 Jacobi 迭代求解算法也均无法在 2000 次迭代计算中实现算法收敛。

利用 Gauss-Seidel 迭代求解算法和 SOR 迭代求解算法求解链路拥塞先验概率的误差曲线如图 4-6 所示。

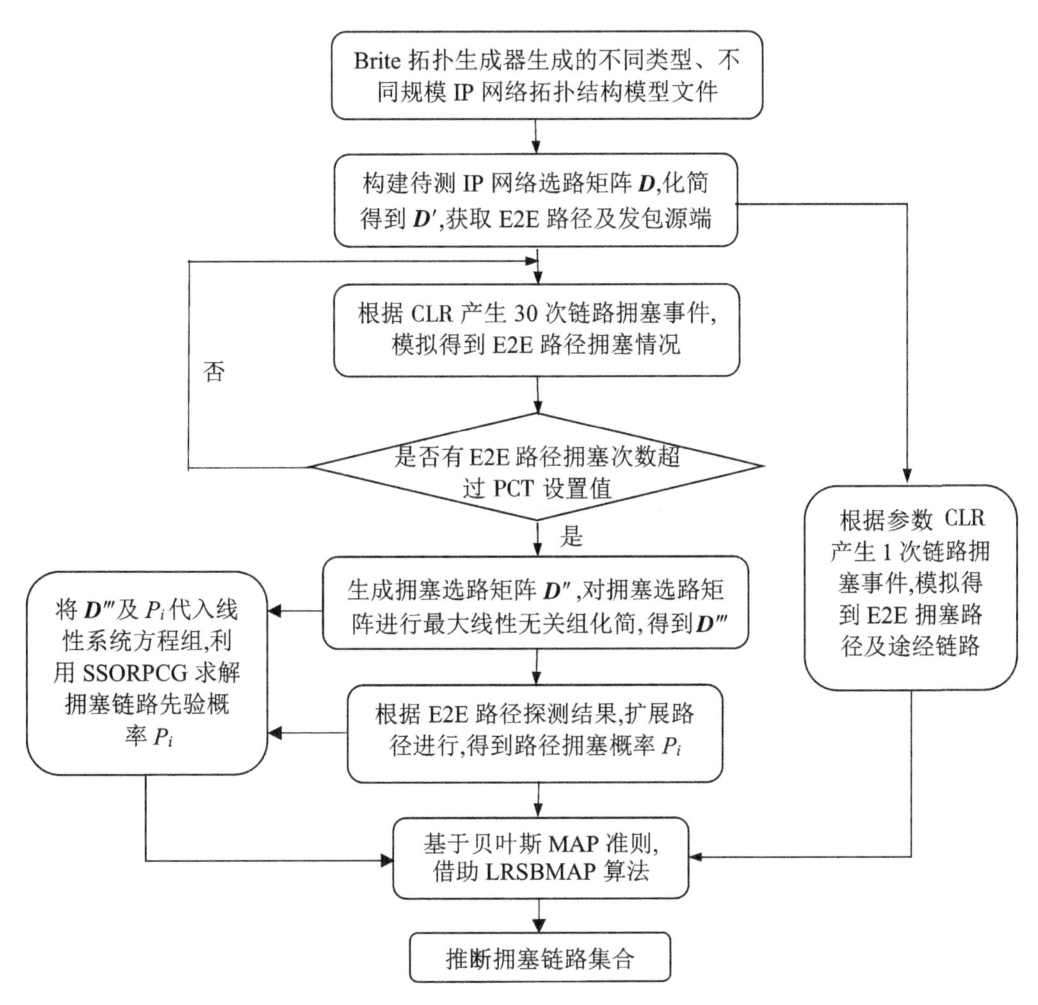

图 4-5　LRSBMAP 算法模拟实验流程

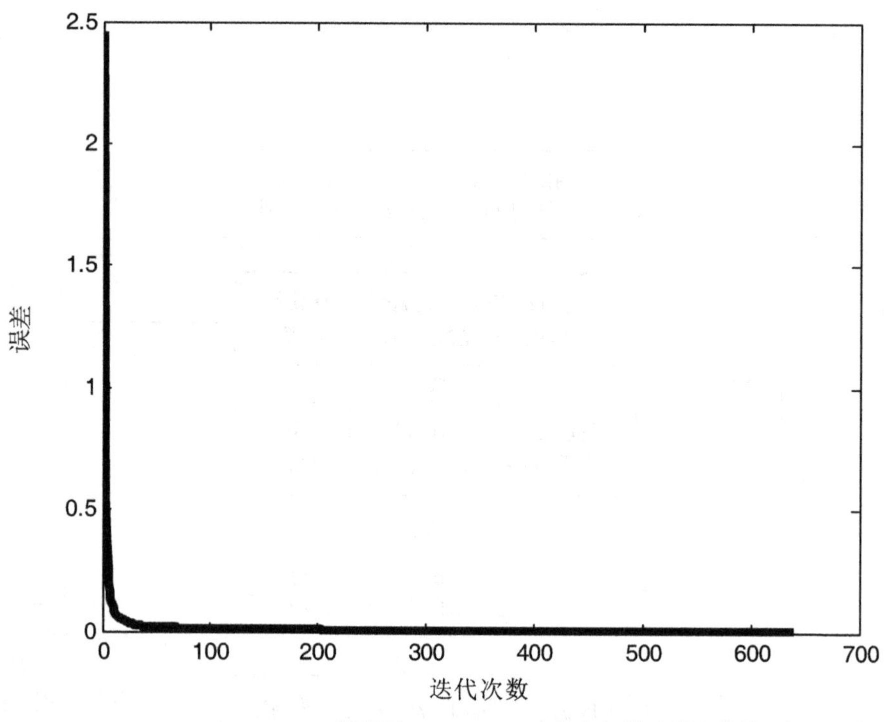

(a) Waxman模型下Gauss-Seidel迭代求解算法误差曲线

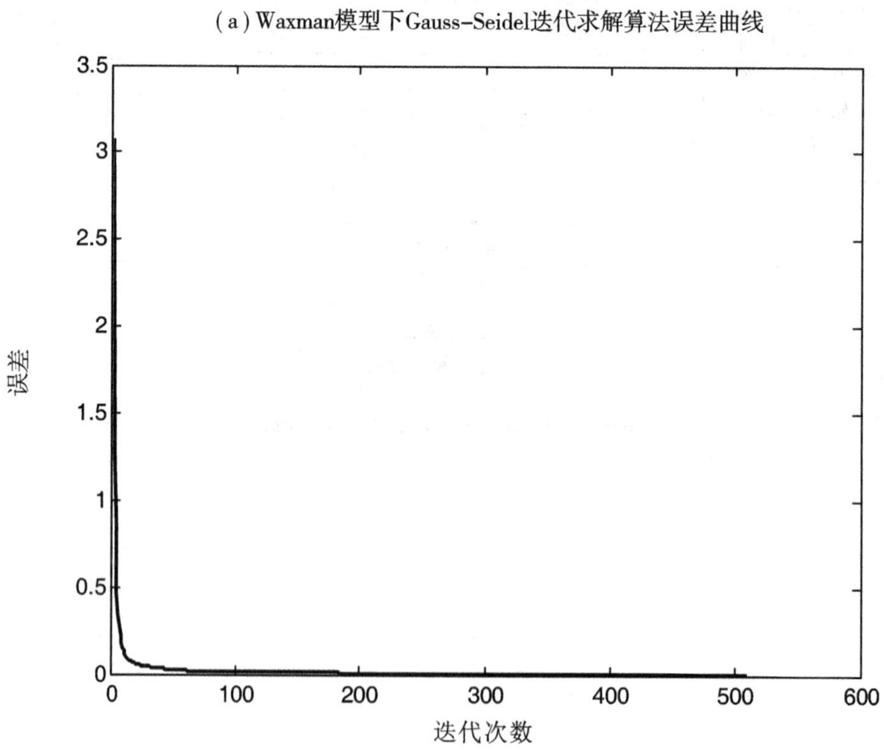

(b) Waxman模型下SOR迭代求解算法误差曲线

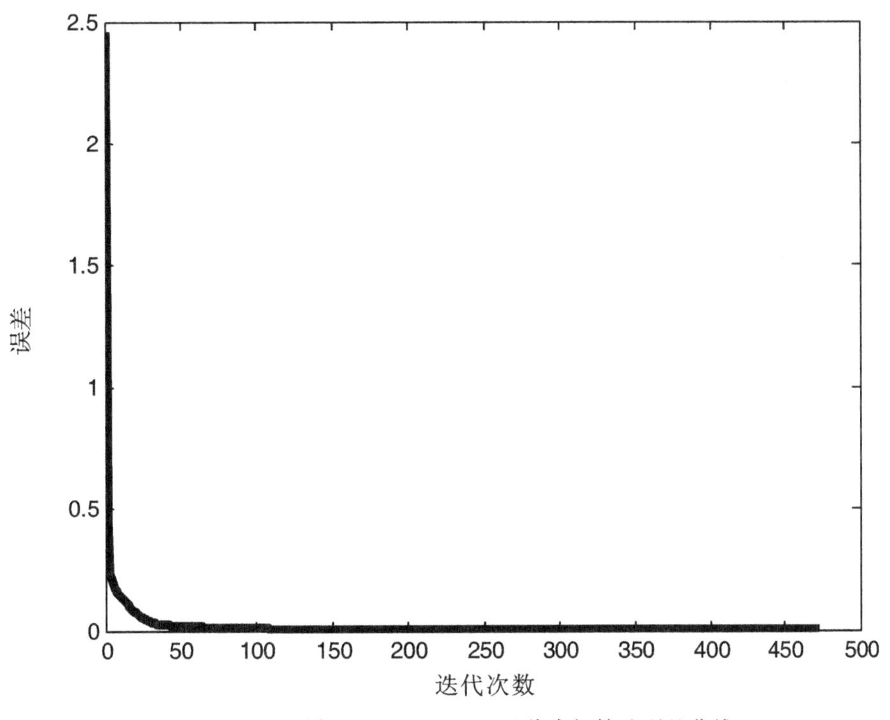

(c) BA模型下Gauss-Seidel迭代求解算法误差曲线

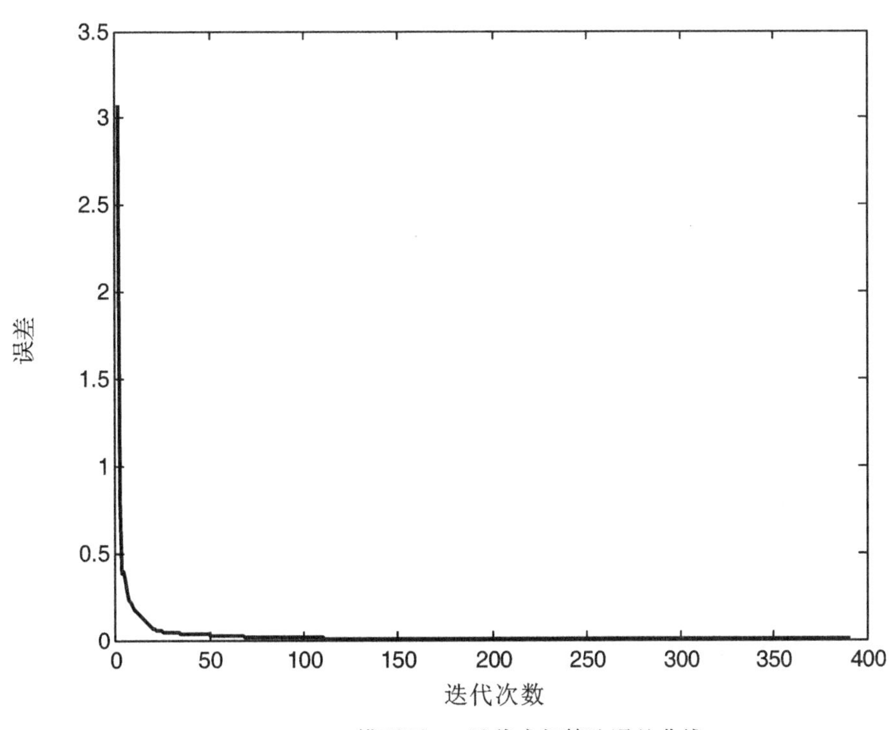

(d) BA模型下SOR迭代求解算法误差曲线

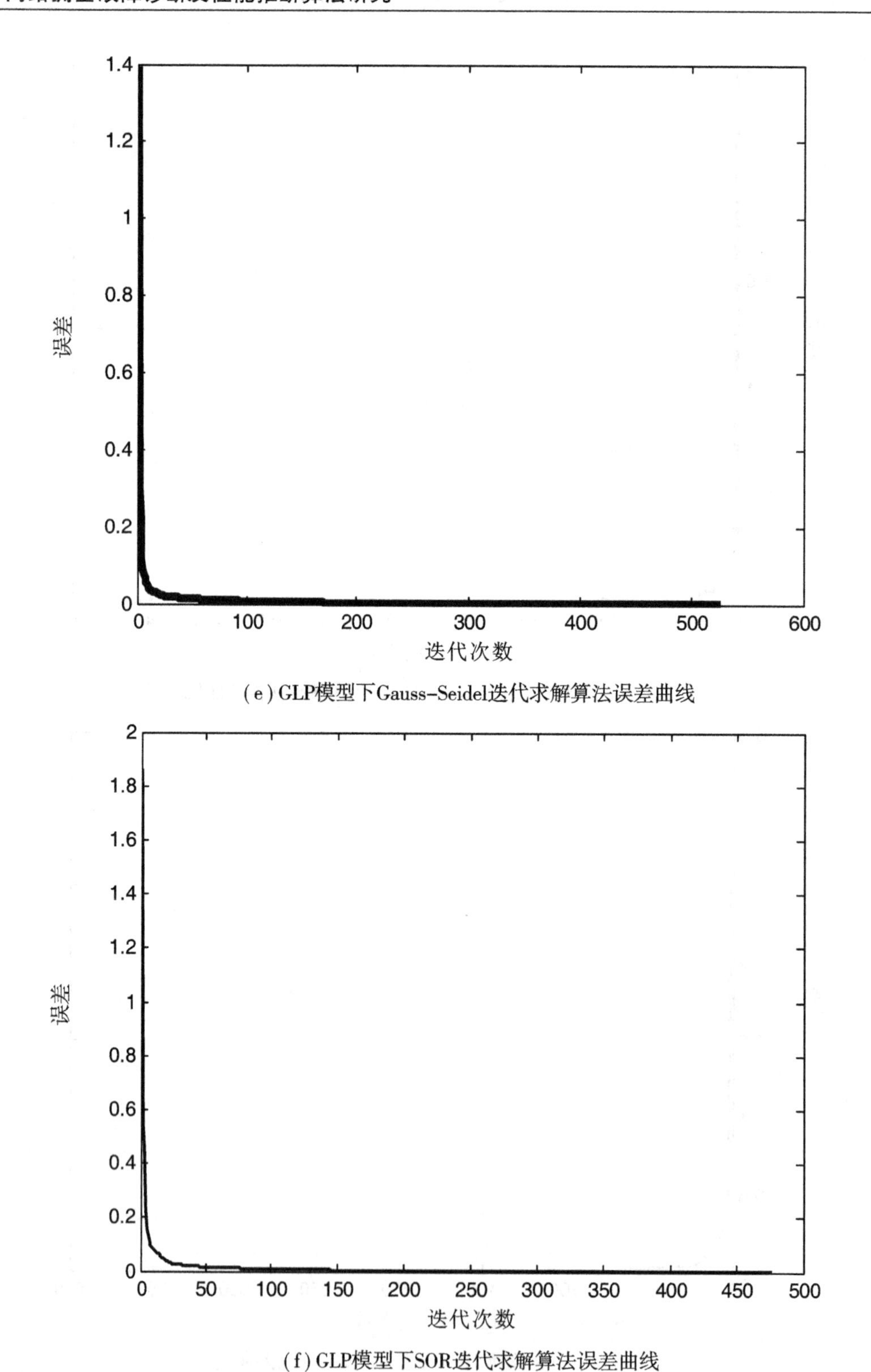

(e) GLP模型下Gauss-Seidel迭代求解算法误差曲线

(f) GLP模型下SOR迭代求解算法误差曲线

图 4-6　不同类型 IP 网络拓扑结构模型下，传统迭代求解算法误差曲线比较(节点数等于500)

在第 3 章提出的 DVDSM 算法最优 DTV 参数下进行链路覆盖。在 Waxman、BA 及 GLP 网络拓扑结构模型下的链路覆盖数分别为 958 条、937 条及 703 条。模拟 30 次 snapshots 下链路拥塞事件，得到每次 E2E 路径性能情况，求解链路拥塞先验概率，误差限 $\varepsilon = 10^{-3}$。

在对 IP 网络链路拥塞先验概率求解时，三种不同类型的网络拓扑结构模型下，SSOR 迭代求解算法及 CG 迭代求解算法均能实现算法收敛，且 SSOR 迭代求解算法在三种不同的网络拓扑模型下的迭代次数均高于该模型下的 CG 迭代求解算法。对 CG 与 SSORPCG 算法在 500 个节点规模 Waxman、BA 及 GLP 模型下进行性能比较，各算法误差曲线如图 4-7 所示。

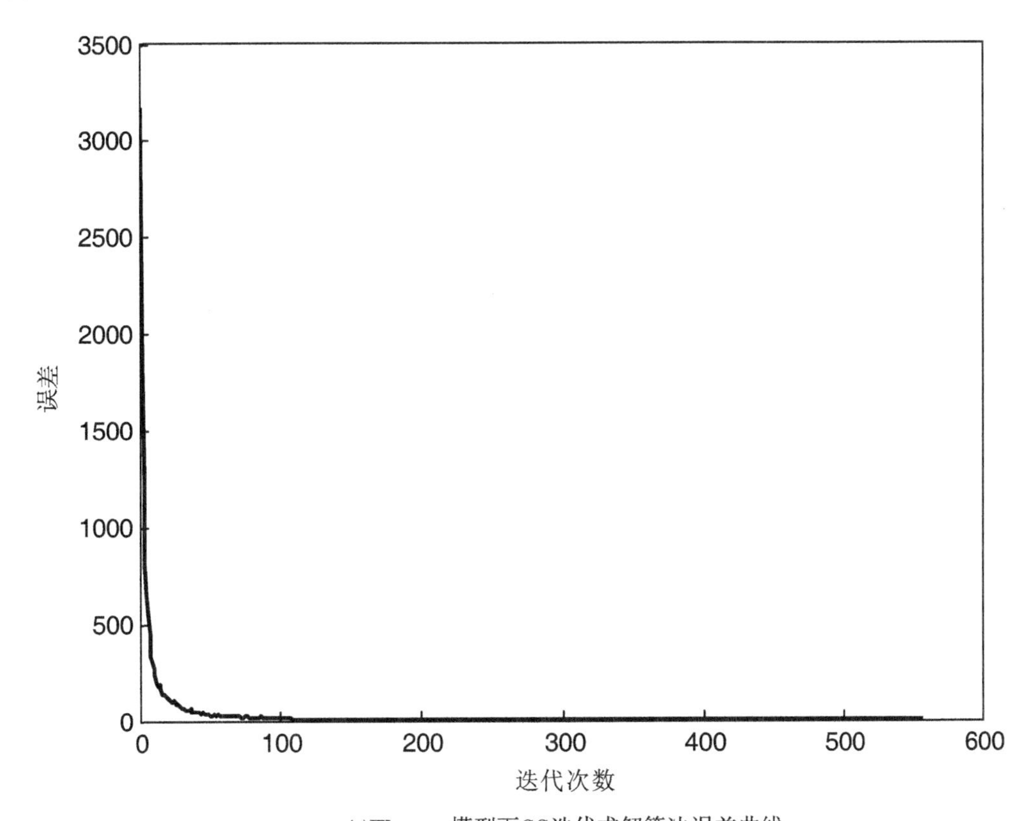

(a)Waxman模型下CG迭代求解算法误差曲线

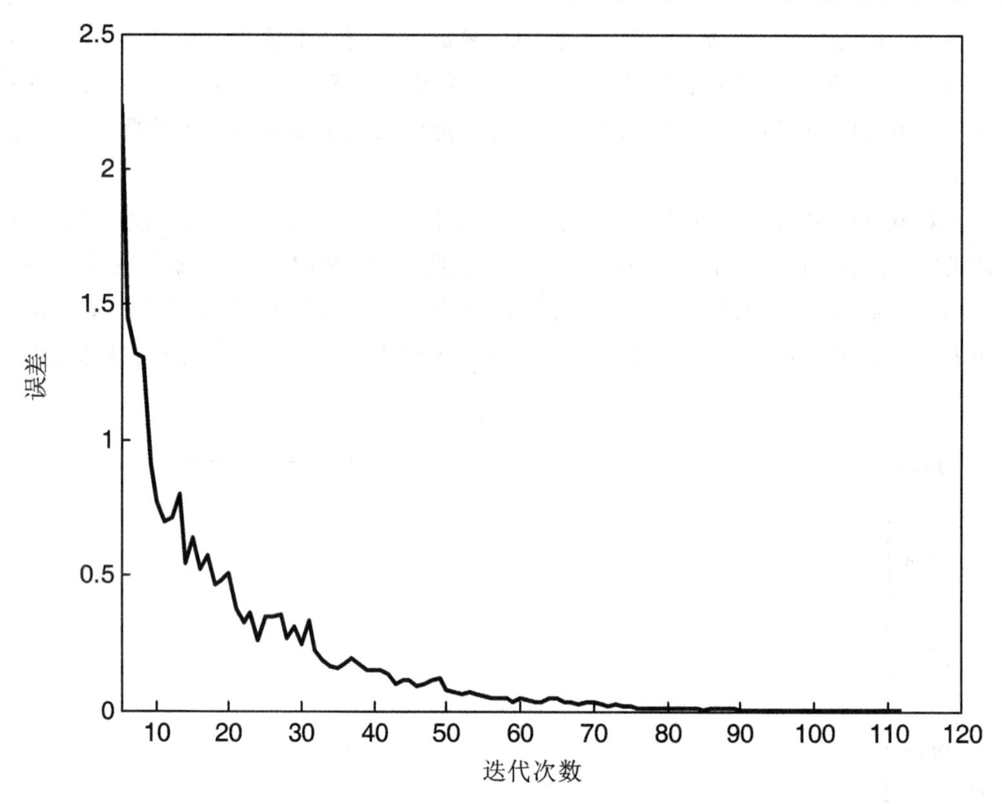

(b) Waxman模型下SSORPCG迭代求解算法误差曲线

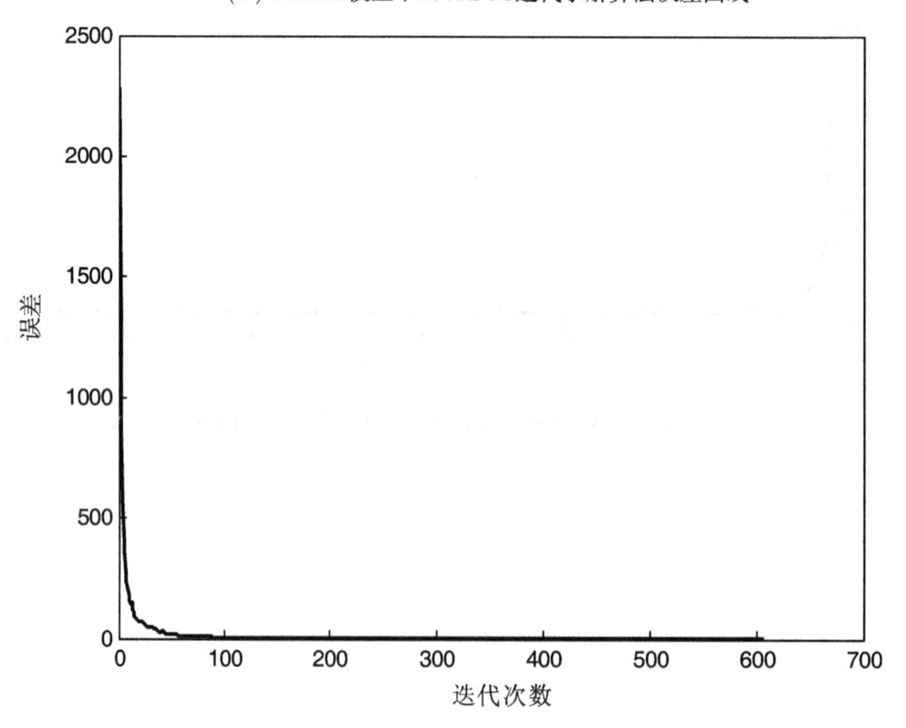

(c) BA模型下CG迭代求解算法误差曲线

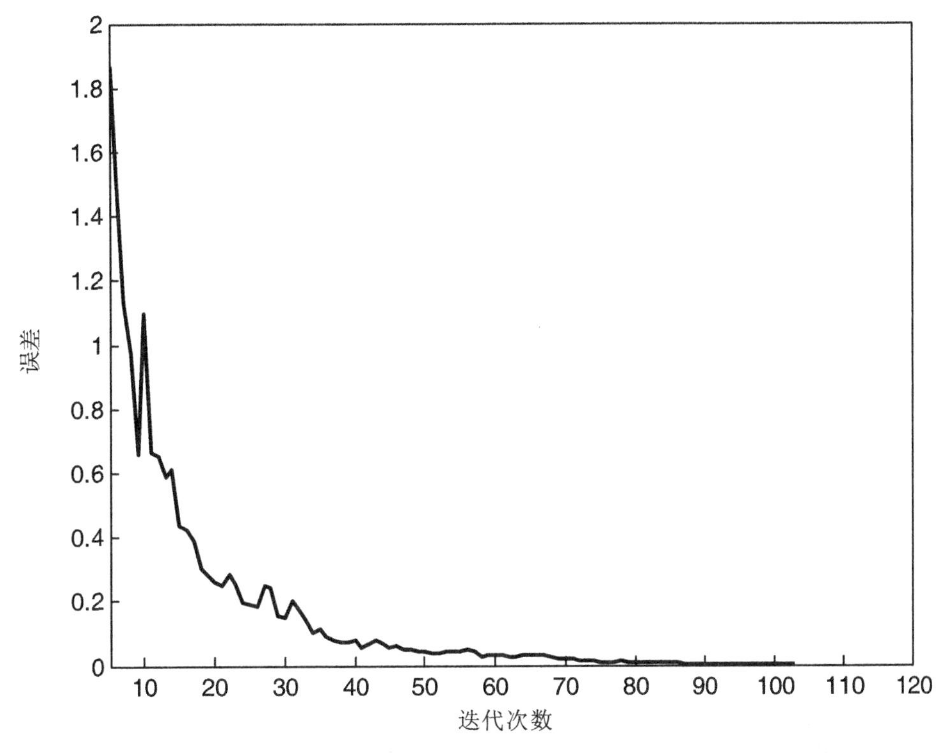

(d) BA模型下SSORPCG迭代求解算法误差曲线

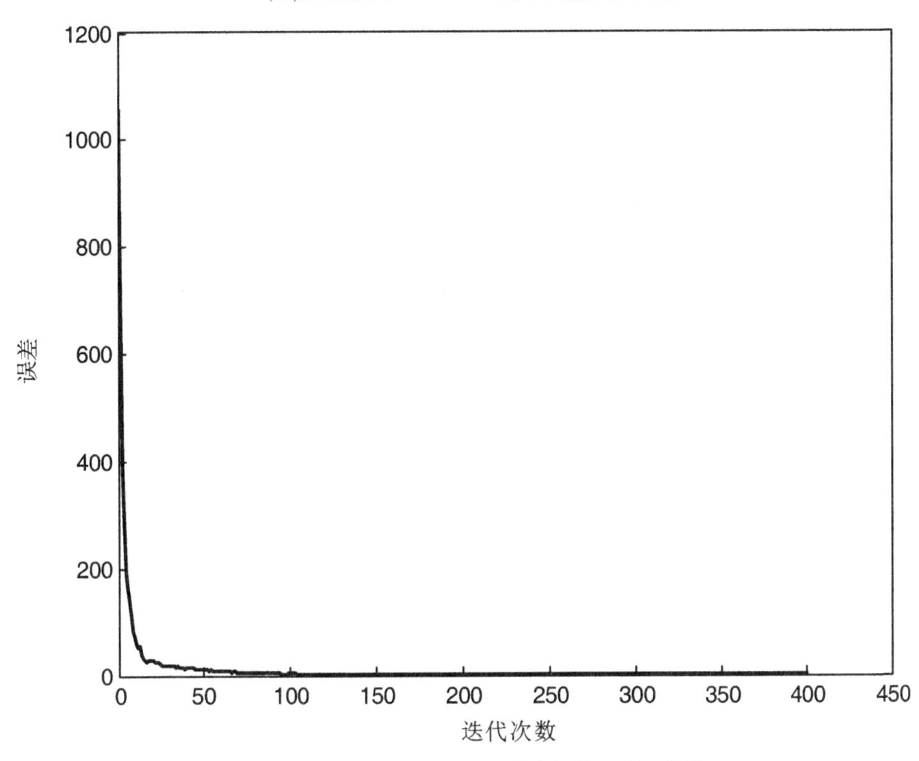

(e) GLP模型下CG迭代求解算法误差曲线

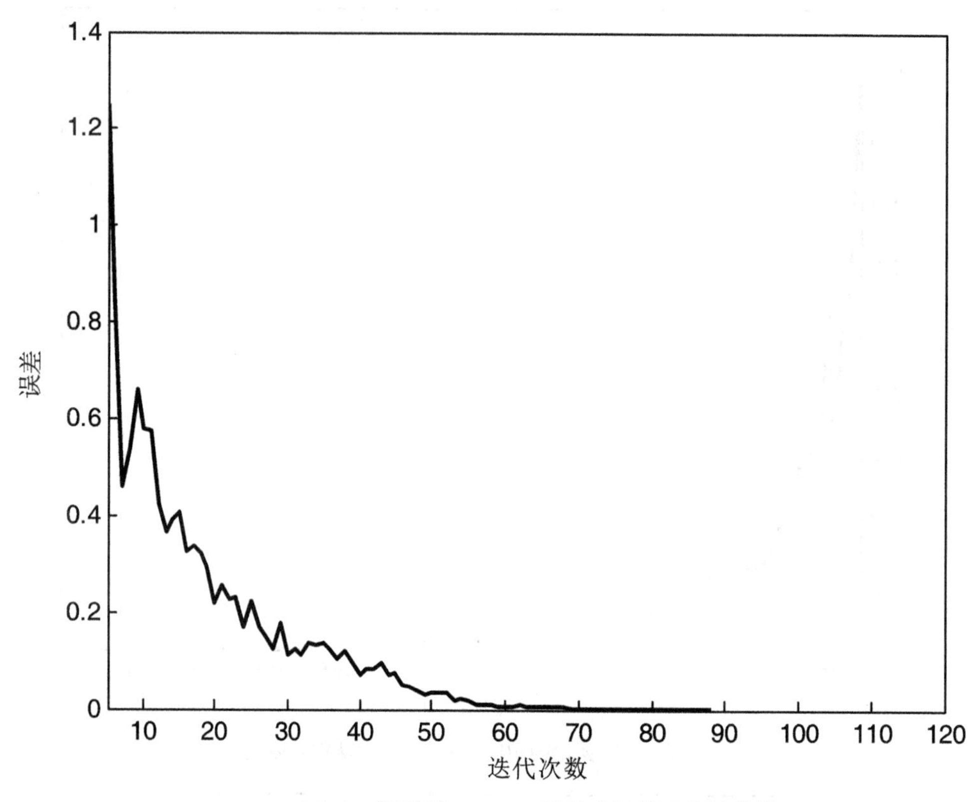

(f) GLP模型下SSORPCG迭代求解算法误差曲线

图 4-7 不同网络拓扑结构模型下，CG 及 SSORPCG 算法求解误差曲线比较(节点数等于 500)

由图 4-7 可以看出，本章提出的 SSORPCG 迭代求解算法的迭代次数较 CG 迭代求解算法明显减小。表 4-2 为 500 个节点的网络规模下，各迭代求解算法在求解链路拥塞先验概率时的迭代次数及运行时间结果。算法的运行时间均为在 8G 内存，i7-5600U CPU，64 位 Windows 7 操作系统的 Lenovo X250 笔记本下，运行 10 次取平均值所花费的时间。

表 4-2 不同链路拥塞先验概率求解算法的迭代运行次数及运行时间

IP 网络拓扑结构模型	SSOR 算法		CG 算法		SSORPCG 算法	
	迭代次数	计算时间/s	迭代次数	计算时间/s	迭代次数	计算时间/s
Waxman	1228	2.7178	556	2.0003	112	1.2385
BA	702	1.5449	607	2.0664	103	1.1847
GLP	661	0.8529	401	0.6279	88	0.5648

由表4-2可以看出,在CG迭代求解算法中引入SSOR迭代求解算法对称因子后,SSORPCG迭代求解算法迭代次数显著最少,收敛速度降低,算法计算的运行时间缩短。

4.3.4 拥塞链路定位性能比较

为了验证LRSBMAP算法在拥塞链路定位中的有效性及准确性,在不同类型、不同规模的IP网络拓扑结构模型下,与经典拥塞链路定位算法CLINK进行模拟实验比较。

(1)不同CLR对算法性能的影响

在一定规模(节点数等于150)的IP网络拓扑结构模型下,模拟一定比例链路拥塞事件(CLR为0.05~0.6),算法在最优DTV下的拥塞链路定位DRs曲线及FPRs曲线如图4-8(a)、(b)所示。

在不同类型的IP网络拓扑结构模型下,随着CLR值的增大,本章提出的LRSBMAP算法与传统经典CLINK算法的拥塞链路定位DR均呈现下降趋势。LRSBMAP算法的拥塞链路定位性能均优于CLINK算法,算法的DR均为在GLP网络拓扑结构模型下最高,其次是在BA网络拓扑结构模型下,最低的是在Waxman网络拓扑结构模型下。

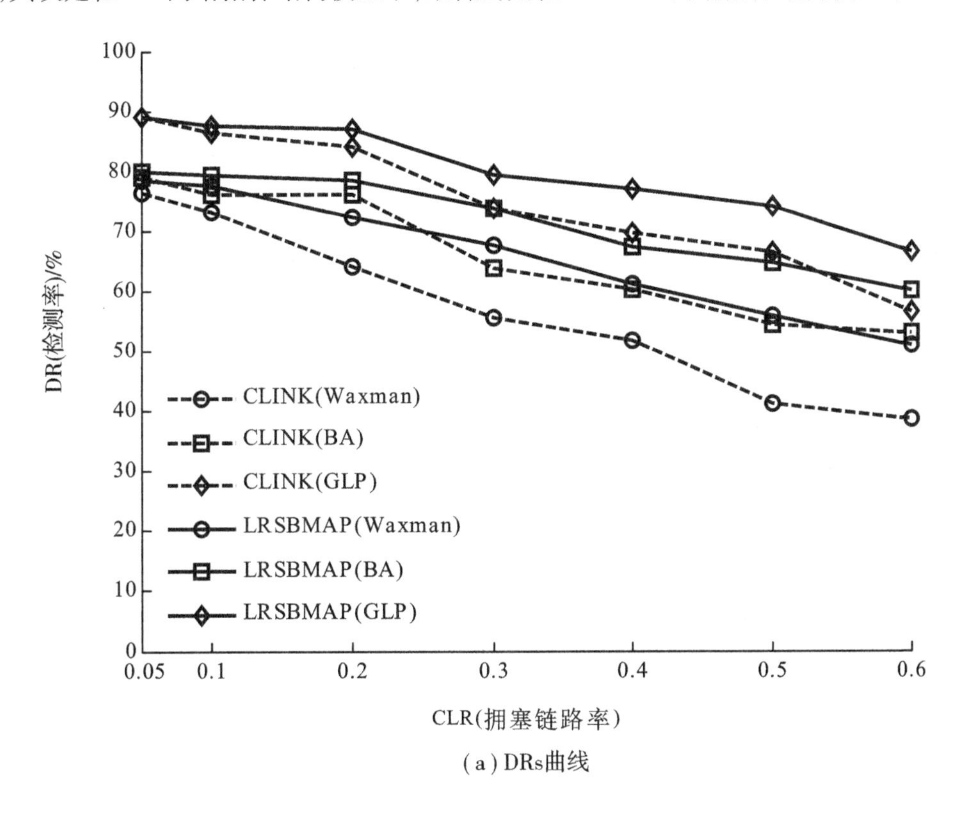

(a) DRs曲线

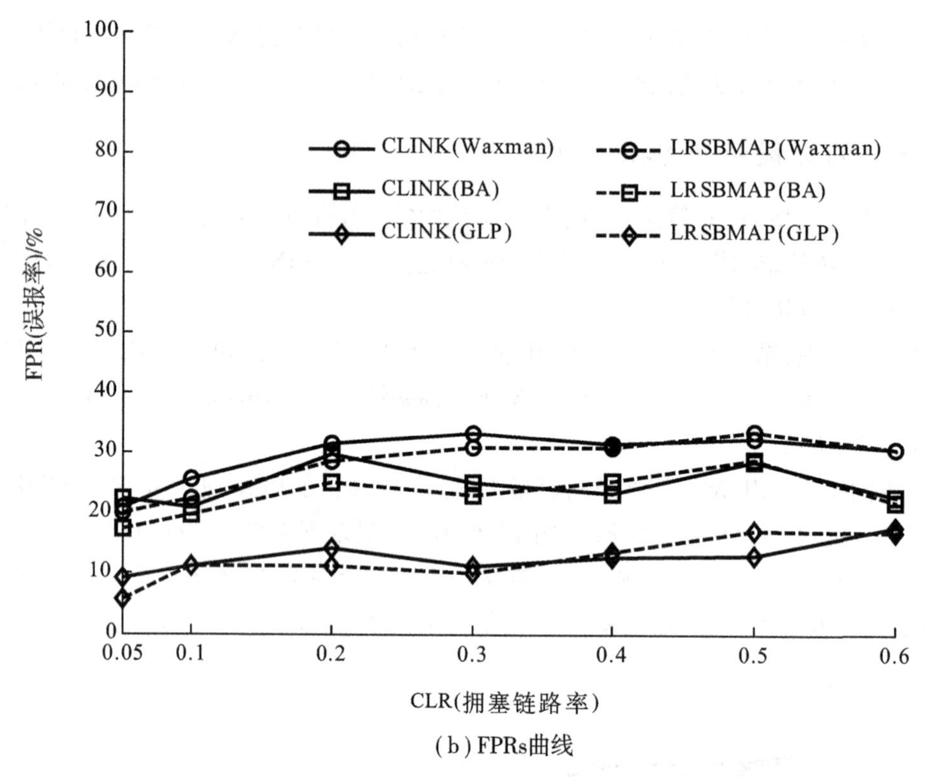

(b) FPRs曲线

图 4-8　CLINK 及 LRSBMAP 算法的定位性能比较(节点数等于 150,不同 CLR)

拥塞链路定位算法在不同网络拓扑结构模型下的推断性能与模型的结构特征有着直接关系,由于 Waxman 网络拓扑结构模型为典型的随机模型,该类模型中的每条路径长度均较长,BA 网络拓扑结构模型以及 GLP 网络拓扑结构模型均为幂率特性模型,该类模型的网络拓扑中,部分路由器度值较大,并且具有较多的共享链路数。因此,在随机模型 Waxman 下的拥塞链路定位 DR 结果明显低于在幂率特性模型的 GLP 及 BA 下得出的结果。

当拥塞链路数较少(CLR<0.2)时,本章提出的 LRSBMAP 算法在 GLP 网络拓扑结构模型下以及 BA 网络拓扑结构模型下的拥塞链路定位性能与 CLINK 算法相差并不大,这也说明 CLINK 算法在拥塞链路数不多的情况下,算法的定位性能较好。

当 CLR>0.2 时,在不同 IP 网络拓扑结构模型下,LRSBMAP 算法的拥塞链路定位性能优于 CLINK 算法,且随着 CLR 增大,LRSBMAP 算法较 CLINK 算法的定位性能更优,表明多链路拥塞环境下,LRSBMAP 算法具有更高的拥塞链路定位性能,且 LRSBMAP 算法的性能较 CLINK 算法下降趋缓,体现 LRSBMAP 算法在多链路拥塞环境下同样具有较好的鲁棒性。

当 CLR=0.5 时,在具有幂率特性模型的 GLP 及 BA 网络拓扑结构模型下,CLINK 算法的拥塞链路定位性能 DR 低于 80%,在 Waxman 网络拓扑结构模型下的 DR 仅有 40%多;而在 GLP 网络拓扑结构模型下,LRSBMAP 算法的 DR 在 75%以上,在 BA 及 Waxman

网络拓扑结构模型下的 DR 分别高于 65% 及 55%，定位性能优于 CLINK 算法。在 GLP 网络拓扑结构模型下，LRSBMAP 算法与 CLINK 算法的拥塞链路定位性能 FPR 最低，在 BA 网络拓扑结构模型下次之，在 Waxman 网络拓扑结构模型下最高，表明算法在强幂率特性模型的 GLP 网络拓扑结构模型下的拥塞链路定位性能最好，并且随着 CLR 增大，LRSBMAP 算法与 CLINK 算法的 FPR 先缓慢上升，当达到一定数值后呈稳定趋势。

(2)不同网络规模对算法性能的影响

为了验证在不同类型、不同规模 IP 网络拓扑结构模型下，本章提出 LRSBMAP 算法的拥塞链路定位性能。分别模拟节点数为 50～500 的 Waxman、BA 以及 GLP 网络拓扑结构模型下的 IP 网络，并且利用 RNM 模拟待测 IP 网络中的多链路拥塞环境(CLR=0.5)。

LRSBMAP 算法及 CLINK 算法的拥塞链路定位 DRs 曲线及 FPRs 曲线分别如图 4-9(a)、(b)所示。

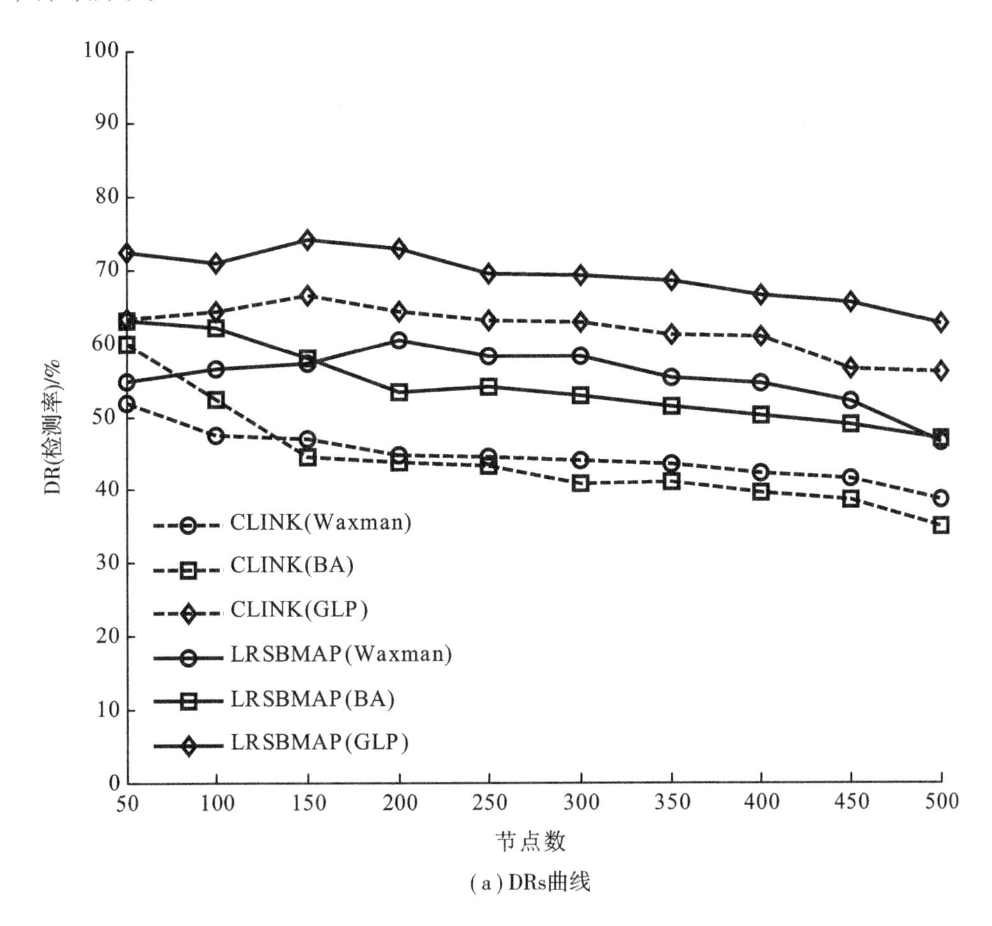

(a) DRs曲线

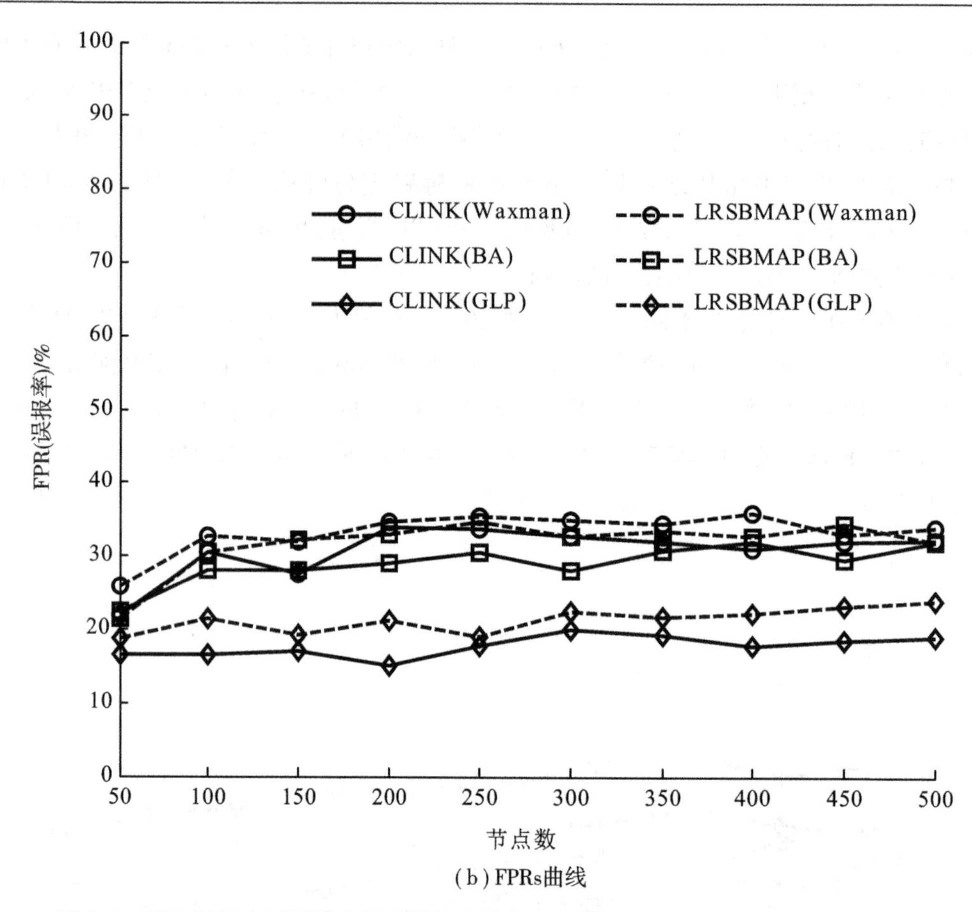

(b)FPRs曲线

图 4-9 CLINK 及 LRSBMAP 算法的拥塞链路定位性能比较(CLR=0.5,不同节点数)

由图 4-9 可知,对不同类型、不同规模的 IP 网络拓扑结构模型,LRSBMAP 算法与 CLINK 算法的拥塞链路定位 DR 均随着网络规模的增大呈缓慢下降趋势。其中,LRSBMAP 算法在三种网络拓扑结构模型下的拥塞链路定位性能均优于 CLINK 算法;在 GLP 网络拓扑结构模型下的 DR 最高,其次是在 BA 网络拓扑结构模型下,在 Waxman 网络拓扑结构模型下最差。在 GLP 网络拓扑结构模型下的 FPR 最低,其次是在 BA 网络拓扑结构模型下,在 Waxman 网络拓扑结构模型下最高,表明算法在 GLP 网络拓扑结构模型下的拥塞链路定位性能最好。

随着网络规模的不断增大,两种算法在 Waxman、BA 及 GLP 网络拓扑结构模型下的拥塞链路定位性能 FPR 变化不明显,基本保持稳定,且在 GLP 网络拓扑结构模型下的 FPR 均较 BA 网络拓扑结构模型以及 Waxman 网络拓扑结构模型下低。两种算法的 FPR 差距并不大,LRSBMAP 算法的 FPR 平均值略高于 CLINK 算法。这是由两种算法进行贪婪启发式搜索时的机理不同造成的。由于 CLINK 算法是基于 SCS 理论,而本章提出的 LRSBMAP 算法是基于拉格朗日松弛理论的,因此,拥塞链路定位时的 FPR 较 CLINK 算法略有所增大。

(3)不同 DTV 对算法性能的影响

为验证不同链路覆盖范围下 LRSBMAP 算法的性能，假设多链路拥塞场景（CLR = 0.5）。改变 DVDSM 算法中 DTV 值从网络中路由器最小度值增大到最大度值，得到不同 DTV 下的链路覆盖范围。利用 Brite 拓扑生成器以默认参数分别生成 Waxman、BA 及 GLP 网络拓扑结构模型。各种网络拓扑结构模型下的路由器度值范围分别为 2 ~ 14、2 ~ 33 以及 1 ~ 33。

根据待测 IP 网络拓扑结构模型下的各路由器度值，分别选取 DTV_{Waxman} 为 2 ~ 14，DTV_{BA} 为 2 ~ 33，DTV_{GLP} 为 1 ~ 33。Waxman 模型下，当 DTV 取值为 8 ~ 10 以及 12 ~ 14 时，利用本书第 3 章提出的 DVDSM 算法获取到的 E2E 探测路径数以及覆盖的链路数（率）均保持不变；同样，在 BA 网络拓扑结构模型下，当 DTV 取值为 12 ~ 15 以及 16 ~ 33 时，DVDSM 算法获取到的 E2E 探测路径数以及覆盖链路数始终不变；在 GLP 网络拓扑结构模型下，当 DTV 取值为 5 ~ 7 以及 9 ~ 33 时，DVDSM 算法获取到的 E2E 路径数目、覆盖链路数目均保持不变。

为了保证在同一坐标系下显示不同网络拓扑结构模型的拥塞链路定位性能，分别选取 DTV（DTV 为 1 ~ 16）作为横轴，以 DR 和 FPR 分别作为纵轴对两种拥塞链路定位算法的性能进行比较，如图 4-10 所示。

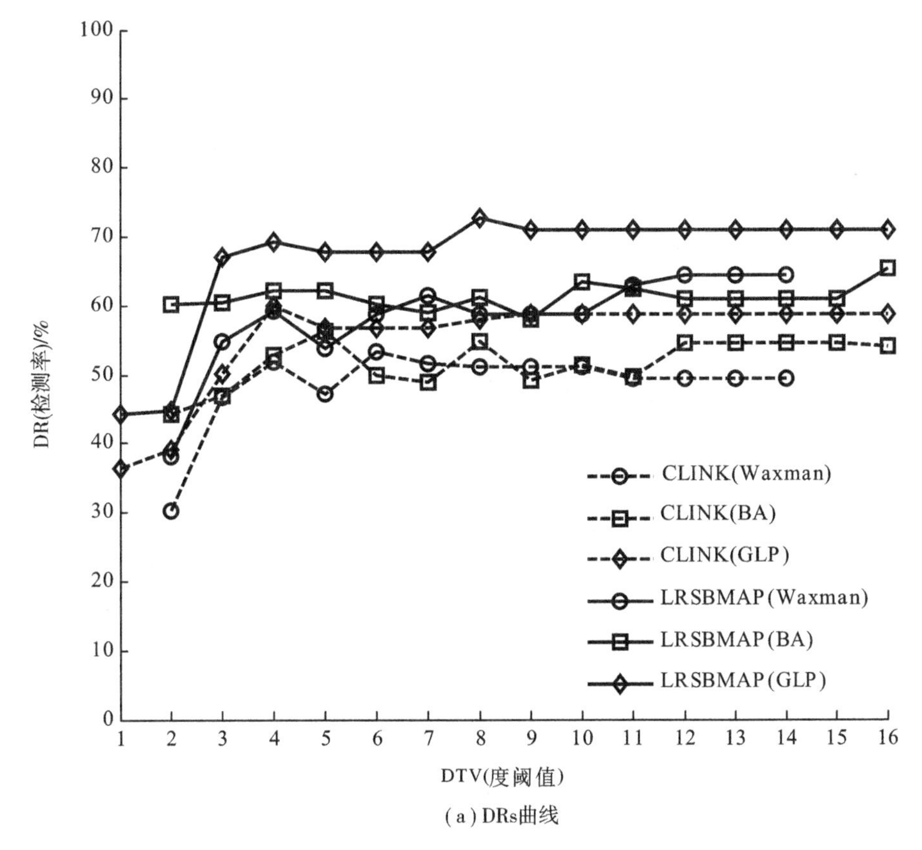

(a) DRs曲线

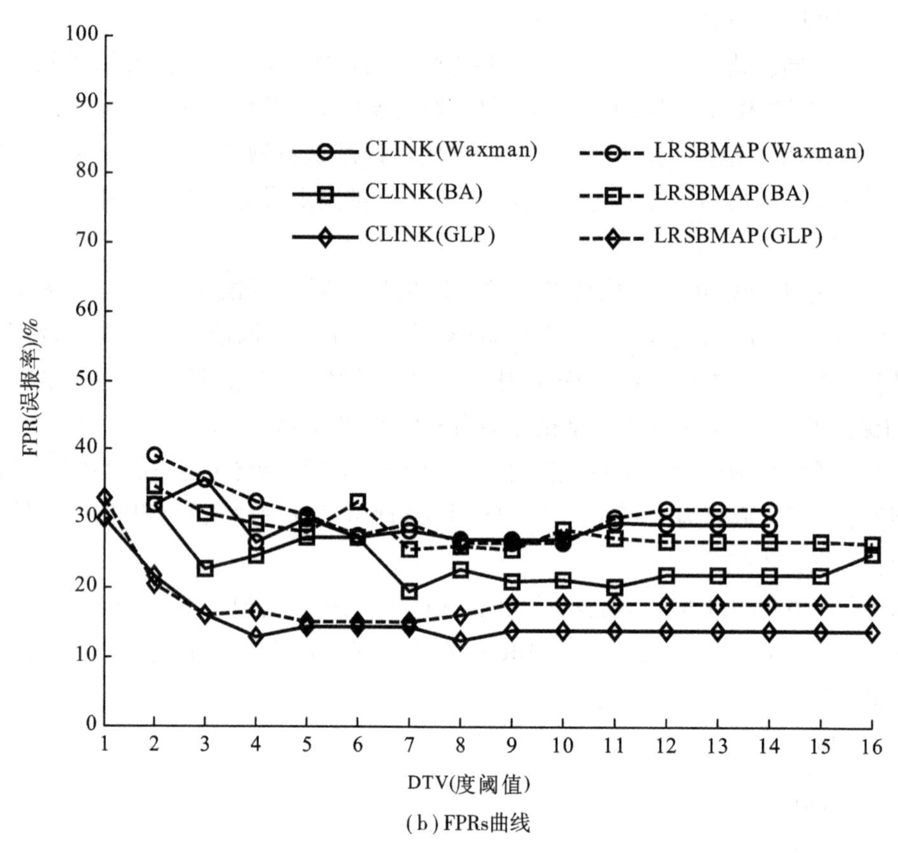

(b) FPRs曲线

图 4-10　CLINK 及 LRSBMAP 算法的定位性能比较(CLR=0.5,不同 DTV)

由图 4-10 可知,当 DTV 选取叶子节点或端主机(待测 IP 网络中的最小度值的路由器节点)进行探针部署时,基于最短路径优先策略的各 E2E 路径,在 GLP 网络拓扑结构模型及 Waxman 网络拓扑结构模型中的链路覆盖范围不高,导致 LRSBMAP 算法与 CLINK 算法的拥塞链路定位性能均有所下降,FRP 较高。

在节点数等于150 的 BA 网络拓扑结构模型中,因 $DTV_{optimal}=2$,为该模型中路由器度值的最小值。实验分析发现,在 BA 网络拓扑结构模型中,选取最小度值部署探针时,算法的链路覆盖率较高,对算法性能不会造成影响。

通过选取不同 DTV 发现,当拥塞链路定位算法覆盖的链路数(率)达到一定比例时,拥塞链路定位性能将趋于稳定。实验结果表明,本章提出 LRSBMAP 的拥塞链路定位 DR 较 CLINK 算法有一定程度提高。原因如下:

1)从经典拥塞链路定位算法 CLINK 的理论基础来看,CLINK 算法认为共享链路包含在越多 E2E 路径中,则该链路越有可能发生拥塞。但通过分析发现,如果链路并非网络中的瓶颈链路(或共享路径数较少的瓶颈链路),因网络配置错误等原因造成的拥塞现象

也时有发生,该链路的拥塞先验概率计算结果较大。但是,由于 CLINK 算法中引入 $|Domain(e_k)|$ 权重系数,因此,当瓶颈链路拥塞先验概率较小时,通过加权处理后的该瓶颈链路仍为最有可能发生的拥塞链路,从而导致拥塞链路推断结果出现较大误差。

2)CLINK 算法在定位了拥塞 E2E 路径中最容易发生拥塞的链路后,该拥塞路径途径的其他链路将被移除,因部分发生拥塞的链路可能被移除而不能被继续进行性能推断,同样将导致拥塞链路集合推断误差。

本章提出的 LRSBMAP 算法在推断拥塞链路时,正常链路是不大于一定丢包阈值的链路,会提供较小的丢包率数值,移除正常 E2E 路径及途经各链路,理论上会降低拥塞链路丢包率范围的推断准确性。但是,由于在实际 Internet 中,各 E2E 路径最大跳数通常小于 6,本章算法中移除性能状态正常的 E2E 路径及途经各链路,其累计的丢包率贡献值不足以对算法的推断性能造成较大影响。

4.4 本章小结

本章提出一种 IP 网络多链路拥塞环境下的拥塞链路定位新算法。算法针对 IP 网络构建的链路拥塞先验概率求解 Boolean 代数线性方程组系数矩阵的稀疏性特征,提出一种 SSORPCG 迭代求解算法求解待测 IP 网络中各链路拥塞先验概率近似唯一解的方法,有效地避免了传统专家基于专家经验知识定位拥塞链路在复杂 IP 网络环境中的误差;基于推断时刻剩余拥塞选路矩阵及贝叶斯 MAP 准则,提出基于贝叶斯 MAP 准则改进拉格朗日松弛次梯度算法 LRSBMAP,对待测 IP 网络中最有可能发生拥塞的链路集合进行贪婪启发式搜索。实验证明,LRSBMAP 算法较 CLINK 算法在拥塞链路定位准确性和鲁棒性方面均有所提高。

基于变结构离散动态贝叶斯拥塞链路定位算法

现有网络故障诊断算法要么假设 E2E 路径途经的链路不发生改变，通过建立静态贝叶斯网络模型定位拥塞链路；要么将定位过程中路由改变对算法性能带来的影响视为噪声干扰，通过引入转移概率，建立变参数动态贝叶斯网络模型，提高推断性能。然而，实际网络中多基于动态路由，如开放最短通路优先协议(open shortest path first，OSPF)。因此，在对 IP 网络内部进行多时隙 E2E 性能探测时，各路径的路由将根据链路状态发生动态改变，从而造成网络拓扑结构发生变化，导致贝叶斯网络模型结构发生改变，而不仅是贝叶斯网络模型参数变化，进而导致现有算法在动态路由 IP 网络下的推断精度下降。本章首先介绍动态路由 IP 网络拥塞链路定位中用到的模型；然后在此模型的简化模型基础上，提出对现有算法的两种改进措施；最后实验验证了新算法的准确性及鲁棒性。

5.1 问题描述及模型构建

在借助主动探测技术定位变路由 IP 网络拥塞链路时，可利用贝叶斯网络模型对 IP 网络进行建模。而在基于贝叶斯网络模型进行拥塞链路推断时，根据动态路由算法策略，对各 E2E 探测路径进行 N 次 snapshots 时，因物理链路切断或带宽受限等原因，E2E 路径途径的各链路均有可能发生动态改变。因此，N 次 snapshots 的链路拥塞先验概率学习过程中，可能会得到动态变化的选路矩阵 $\boldsymbol{D}$，从而导致静态贝叶斯网络模型下的拥塞链路定位准确性下降。

为了准确地构建待测 IP 网络贝叶斯网推断模型，在变路由 IP 网络中推断当前时刻拥塞链路集合，首先引入定义 5-1：

定义 5-1 待测 IP 网络在不同时刻构建的贝叶斯网络模型结构有可能发生变化，称为变结构离散动态贝叶斯(variable structure discrete dynamic Bayesian，VSDDB)网络模型。

在对链路拥塞先验概率学习的 N 次 E2E 路径性能探测 snapshots 过程中，如选路矩阵 $\boldsymbol{D}$ 发生了 n 次变化，则可获得 n 个静态贝叶斯网络模型结构，每个静态贝叶斯网络模型对应的时间段称作一个时间片。如果对整个过程各个时间片下的贝叶斯网络模型进行链路性能推断，则算法复杂度较高。通过引入两个基本假设对算法设计过程进行简化。

假设 5-1 一阶马尔科夫假设。在给出了当前待测 IP 网络构建的贝叶斯网络模型的系统状态后，系统将来的状态与过去的状态是相互独立的。

假设 5-2 时齐性假设。在每个时间片下，贝叶斯网络模型中的各节点条件概率与各个时间片间的转移概率均不随时间的推移而发生变化。

根据假设 5-1 和假设 5-2，VSDDB 模型能够被简化为当前拥塞链路推断时刻前 N 次 E2E 路径性能探测 snapshots 对应的初始时间片 T^1 以及当前推断时刻 1 次 E2E 路径性能探测 snapshot 对应的时间片 T^2 下，对待测 IP 网络构建的两个静态贝叶斯网络模型，时间片 T^1 及时间片 T^2 下的共有链路作为节点接口将两个静态贝叶斯网络模型相连，从而构成动态路由 IP 网络中拥塞链路推断系统的动态贝叶斯网络模型结构。其中，时间片 T^1 以及时间片 T^2 下的各 E2E 路径拥塞状态变量（$y_i^{Tk}=1$）即为该时间片静态贝叶斯网络模型中的观测变量，T^k 为 N 次 snapshots 中第 k 个时间片，简化模型中，$k=\{1,2\}$。各 E2E 路径途经的链路状态为 $x_j^{Tk}\mid_{x_j=\{0,1\}}$。

算法通过对前 N 次 E2E 路径探测，根据拥塞路径与途经链路间的 Boolean 代数关系，学习 IP 网络中各链路拥塞先验概率，从而对第 $N+1$ 次 E2E 路径进行探测，根据拥塞路径探测结果，推断当前最有可能发生拥塞的链路集合。VSDDB 简化模型如图 5-1 所示。

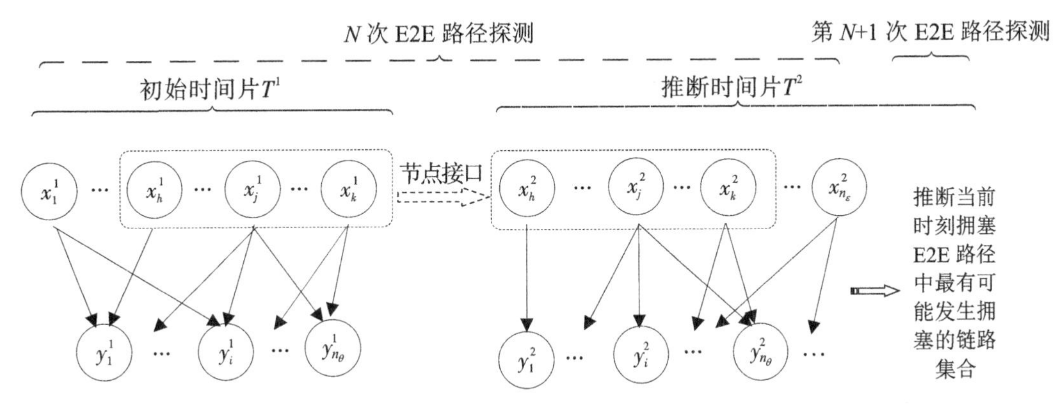

图 5-1 变结构离散动态贝叶斯（VSDDB）网络简化模型

图 5-1 中，假设链路 $l_h, l_j, \cdots, l_k$ 在时间片 T^1 及时间片 T^2 中均存在于拥塞 E2E 路径中，构成两时间片下静态贝叶斯网络节点接口，两时间片下的 E2E 路径拥塞状态变量 $y_i^{Tk}=1$ 以及各链路的状态变量 $x_j^{Tk}\mid_{x_j=\{0,1\}}$ 分别构成各时间片下的静态贝叶斯网络模型中观测变量以及隐藏变量，并且由节点接口将两时间片下的静态贝叶斯网络联结。

如果对静态路由 IP 网络进行拥塞链路推断，即 N 次 snapshots 中，路由均不发生变化，对各 E2E 路径 traceroute 时，各 E2E 路径将始终得到固定不变的途经链路。因此，对待测 IP 网络构建的选路矩阵 $\boldsymbol{D}$ 不发生改变，推断模型中仅包含一个时间片下的静态贝叶斯网络模型；而对动态路由 IP 网络进行 snapshots（traceroute）时，因网络传输情况，各 E2E 路径的路由可能因途经链路的性能发生改变而得到多个时间片下的贝叶斯网络模型。借助简化模型中两时间片下的贝叶斯网络模型,可以构建出 VSDDB 网络模型。利用本书提出的动态路由 IP 网络中的拥塞链路推断算法,推断当前时刻拥塞链路集合。

5.2 算法设计

本章针对 IP 网络动态路由算法选路策略下拥塞链路推断算法存在性能下降问题,提出一种基于 VSDDB 网络模型的针对拥塞链路推断的改进 CLINK(improved CLINK, ICLINK)算法以及基于拉格朗日松弛次梯度的拥塞链路推断(congested link inference algorithm based on Lagrangian relaxation sub-gradient, CLILRS)算法。改进算法主要包括以下两个方面的设计:

一是对 IP 网络变路由下链路拥塞先验概率学习。算法流程如下:

(1)根据 N 次 E2E 路径性能探测 snapshots 结果,获取各 E2E 路径途经链路,构建时间片 T^1 和时间片 T^2 对应的选路矩阵 $\boldsymbol{D}^1$、$\boldsymbol{D}^2$,并通过矩阵化简得出 $\boldsymbol{D}'^1$ 及 $\boldsymbol{D}'^2$;

(2)根据 N 次 E2E 路径 snapshots 得到时间片 T^1 以及时间片 T^2 中各条 E2E 路径的性能探测结果,分别求解出各 E2E 路径的拥塞概率 P_i^1 及 P_i^2;

(3)根据各 E2E 路径性能探测结果,构建拥塞矩阵 $\boldsymbol{D}_d^1$ 及 $\boldsymbol{D}_d^2$,并进行去相关化简以及补满秩操作,获取剩余选路矩阵 $\boldsymbol{D}_d^{1\prime}$ 及 $\boldsymbol{D}_d^{2\prime}$;

(4)构建两时间片下链路拥塞先验概率,求解 Boolean 代数线性方程组,并利用 SSORPCG 算法求解链路拥塞先验概率 p_j^1 和及 p_k^2。

二是对当前时刻拥塞链路推断。算法流程如下:

(1)基于贝叶斯 MAP 准则,推导 VSDDB 模型下的拥塞链路定位方法;

(2)设计加权贪婪启发式搜索算法,根据当前推断时刻各 E2E 路径的性能探测 snapshots 结果,推断当前时刻最有可能发生拥塞的链路集合。

本章提出的动态路由 IP 网络拥塞链路定位算法原理如图 5-2 所示。

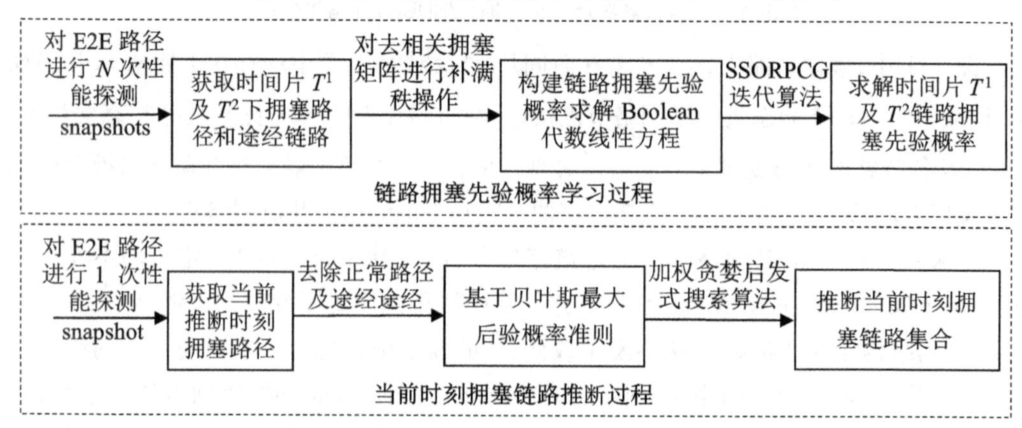

图 5-2 基于 VSDDB 模型的拥塞链路定位算法设计原理框图

5.2.1 链路拥塞先验概率学习

对待测 IP 网络进行 VSDDB 简化模型中时间片 T^1 和时间片 T^2 中的链路拥塞先验知识进行学习。在对链路拥塞先验概率求解的 N 次 E2E 路径 snapshots 过程中,对 VSDDB 简化模型中的各时间片下 E2E 路径及其途经链路进行获取,并按照第 1 章选路矩阵 $\boldsymbol{D}$ 构建方法(定义 1-1)构建时间片 T^1 及时间片 T^2 下待测 IP 网络的选路矩阵 $\boldsymbol{D}$,并经拥塞选路矩阵化简及补满秩,获取各时间片下链路拥塞先验概率求解系统线性方程组中的系数矩阵;计算各 E2E 路径的拥塞概率;代入式(4-11),借助 SSORPCG 算法求解近似唯一解,得到 VSDDB 简化模型中时间片 T^1 及时间片 T^2 中的拥塞 E2E 路径途经的各链路拥塞先验概率。由于各时间片下对待测 IP 网络各链路拥塞先验概率的求解方法与第 4 章求解方法相同,这里不再赘述。

5.2.2 基于 MAP 准则的拥塞链路推断

在进行链路拥塞先验概率学习中,仅对推断时刻时间片 T^2 及前 N 次 snapshots 中第一个时间片 T^1 下的贝叶斯网络模型进行 VSDDB 简化模型的构建。根据当前拥塞链路推断时刻的 1 次 E2E 路径性能探测 snapshot,获取待测 IP 网络中各 E2E 路径的性能状态,并对当前时刻各拥塞 E2E 路径途经的各链路性能进行推断,表示为

$$P(X^2 \mid Y^1,Y^2)=\frac{P(X^2,Y^1,Y^2)}{P(Y^1,Y^2)} \tag{5-1}$$

式中,$P(Y^1,Y^2)$ 仅与网络状态及探测结果有关,与链路选取无关,则其最大评分参量 argmax 表达式为

$$\begin{aligned}
&\operatorname{argmax}P(X^2 \mid Y^1,Y^2)=\operatorname{argmax}P(X^2,Y^1,Y^2)=\operatorname{argmax}\sum_{j'=1}^{n^1_{\varepsilon'}}P(X^2,Y^1,Y^2 \mid X^1_j)P(X^1_j)\\
&=\operatorname{argmax}\sum_{X^1}P(X^1,X^2,Y^1,Y^2)\\
&=\operatorname*{argmax}_{X^2}\sum_{X^1}\{P(x^1_{j'})\cdot P[(y^1_i \mid p_a(y^1_i))]\cdot P[(y^2_i \mid p_a(y^2_i))]\cdot P(x^2_{j'},x^1_{j'})\}
\end{aligned} \tag{5-2}$$

式中,$x^1_{j'}$ 及 $x^2_{j'}$ 分别表示时间片 T^1 以及时间片 T^2 下,贝叶斯网络模型中共有链路的状态变量;$n_{\varepsilon'}$ 为两时间片 T^1 及 T^2 下各贝叶斯网络模型中共有链路总数;$p(y_i)$ 为 y_i 的父节点。为求解式(5-2),根据引理 4-1,$P[y_i \mid p_a(y_i)]$ 的最大值为 1。因待测 IP 网络中各链路状态变量 $x_{j'}$ 是概率独立的随机变量,当前时刻对各 E2E 路径进行 1 次 snapshot,各链路的拥塞概率分布律服从贝努利概率模型二项概率公式 $P_n(k)=C^k_n p^k(1-p)(n-k)$,$n=1$,且各链路的状态概率之间相互独立,故可用下式进行表示为

$$P(x_{j'})=\prod_{j'=1}^{n_{\varepsilon'}}p_j{}^{x_{j'}}\cdot(1-p_{j'})^{(1-x_{j'})} \tag{5-3}$$

由于条件概率 $\operatorname{argmax}P[y^1_i \mid p_a(y^1_i)]$ 及 $\operatorname{argmax}P[y^2_i \mid p_a(y^2_i)]$ 均为 1。因此,

式(5-2)可进一步简化为

$$\arg\max P(X^2 \mid Y^1,Y^2) = \arg\max_{X^2} \sum_{X^1} P(x_{j'}^1) \cdot P(x_{j'}^2,x_{j'}^1) \tag{5-4}$$

由贝叶斯定理：$P(x_{j'}^1) \cdot P(x_{j'}^2,x_{j'}^1) = P(x_{j'}^2,x_{j'}^1)$，链路状态变量 $x_{j'}^1$ 与 $x_{j'}^2$ 相互独立。式(5-4)可表示为

$$\arg\max P(X^2 \mid Y^1,Y^2) = \arg\max_{X^2} \sum_{X^1} P(x_{j'}^1) \cdot P(x_{j'}^2) \tag{5-5}$$

式中，$P(x_{j'}^1)$ 及 $P(x_{j'}^2)$ 分别表示时间片 T^1 和时间片 T^2 中各 E2E 探测路径途经链路的拥塞先验概率，时间片 T^1 和时间片 T^2 的选路矩阵可通过各时间片 snapshot 获取的 E2E 拥塞路径及途经链路根据定义 1-1 求得。时间片 T^1 和时间片 T^2 中各 E2E 路径的拥塞概率 P_i^1、P_i^2 可分别通过时间片 T^1 和时间片 T^2 下各 snapshot 次中根据拥塞次数取平均值得出。各时间片中先验概率求解方程中的系数矩阵 $\boldsymbol{D}''^1_d$、时间片 $\boldsymbol{D}''^2_d$ 可通过对拥塞矩阵去相关、补满秩后得出。通过求解链路拥塞先验概率 Boolean 代数线性方程组，得到时间片 T^1 及 T^2 下 E2E 路径途经各链路的拥塞先验概率 $p_{j'}^1$、$p_{j'}^2$。

根据贝努利二项式分布概率模型，式(5-5)可转化为

$$\arg\max_{X^2} P(X^2 \mid Y^1,Y^2) = \arg\max_{X^2} \prod_{j'=1}^{n_{\varepsilon''}} (p_{j'}^1 \cdot p_{j'}^2)^{x_{j'}^2} (1 - p_{j'}^1 \cdot p_{j'}^2)^{(1-x_{j'}^2)} \tag{5-6}$$

式中，$n_{\varepsilon''}$ 为推断时刻拥塞链路总数。对式(5-6)两边同时取对数可得

$$\arg\max_{X^2} P(X^2 \mid Y^1,Y^2) = \arg\max_{X^2} \sum_{j'=1}^{n_{\varepsilon''}} \left[x_{j'}^2 \lg\left(\frac{p_{j'}^1 \cdot p_{j'}^2}{1 - p_{j'}^1 \cdot p_{j'}^2}\right) + \lg(1 - p_{j'}^1 \cdot p_{j'}^2) \right] \tag{5-7}$$

式中，$\lg(1 - p_{j'}^1 \cdot p_{j'}^2)$ 与链路状态无关。故式(5-7)的求解可等价为

$$\arg\max_{X^2} P(X^2 \mid Y^1,Y^2) = \arg\max_{X^2} \prod_{j'=1}^{n_{\varepsilon''}} x_{j'}^2 \lg\left(\frac{p_{j'}^1 \cdot p_{j'}^2}{1 - p_{j'}^1 \cdot p_{j'}^2}\right) \tag{5-8}$$

5.2.3 算法设计及伪代码

为了在变路由 IP 网络环境中对网络故障进行准确定位，在简化 VSDDB 模型下，首先对经典 CLINK 算法进行改进；然后，基于拉格朗日松弛理论，提出一种基于拉格朗日松弛次梯度拥塞链路定位改进算法 CLILRS。

(1) ICLINK 算法

ICLINK 算法是在 CLINK 算法的理论基础上进行的改进，是考虑算法在推断拥塞链路集合时，IP 网络路由发生变化时的改进方法。因此，ICLINK 算法同样基于 SCS 理论，借助加权贪婪启发式搜索算法寻找可行解。ICLINK 算法的伪代码如下所示：

输入：时间片 T^1 及 T^2 下去除正常路径及途经链路后的约减选路矩阵 $D_d^t, t=\{1,2\}$；时间片 T^1 及 T^2 下 E2E 路径主动探测的拥塞情况 $\bar{Y}_i^t$；时间片 T^1 及 T^2 下共有链路 l_k 的集合为 L_ε ($k \in \varepsilon$)，$n(k)$ 为推断时刻链路 l_k 共享的路径数目。

Step 1：初始化拥塞链路集合 $\Omega = \varphi$；初始化拥塞路径 $P_{\vartheta} = P_{\theta}$。

Step 2：分别计算各时间片 T^{t} 下拥塞链路先验概率。

1）$t \geqslant 2$ 时，计算时间片 T^1 及 T^2 下链路 l_k 的拥塞概率 $p_k^1, p_k^2, p_k = p_k^1 \cdot p_k^2$；

2）$t = 1$ 时，计算链路 L_{ε} 的拥塞概率 $p^1, p_k = p_k^1$；

Step 3：推断时刻，while $(P_{\vartheta} \neq \phi)$

1）$l_k \in L_{\varepsilon}$，找出 $\lg\left[\left(\frac{p_k^2}{1 - p_k^2}\right) \cdot n(k)\right]$ 为最大值的链路 l_k。

2）添加此 l_k 到拥塞链路覆盖集合 Ω。

3）更新拥塞链路集合：在剩余拥塞路径途经的链路中去除已覆盖的链路 l_k。

4）更新路径集合 P_{ϑ}：去除包含 l_k 的所有路径。

5）return Step 3。

结果输出。集合 Ω 中保存的链路即为所求。

（2）CLILRS 算法

当待测 IP 网络存在多链路拥塞并发现象时，ICLINK 算法推断准确性存在一定误差。CLILRS 算法基于拉格朗日松弛理论推断拥塞链路。CLILRS 算法的伪代码如下：

输入：当前时刻拥塞 E2E 路径集合 P_i 及途经链路集合 L_j，时间片 T^1 及 T^2 下拥塞选路矩阵 $\boldsymbol{D}_d$。

1）$t \geqslant 2$ 时，分别计算 T^1 及 T^2 下链路 l_j 的拥塞概率 p_j^1，p_j^2，$p_j = p_j^1 \cdot p_j^2$。

2）$t = 1$ 时，计算链路 l_j 的拥塞概率 p_j^1，$p_j = p_j^1$。

$n(k)$ 为链路 l_j 在推断时刻共享的路径数目。

Step 1：初始化 $z_{\mathrm{LD}} = -\infty$，$z_{\mathrm{UB}} = \infty$。

$u_i = \min[c_j \mid D_{d_{ij}} = 1, j = 1, 2, \cdots, n'_{\varepsilon}]$，$C_j = \lg\left[\left(\frac{p_j^2}{1 - p_j^2}\right) \cdot n(k)\right]$，$i = 1, 2, \cdots, n'_{\theta}$。

Step 2：用当前的 u 求解式(4-24)，令其最优值为 z_{LB}，更新 $z_{\mathrm{LD}} = \max(z_{\mathrm{LD}}, z_{\mathrm{LB}})$。

Step 3：构造原始 SCP 的一个可行解：

1）令 $S = [j \mid x_j = 1, 2, \cdots, n'_{\varepsilon}]$。

2）对未覆盖行 i（即 $\sum_{j=1}^{n'_{\varepsilon}} D_{d_{ij}} x_j = 0$），将 $\min[j \mid D_{d_{ij}} = 1, d_j < \infty, j = 1, 2, \cdots, n'_{\varepsilon}]$ 添加到 S。

3）将 $j \in S$ 按降序排列，如 $S - [j]$ 仍然是 SCP 的可行解，$S = S - [j]$。

4）更新 $z_{\mathrm{UB}} = \min(z_{\mathrm{UB}}, \sum_{j \in S} c_j)$。

Step 4：$z_{\mathrm{LD}} = \max z_{\mathrm{LRSC}}(\mathbf{u})$，If $z_{\mathrm{LD}} = z_{\mathrm{UB}}$，转 Step 9。

Step 5：计算次梯度 $g_i = 1 - \sum_{j=1}^{n'_{\varepsilon}} D_{d_{ij}} x_j, i = 1, 2, \cdots, n'_{\theta}$。If $\sum_{i=1}^{n'_{\theta}} (g_i)^2 = 0$，转 Step 9。

Step 6：计算迭代步长 $\delta = f(1.05z_{UB} - z_{LB}) / \sum_{i=1}^{n'_\theta} (g_i)^2$，其中初始值 $f(0) = 2$，If 连续 30 次迭代，z_{LD} 值不增加，则 f 减半。

Step 7：If $f \leqslant 0.005$，转 Step 9。

Step 8：更新拉格朗日乘子式：$u_i = \max[0, u_i + \delta g_i]$，$i = 1, 2, \cdots, n'_\theta$，转 Step 2。

Step 9：输出 $L_j = \{l_j \mid x_j = 1\}$ 为最优解。

5.3 算法实验评价

拥塞链路定位算法的性能评价手段主要包括模拟实验、仿真实验以及实测实验三种。其中，模拟实验的标准答案是已知的，其实验细节能够被实验人员掌握，然而，模拟实验的结果并不够真实；实测实验虽然环境真实，但是实验中的标准答案难以获取，无法对算法进行准确性的验证；仿真实验方法能够有效地兼顾实验可控性与真实性，操作灵活。因此，为了客观评价本章提出的新算法在推断拥塞链路集合中的性能表现，分别采用 Eclipse 平台下的算法模拟实验、Emulab 平台下的算法仿真实验以及 Internet 平台下的实测实验对新算法与传统算法进行推断性能的比较验证。

5.3.1 模拟实验评价

首先，利用 Brite 拓扑生成器以默认参数分别生成 Waxman、BA 及 GLP 等三种不同类型、不同规模的 IP 网络拓扑结构模型，并且通过借助 RNM 模型模拟出待测 IP 网络中多链路拥塞事件场景。

5.3.1.1 算法参数设置及评价指标

在链路拥塞先验概率学习的过程中，设置 snapshots 次数 $N=30$，路径拥塞阈值参数 PCT=0，将每次 snapshot 获取的各 E2E 路径测量结果送入性能监控台，根据 traceroute 命令获取到各 E2E 路径途经的各链路情况，构建出时间片 T^1 及时间片 T^2 下不同的选路矩阵 $\boldsymbol{D}$；根据 ping 命令获取的 E2E 路径性能状态变量推断各路径拥塞概率，路径丢包率阈值设置为 0.05，当获取到路径的丢包率大于 0.05 时，该路径为拥塞状态，其状态变量 $y_i=1$；反之，路径正常，$y_i=0$。利用 SSORPCG 算法计算 VSDDB 简化模型中两时间片 T^1 和 T^2 链路的拥塞先验概率。

为了验证不同链路拥塞环境对算法推断性能带来的影响，在模拟实验中设置 LCR $\in [0.05, 0.6]$，分别代表拥塞链路由少到多发生变化；另外，为了研究动态路由算法策略引起的路由变化频繁程度对拥塞链路推断算法性能带来的影响，算法中引入路由变化参数（route changing threshold，RCT），以 N 次 E2E 路径性能探测过程中链路持续发生拥塞的次数作为待测 IP 网络路由发生变化的条件，默认阈值 RCT=4。即因某链路拥塞而导致连续4次E2E路径性能探测snapshots状态为拥塞时,该链路所在的E2E路径重路由。设置参数RCT∈[1,4]来模拟待测IP网络中路由发生改变的阈值。利用DR及FPR对算法性能进行评估,所得结果均为参数设置不变的情况下10次实验取平均值后的数值。

5.3.1.2 模拟实验流程

为了验证CLILRS算法性能,以默认参数分别生成Waxman、BA及GLP三种不同类型、不同规模的IP网络拓扑结构模型文件。在相同链路覆盖范围、相同拥塞事件场景下,比较CLILRS算法与CLINK算法及其改进算法ICLINK的拥塞链路推断性能,比较验证本章提出新算法的准确性及鲁棒性。

模拟实验流程如图5-3所示。模拟实验流程如下:

(1)读取拓扑文件,获取网络各路由器节点度值、链路及连接情况。

(2)基于最短路径优先原则,利用DVDSM算法获取待测IP网络中各E2E路径及途经链路,构建选路矩阵$\boldsymbol{D}$,并求出$\boldsymbol{D}$的最大线性无关组矩阵$\boldsymbol{D}'$。

(3)利用随机数发生器,以CLR产生DVDSM算法覆盖链路30次snapshots中的链路拥塞事件,并根据E2E路径途经链路,得到每次snapshots各E2E路径拥塞状态变量Y。

• 路由不变:$\boldsymbol{D}$在30次snapshots中始终不发生改变,继续执行第(4)步;

• 路由改变:链路在m次snapshots中均发生拥塞,则包含此链路的E2E路径重路由,根据$\boldsymbol{D}$是否发生变化得出,返回第(3)步。

(4)根据PCT值可获取E2E路径的拥塞情况,移除正常E2E路径及其途经链路,得到拥塞矩阵$\boldsymbol{D}_d$,并对$\boldsymbol{D}_d$进行路径关联得到满秩扩展矩阵$\boldsymbol{D}'_d$,$\boldsymbol{D}'_d$为链路先验概率求解Boolean代数线性方程组中的系数矩阵。

(5)根据30次snapshots得到各E2E路径性能探测结果,根据各E2E探测路径及扩展路径拥塞概率P_i,利用SSORPCG迭代求解算法求解各链路l_j拥塞先验概率p_j。

• 路由不变:利用30次snapshots下各路径拥塞概率p_j及D'_d;

• 路由改变:利用两时间片T^1,T^2下各自snapshots次数中的各路径拥塞概率p_j^1,p_j^2及两时间片下的$\boldsymbol{D}'^1_d$,$\boldsymbol{D}'^2_d$;

(6)根据CLR随机产生1次snapshot链路拥塞事件,得到当前拥塞链路推断时刻各E2E路径的拥塞情况,并且基于贝叶斯MAP准则,贪婪启发式搜索当前时刻各E2E路径中最有可能发生拥塞的链路。

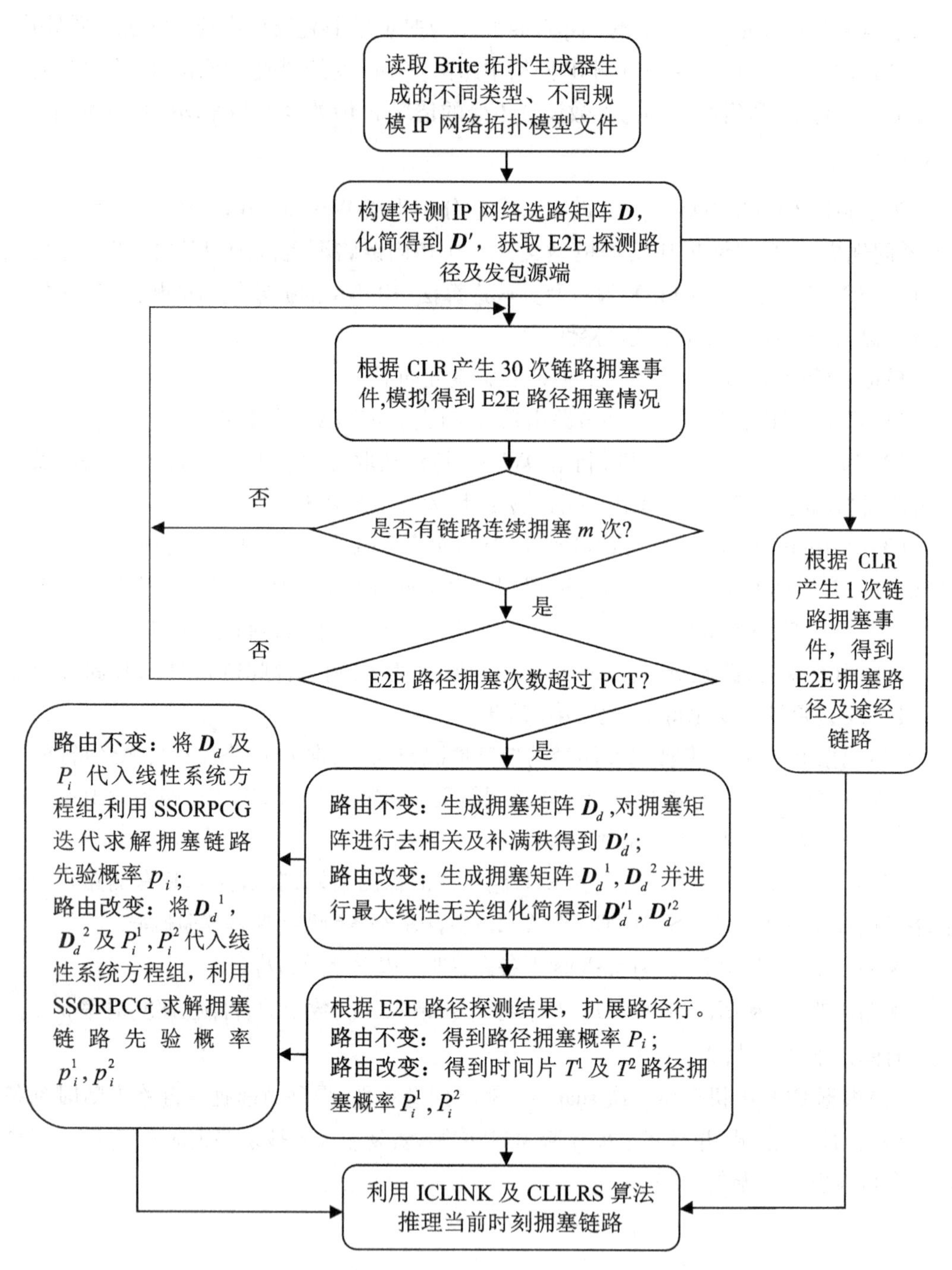

图 5-3　基于 VSDDB 模型的拥塞链路定位算法模拟实验流程图

5.3.1.3　各算法的性能比较

待测 IP 网络中的路由改变将导致 IP 网络构建的贝叶斯网络模型结构发生变化，因此,在对 IP 网络拥塞链路进行推断时,如参与数据传输的链路已发生改变,而仍然对初始路由下的各链路进行性能推断,其结果将有较大误差。

为了验证本章提出的算法在动态路由 IP 网络中的推断性能,利用 Brite 拓扑生成器以默认参数生成150 个节点的 Waxman、BA 及 GLP 网络拓扑结构模型,在30 次 E2E 路径性能探测 snapshots 中,利用随机数发生器模拟 CLR 比例的链路拥塞事件;以 RCT=4 作为 snapshots 链路连续拥塞导致换路模拟 IP 网络变路由场景,以最短路径优先策略重新选路获取 E2E 路径重路由后的途经链路,分别利用 ICLINK 及 CLILRS 算法与经典 CLINK 算法对当前时刻拥塞链路集合进行推断,并与推断时刻拥塞链路事件的标准答案进行比较,根据 DR 以及 FPR 分别比较验证算法的推断性能。模拟实验中,使用随机数模型,根据 CLR 产生不同拥塞程度的链路拥塞事件,默认设置 RCT=4。

(1)不同 CLR 下算法推断性能比较

在不同网络拓扑结构模型下,设置 CLR 为 0.05～0.6,各算法的拥塞链路集合推断 DRs 曲线及 FPRs 曲线分别如图 5-4(a)、(b)所示。

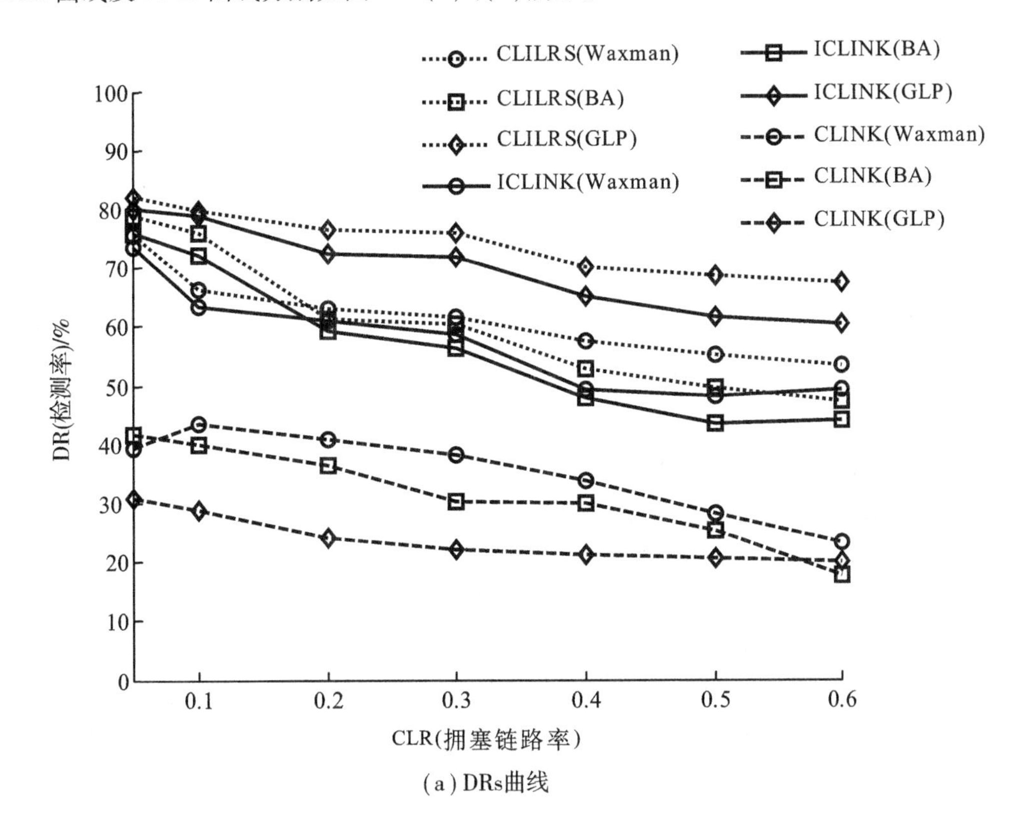

(a) DRs曲线

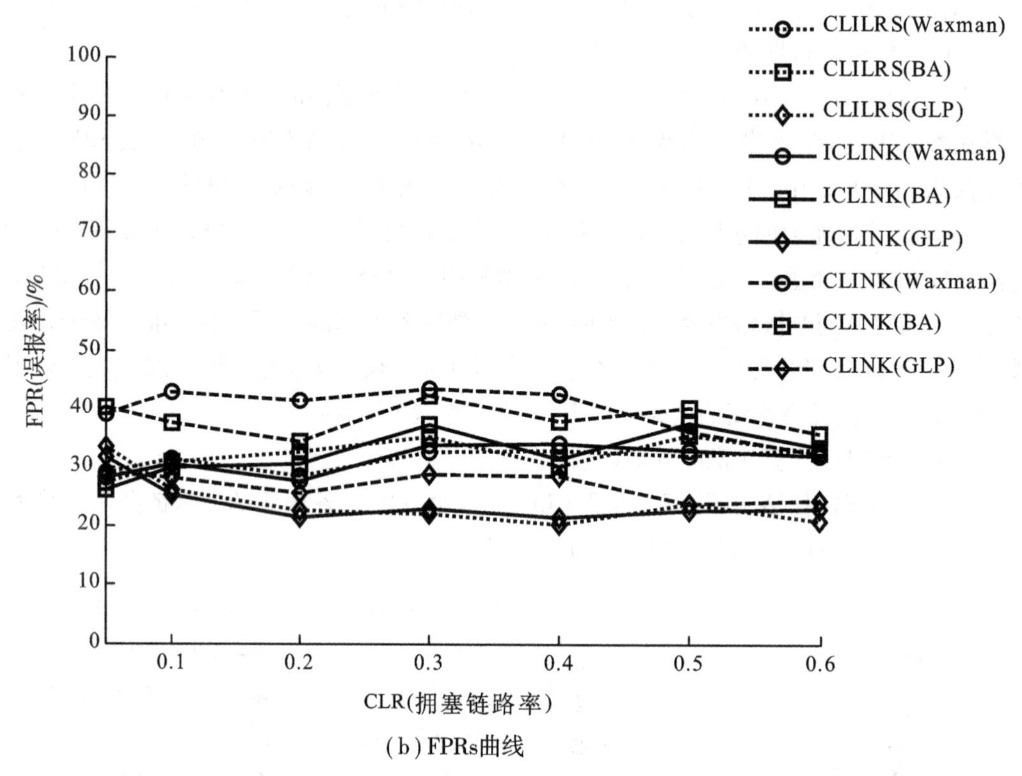

(b) FPRs曲线

图 5-4 各拥塞链路定位算法的性能比较(节点数等于 150,RCT=4,不同 CLR)

由图 5-4 可以看出,两种改进算法的推断性能明显优于 CLINK 算法,原因在于两种改进算法均考虑变路由对算法性能的影响,基于 VSDDB 简化模型推断拥塞链路集合。

两种改进算法的拥塞链路定位 DR 均在 GLP 网络拓扑结构模型下最高,其次是在 BA 网络拓扑结构模型下,而在 Waxman 网络拓扑结构模型下性能最差。在动态路由 IP 网络环境下,CLINK 算法定位性能下降明显。在不同的 IP 网络拓扑结构模型下,改进算法的推断性能明显优于经典 CLINK 算法,另外,GLP 网络拓扑结构模型具有较强的幂率特性,因此,待测 IP 网络中路由的动态改变对其影响最大,DR 平均高出 50% 左右,比 BA 及 Waxman 拓扑网络结构模型下高出 40% 及 30% 左右。CLILRS 算法的 DR 平均较 ICLINK 算法高 10% 左右,特别是随着 CLR 增大,拥塞链路定位性能优势体现得更为明显。两种改进算法的 FPR 均较 CLINK 算法平均低 10% 左右。随着 CLR 的增加,CLILRS 和 ICLINK 算法均较 CLINK 算法体现出较强的鲁棒性。

(2)不同路由改变频率下算法推断性能比较

为验证改进算法在不同路由策略下的拥塞链路推断性能,模拟网络中链路持续拥塞次数(link continuous congested times,LCCT)触发 E2E 路径重路由。模拟实验中,分别设置 LCCT 为 1 ~4。LCCT=1 表示网络路由变换频繁,链路仅发生一次拥塞即发生重路由。

150 个节点网络模型下，设置 CLR = 0.1，使用 CLINK、ICLINK 及 CLILRS 算法推断当前时刻拥塞链路集合，推断 DRs 曲线及 FPRs 曲线分别如图 5-5（a）、（b）所示。

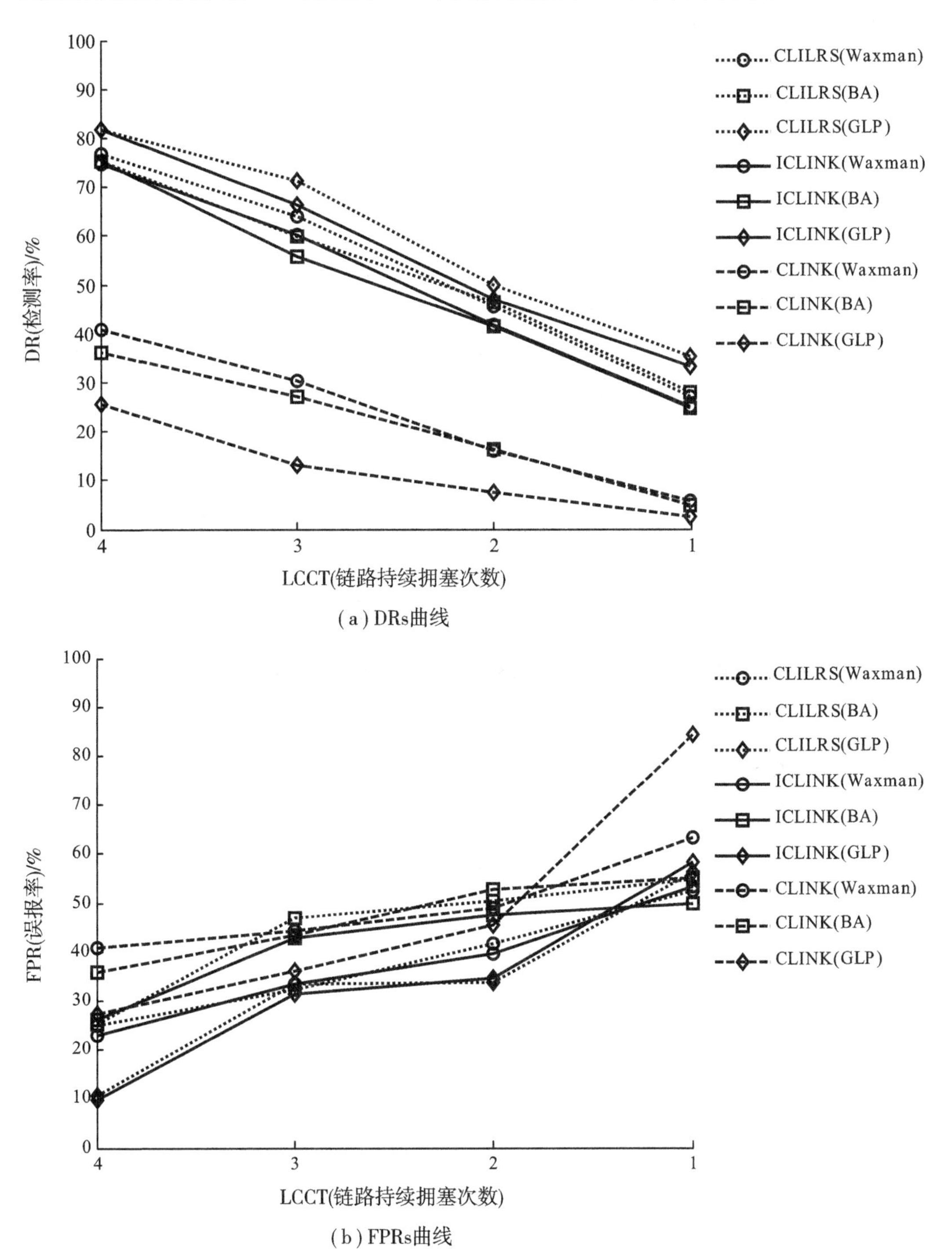

图 5-5　各拥塞链路定位算法的性能比较（节点数等于 150，CLR = 0.1，不同 LCCT）

由图 5-5 所示，随着路由变换频繁程度加剧，DRs(FPRs)均呈现线性下降(上升)趋势。GLP 模型下，CLILRS 及 ICLINK 算法 DR 均较 BA 及 Waxman 模型下高。在不同类型网络拓扑模型下，CLILRS 及 ICLINK 算法拥塞链路推断性能明显优于 CLINK 算法。由此看出，动态路由算法对 CLINK 算法影响较大，GLP 模型下影响尤为显著。

(3)不同网络规模下算法推断性能比较

为验证拥塞链路定位新算法在不同网络规模下的性能，模拟一定网络规模(节点数为 50～350)的 Waxman、BA 以及 GLP 网络拓扑结构模型，设置 CLR=0.2、RCT=4 时，各算法推断 DRs 曲线及 FPRs 曲线如图 5-6(a)、(b)所示。

由图 5-6 可知，在不同的 IP 网络模型下，两种改进算法的推断性能明显优于 CLINK 算法。其中，CLILRS 算法的 DR 优于 CLINK 算法，CLILRS 及 ICLINK 算法在 GLP 网络拓扑结构模型下均具有较高的推断 DR，其次是在 BA 网络拓扑结构模型下，在 Waxman 网络拓扑结构模型下最低。在不同规模的 IP 网络拓扑结构模型下，CLILRS 算法及 ICLINK 算法的推断 FPR 较 CLINK 算法低，且稳定性强。

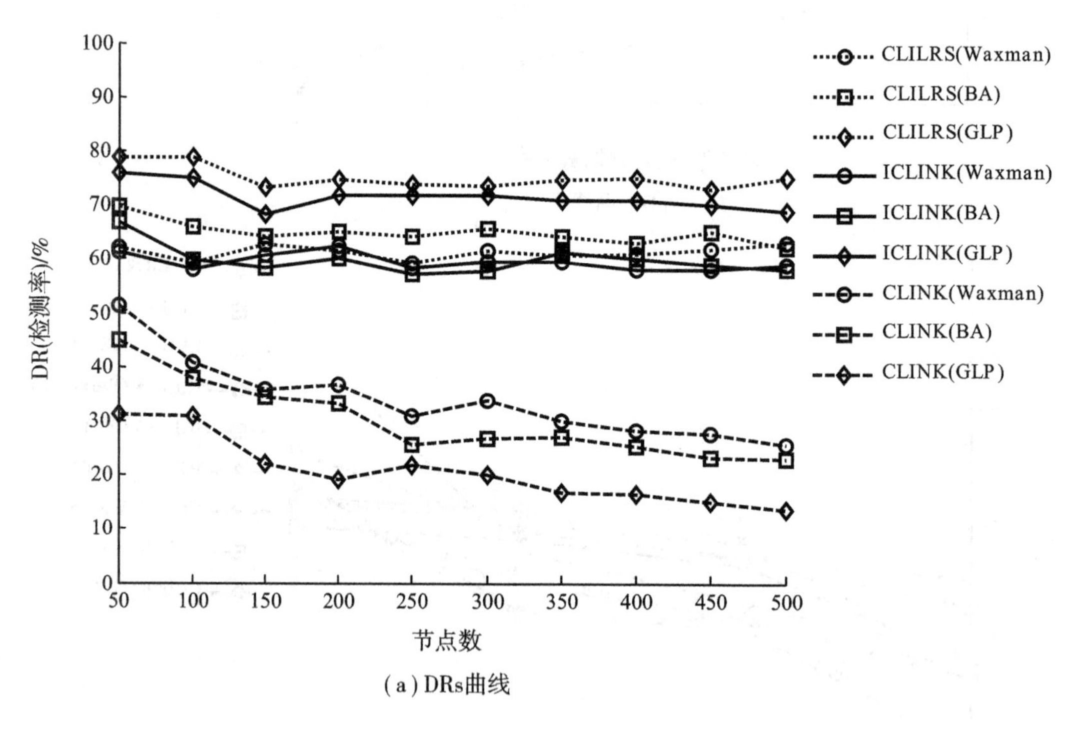

(a) DRs曲线

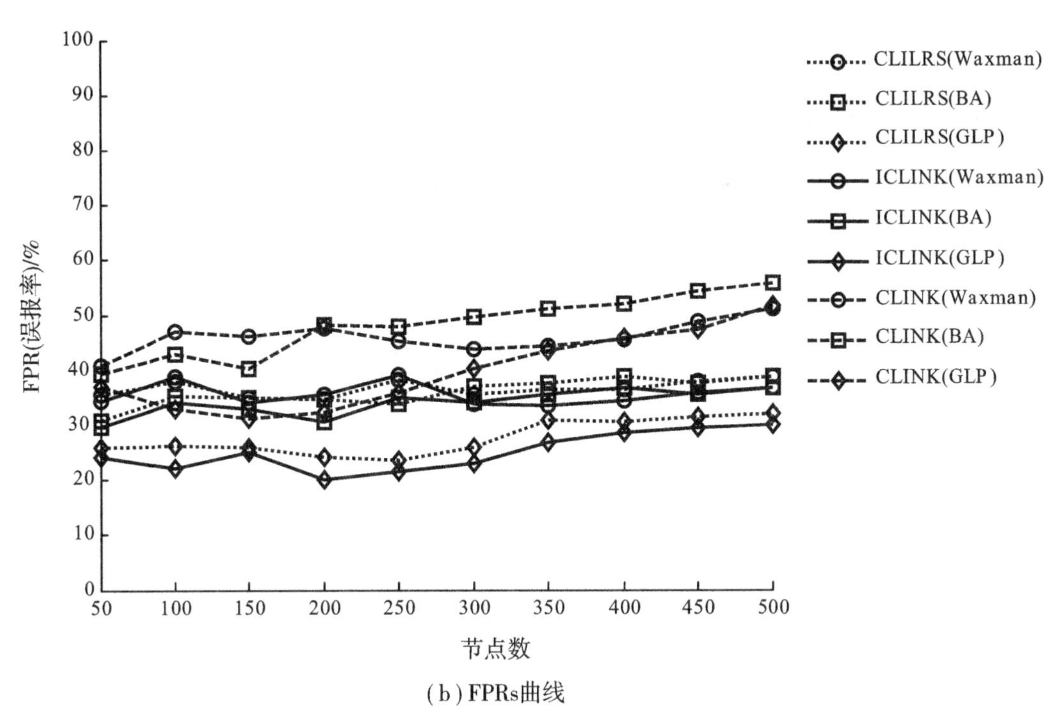

(b) FPRs曲线

图 5-6　各拥塞链路定位算法的性能比较(CLR=0.2,RCT=4,不同节点数)

(4)不同链路覆盖下算法性能比较

为了验证两种改进算法在不同链路覆盖情况下的推断性能,模拟节点数等于150的Waxman、BA及GLP网络拓扑结构模型,根据模型度值,分别设置DTV=2～14,覆盖不同的待测IP网络链路数。在不同的IP网络拓扑结构模型下,使用不同算法推断拥塞链路集合,各算法推断DRs曲线及FPRs曲线分别如图5-7(a)、(b)所示。

由图5-7所示,当DTV>3,三种算法的推断性能变化不大。CLILRS及ICLINK算法的DR及FPR均有较强的稳定性。DR及FPR的变化不超过5%。当选择最小DTV作为探针部署点获取各E2E探测路径时,ICLINK及CLILRS算法在GLP和Waxman网络拓扑结构模型下,由于链路覆盖率不高,拥塞链路推断性能下降明显。

CLILRS及ICLINK算法的推断DR均在GLP网络拓扑结构模型下最高,其次是在BA网络拓扑结构模型下,在Waxman网络拓扑结构模型下性能最差。综合来看,CLILRS算法性能优于ICLINK算法。各算法均在GLP网络拓扑结构模型下FPR最低,其次是在BA网络拓扑结构模型下,在Waxman网络拓扑结构模型下最高。三种不同网络拓扑结构模型下,CLINK算法DR均不足50%。CLILRS及ICLINK算法FPR均较CLINK算法低,且均在GLP网络拓扑结构模型下最低,其次是在BA网络拓扑结构模型下,在Waxman网络拓扑结构模型下最高。各算法均在GLP网络拓扑结构模型下性能最好,这与网络拓扑结构模型的幂率特性有关,在第4章已对各模型特性进行了分析,这里不再赘述。

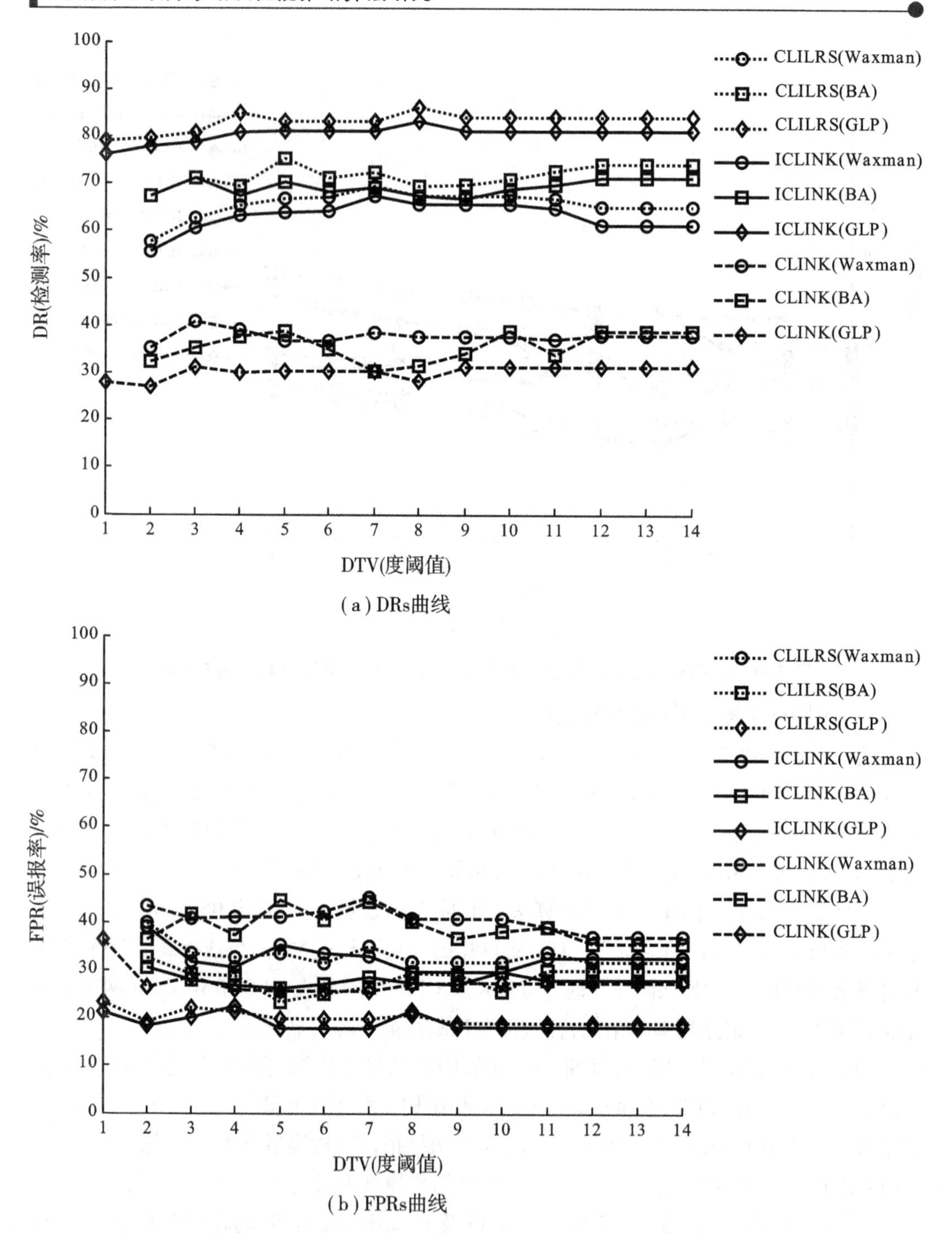

(a) DRs曲线

(b) FPRs曲线

图 5-7 各拥塞链路定位算法的性能比较(节点数等于 150,CLR=0.1,不同 DTV)

5.3.2 仿真实验评价

为了验证本章提出的改进算法在动态路由 IP 网络中的拥塞链路推断性能,在

Emulab 仿真实验平台下，搭建一小型待测 IP 网络拓扑结构模型场景：

(1)利用 Brite 拓扑生成器，以默认参数生成 20 个节点、服从幂率特性 GLP 网络拓扑结构模型文件。

(2)将该模型文件读入 Emulab 仿真实验平台，搭建被测 IP 网络。

将探针及性能监控台接入被测网络。设置各链路带宽 100 Mb/s，时延 8 ~ 12 ms。将同一路由器上多个 IP 地址进行合并，确定为同一路由器。采用动态路由 OSPF 协议，各 E2E 路径遵循最短路径优先原则，链路拥塞时延大于 8 min 后重路由，路由表 2 min 内实现稳定，拥塞链路 2 min 内恢复正常数据传输。网络丢包率采用丢包模型 1(loss packet model 1，LM1)，链路为拥塞状态时，其丢包率服从[0.05，1]上的均匀分布；链路性能正常时，丢包率服从[0，0.01]上均匀分布。当链路被赋予初始的丢包率数值后，其丢包将服从 Gilbert 过程，两路径状态在拥塞与正常之间变化。正常时不丢包，拥塞时全丢包。链路丢包率大于数值 0.05，则该链路拥塞，小于 0.01 为正常状态。各链路每隔 2 min 以 CLR 随机产生拥塞事件。

(3)由性能监控台给各探针下达测量任务，并将每次路径性能探测及途经链路结果上传至性能监控台，利用不同算法对当前时刻拥塞链路集合进行推断。

CLIRLS 算法的仿真实验流程如图 5-8 所示。

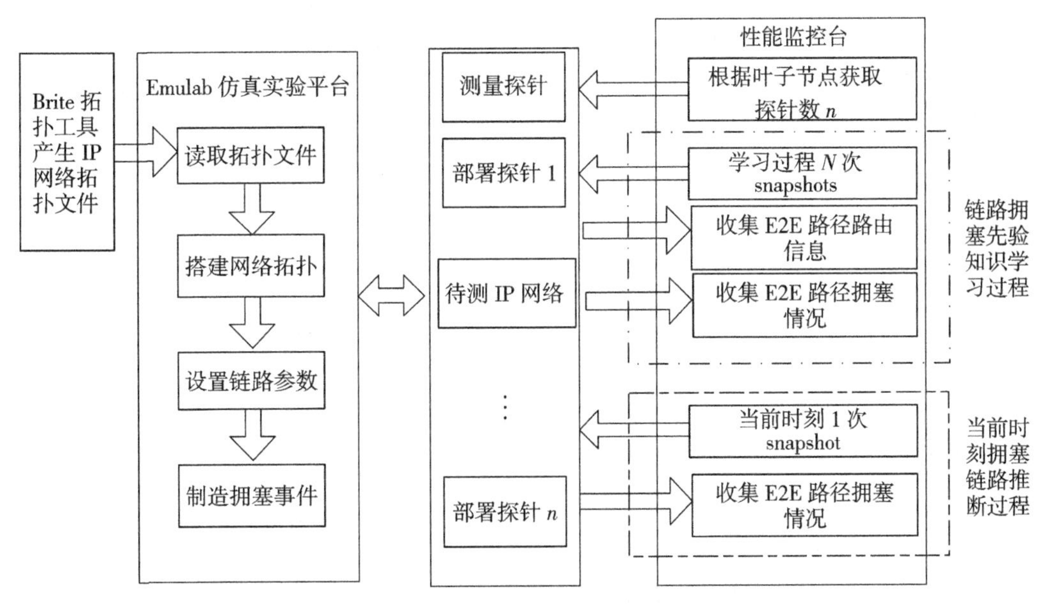

图 5-8　Emulab 仿真实验流程

通过对路由器节点部署探针，基于 OSPF 最短路径优先原则进行各 E2E 路径获取。需进行主动发包探测的 E2E 路径 11 条。在进行拥塞链路推断时，首先启动性能监控台及发包路由器节点探针，性能监控台对探针发送指令，探针每隔 2 min 对各自 E2E 路径的端节点路由器进行一次 snapshot，获取各自 E2E 路径途经的链路，并将 traceroute 获取

到的"IP | IP"形式的链路转化为"路由器节点 | 路由器节点"的形式，构建出推断前 N 次 snapshots 获取的选路矩阵 $\boldsymbol{D}^1$，当 E2E 路径因途经链路持续拥塞而导致路由状态发生变化时，同样根据最短路径优先原则，受到影响的 E2E 路径将重新选路。将 traceroute 获取到的 T^2 时间片下各 E2E 路径途经链路，重新构建选路矩阵 $\boldsymbol{D}^2$。

在 CLR=0.5 的某次拥塞链路推断中，基于 OSPF 协议动态路由算法选路策略，时间片 T^1 与 T^2 下各 E2E 路径途径链路情况有所改变。其中，时间片 T^1 中链路 2 | 0,1 | 10,1 | 5 未在时间片 T^2 的路由表中出现，时间片 T^2 中链路 1 | 0,3 | 5 未在时间片 T^1 的路由表中出现。时间片 T^1 与时间片 T^2 下各 E2E 路径途经链路如表 5-1 所示。

表 5-1　Emulab 仿真实验中 E2E 路径及途经链路关系

E2E 路径数	发包探针部署路由器	E2E 路径	E2E 路径途经链路	
			时间片 T^1	时间片 T^2
1	节点 8	节点 8→节点 9	[8 | 2,2 | 3,3 | 9]	[8 | 2,2 | 3,3 | 9]
2		节点 8→节点 10	[8 | 2,2 | 1,1 | 10]	[8 | 2,2 | 1,1 | 10]
3		节点 8→节点 11	[8 | 2,2 | 4,4 | 11]	[8 | 2,2 | 4,4 | 11]
4		节点 8→节点 12	[8 | 2,2 | 3,3 | 12]	[8 | 2,2 | 3,3 | 12]
5		节点 8→节点 13	[8 | 2,2 | 3,3 | 13]	[8 | 2,2 | 3,3 | 13]
6		节点 8→节点 14	[8 | 2,2 | 3,3 | 14]	[8 | 2,2 | 3,3 | 14]
7		节点 8→节点 15	[8 | 2,2 | 0,0 | 15]	[8 | 2,2 | 1,1 | 0,0 | 15]
8		节点 8→节点 16	[8 | 2,2 | 1,1 | 5,5 | 16]	[8 | 2,2 | 3,3 | 5,5 | 16]
9		节点 8→节点 17	[8 | 2,2 | 1,1 | 17]	[8 | 2,2 | 1,1 | 17]
10		节点 8→节点 18	[8 | 2,2 | 18]	[8 | 2,2 | 18]
11		节点 8→节点 19	[8 | 2,2 | 3,3 | 19]	[8 | 2,2 | 3,3 | 19]

根据 30 次 snapshots 获取的 E2E 路径拥塞情况及时间片 T^1、时间片 T^2 下的拥塞矩阵，求解时间片 T^1、时间片 T^2 下的链路拥塞先验概率，并根据最后推断时刻 T^2 下各 E2E 路径拥塞情况及途经链路，进行拥塞链路覆盖集推断。

此次拥塞链路推断结果如下：

①CLINK 算法：DR=62.5%，FPR=16.7%；

②ICLINK 算法：DR=75%，FPR=0；

③CLILRS 算法：DR=81%，FPR=5%。

为了验证算法在 Emulab 仿真实验平台下的拥塞链路定位性能，仿真 CLR 为 0.1～0.6 不同比例链路拥塞事件。将算法推断出的拥塞链路与此时仿真链路丢包率大于 0.05 时的链路进行对比。各算法的 DR 和 FPR 均为阈值参数不变的情况下，实验 10 次取平均值后的结果,各算法的拥塞链路集合推断 DRs 曲线和 FPRs 曲线如图 5-9 所示。

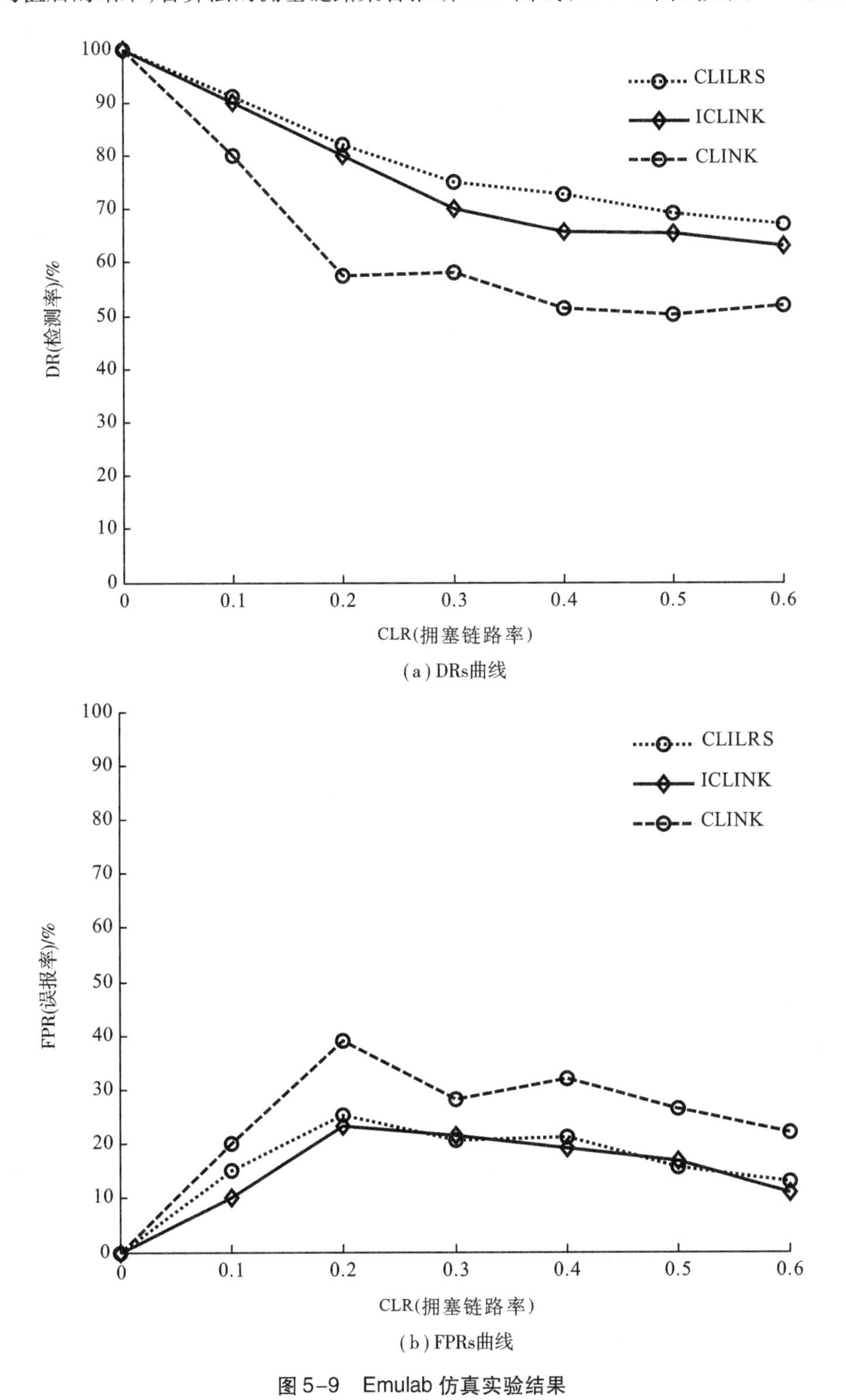

(a) DRs曲线

(b) FPRs曲线

图 5-9　Emulab 仿真实验结果

由图5-10可以看出,在仿真实验中,因动态路由协议OSPF造成IP网络各E2E路径途经链路的改变,导致CLINK算法拥塞链路推断性能明显低于CLILRS及ICLINK算法。当拥塞链路数目增多时,CLILRS算法的推断DR优于ICLINK算法,但是ICLINK算法因基于SCS理论,ICLINK算法的推断FPR略低于CLILRS算法。

5.3.3 实测Internet实验评价

在某高校局域网AS中,选取部分路由器端主机作为发包路由器节点,最大程度地覆盖待测网络。由于在实际Internet网络中,各链路丢包率数值无法准确获知,即缺少算法推断DR及FPR计算公式(4-42)中的标准答案。因此,本章借鉴文献[28]在实测平台PlanetLab下定位拥塞链路的实验验证方法,将待测Internet网络中各E2E路径集合以随机方式分为两个大小相等的路径集合:推断路径集合I及验证路径集合P。对推断算法的验证过程主要包括两个步骤:

(1)集合I中获取拥塞链路标准答案

在推断路径集合I中,对各E2E路径每隔4 min进行一次snapshot,共进行30次。具体操作如下:

1)在推断路径集合中,利用traceroute获取每次snapshot中各E2E路径途经路由器节点,得到E2E路径途经链路情况,由于路由器有多个端口,同一个路由器可能由多个端口与其他路由器相连,利用sr-ally工具将多个IP地址(端口)但归属同一路由器的节点进行合并。

2)利用ping工具从发包路由器节点向各接收端路由器节点发送100个60字节UDP包,获取30次snapshots(包括traceroute命令和ping命令)各E2E路径拓扑结构及性能数据,进行待测IP网络各链路拥塞先验概率求解。

3)对待测Internet网络进行1次snapshot(包括traceroute命令和ping命令),可分别得到当前推断时刻各E2E探测路径途经各链路情况和各E2E路径性能探测结果,分别利用本章提出的改进算法和传统算法CLINK进行待测IP网络中的拥塞链路集合推断,并将推断结果作为验证过程中算法的标准答案。

(2)集合P中验证各算法性能

1)验证E2E探测路径集合P中的各E2E路径,如果某条E2E路径中至少存在步骤(1)集合I中获取标准答案中推断出的一条拥塞链路,则该E2E路径应被推断为拥塞路径。

2)与该路径实际测量出的丢包率结果对应的路径状态(如探测出该路径的丢包率大于0.05,则该路径为拥塞状态)进行比较,如推断结果与实际E2E路径探测结果一致,一致路径数(agreement number of path properties,ANPP)加1。一致路径率(agreement rate of path properties,ARPP)的计算如式(5-9)所示:

$$ARPP=\frac{ANPP}{TNP} \tag{5-9}$$

式中,TPN(total path number of path)为路径总数。

各算法拥塞链路推断 ARPP 比较结果如表 5-2 所示。

表 5-2 CLILRS、ICLINK 及 CLINK 算法在 IP 网络 AS 中的实测实验结果

算法名称	ARPP
CLINK 算法	79.3%
ICLINK 算法	90.1%
CLILRS 算法	93.6%

由于本章提出的 ICLINK 算法及 CLILRS 算法考虑了动态路由 IP 网络中 E2E 路径途经链路改变的情况,其推断性能较 CLINK 算法明显提高。

5.4 本章小结

本章针对拥塞链路推断算法在动态路由 IP 网络中的性能下降问题,提出构建一种变结构离散动态贝叶斯网 VSDDB 模型,并在该简化模型下提出了两种拥塞链路推断改进算法:ICLINK 算法和 CLILRS 算法。其中,ICLINK 算法是基于 SCS 理论对 CLINK 算法在 VSDDB 模型下的改进算法,CLILRS 算法是基于拉格朗日次梯度理论在 VSDDB 模型下的改进算法。通过实验比较验证了本章提出的新算法的准确性和鲁棒性,CLILRS 算法及 ICLINK 算法的推断性能均优于 CLINK 算法,由于 ICLINK 算法是基于 SCS 理论对 CLINK 算法的改进算法,在多链路拥塞环境中,CLILRS 算法的推断性能明显优于 ICLINK 算法。

6 基于共享链路性能聚类的拥塞链路丢包率范围推断算法

目前,IP 网络多链路拥塞并发的环境中,借助单时隙主动 E2E 路径性能探测 snapshots,以“E2E 路径中共享数目最多的瓶颈链路作为最有可能发生拥塞的链路”这一专家经验知识对拥塞链路进行定位,从而推断出待测 IP 网络中的拥塞链路集合的方法存在误差。本章首先根据 E2E 探测结果借助贝叶斯最大后验概率准则找到具有丢包率链路的位置;然后,根据路径与途经链路的关系确定链路的丢包率,提出一种基于共享链路下的性能相似路径聚类的方法,通过求解聚类集合路径性能相似系数,采用贪婪启发式方式循环推断出拥塞链路丢包率范围;最后,通过实验验证本章提出的新算法的准确性和鲁棒性。

6.1 问题描述

利用主动 E2E 探测的方式进行待测 IP 网络内部各链路性能推断时,根据 ping 命令获取到的 E2E 路径性能探测结果以及 traceroute 命令获取到的 IP 网络拓扑结构,构建各链路性能以及 E2E 路径性能之间的关系方程或数学模型;然后,借助一定的先进算法对待测 IP 网络内部各条链路性能进行计算或推断,表示为

$$E_i = F(\{e_j \mid \forall l_j \in \mathrm{P}_i\}) \tag{6-1}$$

式中,E_i 为待测 IP 网络中 E2E 路径的性能;e_j 为待测 IP 网络中各链路 l_j 的性能;F 表示 E2E 路径的性能与途经链路 e_j 的性能间关系函数。例如:某 E2E 路径 P_i 的丢包率为 L_i,则根据“E2E 路径的整体传输率=途经各链路传输率的乘积”以及“丢包率=1-传输率”关系,可将式(6-1)转化为 E2E 路径的整体丢包率与途径各链路丢包率间的关系,得

$$L_i = 1 - \prod_{j=1}^{n_c}(1 - \xi_j), \forall l_j \in P_i \tag{6-2}$$

式中,ξ_j 为路径 P_i途经的第 j 条链路的丢包率;n_c 为路径 P_i 途经的链路数。取对数后可构建出链路丢包率的求解线性方程组。但是,该方法需要对各 E2E 路径进行性能探测 snapshots 时保持时钟同步性,而对各 E2E 路径的性能探测无法保证时钟同步。因

此,丢包率求解精度不高。另外,由于 E2E 探测路径数往往较算法覆盖的链路数少,从而易造成对待测 IP 网络构建的线性方程组系数矩阵欠定,无法求出链路丢包率唯一解。

由于网络中流量的动态特性较强,且 E2E 路径拥塞情况较复杂,除了瓶颈链路外,网络中各链路均有可能造成 E2E 路径拥塞。另外,不同时刻下的 E2E 路径,其拥塞事件也有可能是由不同链路拥塞引起的。因此,传统"以拥塞 E2E 路径中最容易发生拥塞的链路作为瓶颈链路"这一经验知识来定位拥塞链路,在复杂的 IP 网络环境下可能存在较大误差。

目前,经典的拥塞链路定位算法 CLINK 引入统计学模型,借助贝叶斯理论,学习待测 IP 网络中各链路的拥塞先验概率,大大提高了拥塞链路定位的准确率。但是,在定位拥塞链路的过程中,由于该算法基于加权的 SCS 理论,当拥塞链路数所占待测 IP 网络的比例较大时,特别是在 E2E 路径中同时存在多条链路发生拥塞的情况,仅能够推断最有可能发生拥塞的 1 条链路,而将该 E2E 路径中其他链路视为正常链路,不再对其进行性能推断,易导致多链路拥塞并发环境下的故障定位性能下降。另外,CLINK 算法因为基于 Boolean 代数,仅能够判断出正常与拥塞两种状态,分辨率低。与本章提出的算法最相近的算法为 Range tomography,它根据各 E2E 路径丢包率探测结果,推断 E2E 路径途经各链路中最有可能发生拥塞的链路,并推断该拥塞链路丢包率范围,性能推断分辨率高,但该算法的前提假设是网络中发生拥塞的链路数通常不超过 2 条,且仅对瓶颈链路推断其丢包率范围。因此,在多链路拥塞情况下的 IP 网络中,对拥塞链路的定位即丢包率范围推断精度不能保证。

6.2 算法设计

本章基于 Boolean tomography 定位拥塞链路,综合共享拥塞链路在各 E2E 路径中对其性能的影响情况,提出一种贪婪启发式拥塞链路丢包率范围推断(congested link loss rate tange inference,CLLRRI)算法。

CLLRRI 算法设计步骤如下:

(1)借助 Boolean tomography 的实用性,通过多时隙 E2E 路径性能探测 snapshots 学习链路 l_k 拥塞先验概率 p_k,将其作为待测 IP 网络中各链路拥塞的先验知识代替传统专家经验知识;基于贝叶斯 MAP 准则,可得出当前推断时刻各链路拥塞的最大后验代价值 C_p,从而定位当前推断时刻的拥塞链路 l_m,以提高对待测 IP 网络推断拥塞链路集合的准确性。

(2)提出一种基于结构及性能的 E2E 路径聚类方法。将途经拥塞链路 l_m 且性能相近的 E2E 路径聚类到集合 Ω 中,动态计算 E2E 路径集合 Ω 中的路径性能相似系数 δ,作为拥塞链路 l_m 丢包率范围推断依据,贪婪启发式循环推断待测 IP 网络各拥塞链路丢包率范围。

本章提出的 CLLRRI 算法主要包含两部分:

(1)学习各链路拥塞先验知识

在待测 IP 网络的部分路由器节点上部署主动发包探针设备,对各 E2E 路径进行 N 次性能探测 snapshots,获取各 E2E 路径性能信息和途经各链路信息,构建链路拥塞先验概率求解 Boolean 代数线性方程组,从而求解出各链路拥塞先验概率,代替瓶颈链路作为链路的拥塞先验知识。

(2)推断拥塞链路集合及各拥塞链路丢包率范围

根据当前时刻 1 次 E2E 路径性能探测 snapshot 结果,基于贝叶斯 MAP 准则,根据拥塞 E2E 路径丢包率更新后的数值,贪婪启发式循环定位待测 IP 网络中各拥塞链路,推断其丢包率范围。

CLLRRI 算法原理框图如图 6-1 所示。

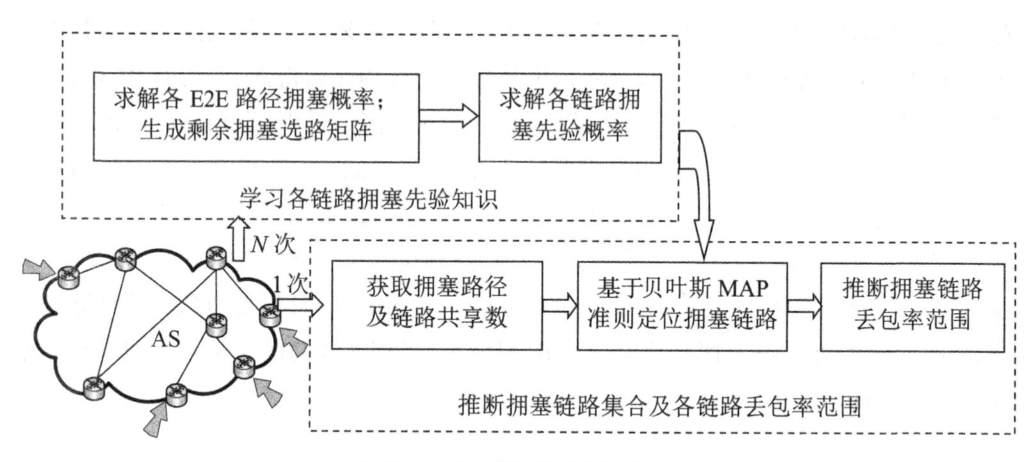

图 6-1 CLLRRI 算法原理框图

6.2.1 定位拥塞链路

CLLRRI 算法中,在对待测 IP 网络各 E2E 拥塞路径中最有可能发生拥塞的链路定位时,通过多时隙 E2E 路径性能探测,获取多次 E2E 路径性能测量结果,并借助待测 IP 网络的网络拓扑模型,借助本书第 4 章 4.2.1 节提出的链路拥塞先验概率迭代求解算法 SSORPCG 进行求解,获取待测 IP 网络各链路拥塞先验概率 p_j,代替传统“以共享瓶颈链路作为最容易发生拥塞的链路”这一专家经验知识定位拥塞链路。

在对当前时刻拥塞链路定位时,借助本书第 5 章 5.2 节推断模型建立中对拥塞链路定位的推导过程,得到各链路拥塞代价值 C_p,C_p 的表达式为

$$C_p = \left(\lg \frac{1 - p_j}{p_j}\right) / \text{score}(l_j) \tag{6-3}$$

式中,p_j 为链路拥塞先验概率学习过程中求解出的某条链路 l_j 的拥塞先验概率;$\text{score}(l_j)$ 为当前时刻 l_j 在拥塞路径中的共享数目。根据贝叶斯 MAP 准则,各 E2E 拥塞路径中具有 C_p 最小值的链路即为该 E2E 拥塞路径中最有可能拥塞的链路 l_m。

6.2.2 推断各拥塞链路丢包率范围

6.2.2.1 聚类 E2E 路径

在 E2E 拥塞路径中推断出最有可能拥塞的链路 l_m 后，将拥塞 E2E 路径集合 P 中包含该链路的 E2E 路径聚类到集合 Ω。这里对性能相近路径定义如下：

定义 6-1 如果两条 E2E 路径 P_1 与 P_2 包含同一条链路 l_m，两路径的丢包率差值的绝对值 $|\Phi(P_1)-\Phi(P_2)|<0.05$，则这两条 E2E 路径 P_1 与 P_2 相关且性能相似。

由于 E2E 路径的传输率等于途经各链路传输率的乘积，即丢包率 = 1 - 传输率，因此，E2E 路径的丢包率与途经各链路丢包率之间关系满足：

$$\Phi(P_i)=1-\prod_{j=1}^{n_c}[1-\varphi(l_j)] \tag{6-4}$$

式中，$\Phi(P_i)$ 为 E2E 路径丢包率；$\varphi(l_j)$ 为路径途经各链路的丢包率；n_c 为某 E2E 路径 P_i 途径链路数。通常，以丢包率 大于等于 0.05 的链路界定为拥塞链路，那么 E2E 路径中增加 1 条拥塞链路，其丢包率数值至少增加 0.05。在推断出拥塞链路 l_m 后，为了确保在包含链路 l_m 的拥塞 E2E 路径中推断出其他发生拥塞的链路，而不像基于 SCS 理论的传统算法直接移除该链路所在的所有 E2E 拥塞路径，避免在多链路拥塞环境中造成较大的推断误差，本章提出将路径性能相近且链路相关的拥塞 E2E 路径聚类，将丢包率与路径 P_b 丢包率差值大于阈值 0.05 且途经 l_m 的 E2E 拥塞路径聚类至路径集合 Ω' 中。

如果在聚类路径集合 Ω 中存在不止一条，同时具有最小 C_p 代价值的链路，那么算法将根据链路 l_j 共享路径数 $\mathrm{num}(l_j)$ 进一步加以判断，将其中具有较大 num 值的链路作为最有可能发生拥塞的链路 l_m。

6.2.2.2 确定聚类路径集合的性能相似系数

Range tomography 算法中，提出利用实验方法确定 a-similar 系数，该过程较为烦琐且通用性不强。因此，本章提出的新算法利用聚类路径集合 Ω 中各 E2E 路径的丢包率，在线动态计算聚类路径集合性能相似系数 δ。δ 求解方法为

$$\delta=\frac{\mathrm{argmax}_{P_i\in\Omega}\Phi(P_i)-\mathrm{argmin}_{P_i\in\Omega}\Phi(P_i)}{\mathrm{argmin}_{P_i\in\Omega}\Phi(P_i)} \tag{6-5}$$

式中，$\mathrm{argmax}_{P_i\in\Omega}\Phi(P_i)$ 及 $\mathrm{argmin}_{P_i\in\Omega}\Phi(P_i)$ 分别为集合 Ω 中 E2E 路径的最大丢包率和最小丢包率数值。

6.2.2.3 推断链路丢包率范围

聚类路径集合 Ω 中，链路 l_m 的丢包率推断范围 $\mathrm{range}(\varphi_{l_m})$ 满足式：

$$\mathrm{argmin}_{P_i\in\Omega}\Phi(P_i)\leqslant \mathrm{range}(\varphi_{l_m})\leqslant \mathrm{argmax}_{P_i\in\Omega}\Phi(P_i) \tag{6-6}$$

聚类路径集合 Ω 中，E2E 路径性能平均值 $\bar{\Phi}_{P_i}=\mathrm{avg}\{\Phi_{P_i}|l_m\in P_i,P_i\in\Omega\}$，满足式：

$$\mathrm{argmin}_{\mathrm{P}_i \in \Omega} \Phi(\mathrm{P}_i) \leqslant \bar{\Phi}_{\mathrm{P}_i} \leqslant \mathrm{argmax}_{\mathrm{P}_i \in \Omega} \Phi(\mathrm{P}_i) \tag{6-7}$$

将式(6-6)、式(6-7)代入式(6-5),可得

$$\frac{|\mathrm{range}(\varphi_{l_m}) - \bar{\Phi}_{\mathrm{P}_i}|}{\mathrm{argmin}(\mathrm{range}(\varphi_{l_m}), \bar{\Phi}_{\mathrm{P}_i})} \leqslant \delta \tag{6-8}$$

由式(6-8),拥塞链路 l_m 的丢包率范围可表示为

$$\mathrm{range}(\varphi_{l_m}) = \left[\frac{\bar{\Phi}_{\mathrm{P}_i}}{1+\delta}, (1+\delta)\bar{\Phi}_{\mathrm{P}_i}\right] \tag{6-9}$$

证明:

(a)当 $\mathrm{range}(\varphi_{l_m}) \geqslant \bar{\Phi}_{\mathrm{P}_i}$,由式(6-8),$\frac{\mathrm{range}(\varphi_{l_m}) - \bar{\Phi}_{\mathrm{P}_i}}{\bar{\Phi}_{\mathrm{P}_i}} \leqslant \delta$,整理后得 $\mathrm{range}(\varphi_{l_m}) \leqslant (1+\delta)\bar{\Phi}_{\mathrm{P}_i}$;

(b)当 $\mathrm{range}(\varphi_{l_m}) \leqslant \bar{\Phi}_{\mathrm{P}_i}$,由式(6-8),$\frac{\bar{\Phi}_{\mathrm{P}_i} - \mathrm{range}(\varphi_{l_m})}{\mathrm{range}(\varphi_{l_m})} \leqslant \delta$,整理后得 $\mathrm{range}(\varphi_{l_m}) \geqslant \frac{\bar{\Phi}_{\mathrm{P}_i}}{1+\delta}$;

综合(a)、(b)可得:$\frac{\bar{\Phi}_{\mathrm{P}_i}}{1+\delta} \leqslant \mathrm{range}(\varphi_{l_m}) \leqslant (1+\delta)\bar{\Phi}_{\mathrm{P}_i}$。式(6-8)得证。

6.2.2.4 更新路径及其丢包率

为了对拥塞 E2E 路径中不止 1 条拥塞的链路进行定位,本章提出对集合 Ω 中各 E2E 路径进行性能循环推断的方法,具体步骤如下:

(1)如果集合 Ω 中某路径的丢包率介于推断出的链路 l_m 丢包率范围时,表明此 E2E 路径不再包含其他拥塞链路,因此,算法在循环推断中,将该 E2E 路径从集合 Ω 中移除,不再进入下一轮循环,同时移除该路径途经各链路。

(2)对集合 Ω 和 Ω' 中的 E2E 路径丢包率超出推断的链路 l_m 的丢包率范围的 E2E 路径进行丢包率数值的更新,更新策略表示为

$$\Phi_{\mathrm{P}_i} = \Phi_{\mathrm{P}_i} - \bar{\Phi}_{\mathrm{P}_i}, l_m \in \mathrm{P}_i, \mathrm{P}_i \in P \tag{6-10}$$

式中,$\bar{\Phi}_{\mathrm{P}_i}$ 为当前 E2E 路径集合 Ω 中各 E2E 路径的性能(丢包率)平均值。通过对 E2E 路径的移除,并更新 E2E 路径的丢包率数值后,再次对 E2E 路径集合 P 中最有可能发生拥塞的链路进行推断,并推断其丢包率范围;循环进行该过程,直到集合 P 为空集(φ)后结束。

6.2.3 算法设计及伪代码

CLLRRI 算法设计流程如下:

(1)对待测 IP 网络进行 N 次 E2E 路径性能探测 snapshots,根据各 E2E 路径性能探测结果,学习各链路拥塞先验概率 p_j 。

(2)根据当前时刻各 E2E 路径性能探测 snapshots 结果,在具有最小丢包率的路径 P_b 中,基于贝叶斯 MAP 准则定位路径 p_b 中最有可能发生拥塞的链路 l_m 。

(3)从拥塞 E2E 路径集合 P 中聚类包含 l_m 且性能相近的 E2E 路径到集合 Ω 中。

(4)求解集合 Ω 中的 E2E 路径性能相似系数 δ ,推断集合 Ω 丢包率范围。

(5)判断集合 Ω 中的各 E2E 路径丢包率是否在推断出的链路 l_m 丢包率范围内,如果在丢包率范围内则移除该 E2E 路径;否则,不移除此 E2E 路径,该路径途经的其他各链路将继续循环进行下一轮推断。

(6)更新包含 l_m 的 E2E 路径丢包率。

(7)判断拥塞路径集合是否为 φ ,若不为 φ 则返回第(2)步,循环推断拥塞链路及其丢包率范围;若为 φ 则算法结束。

(8)输出推断出的各拥塞链路及其丢包率范围。

CLLRRI 算法设计流程如图 6-2 所示。

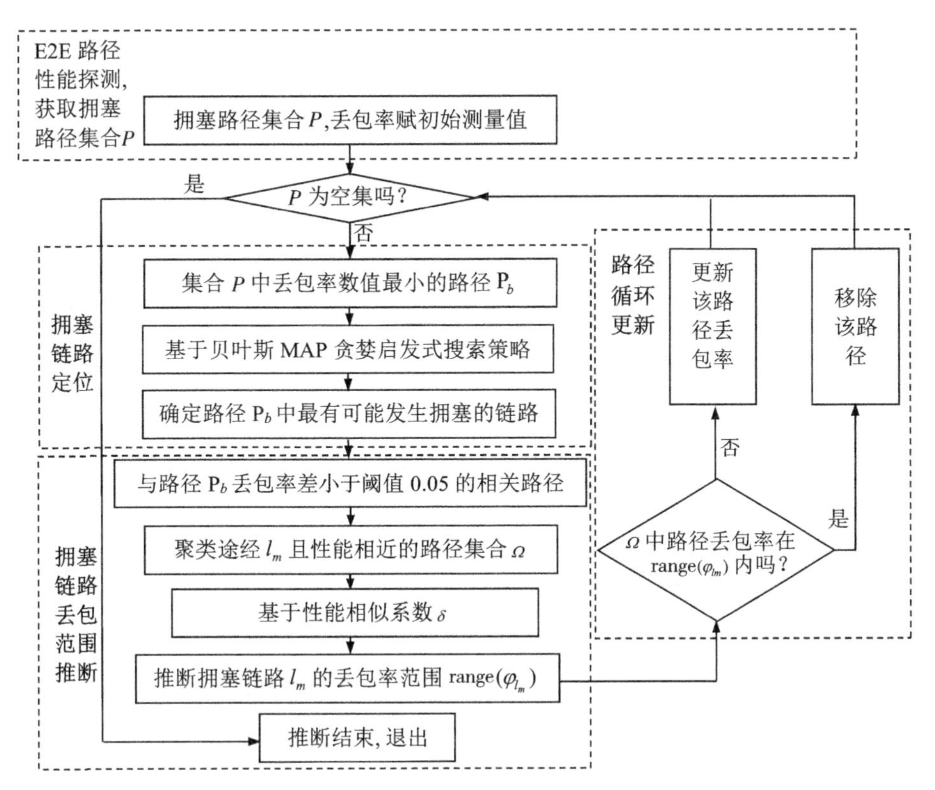

图 6-2 CLLRRI 算法拥塞链路定位及性能推断流程图

CLLRRI 算法伪代码如下:

输入：链路拥塞先验概率 p_j；当前拥塞链路推断时刻，链路 l_j 所在 E2E 路径数 $\mathrm{num}(l_j)$，拥塞 E2E 路径集合 P，路径 P_i 的丢包率观测值 m_{P_i}；正常状态的 E2E 路径集合为 $\bar{P}$，拥塞状态的 E2E 路径途经的链路集合 Γ。

输出：定位当前时刻待测 IP 网络中最有可能拥塞的链路，并推断其丢包率范围集合 χ。

(1) Initialize $\chi = \varphi$；{初始化拥塞链路性能集合为 φ}

(2) Initialize $\Phi_{\mathrm{P}_i} = m_{\mathrm{P}_i}$，$\mathrm{P}_i \in P$；{各拥塞 E2E 路径的丢包率赋初值，即当前时刻 E2E 路径丢包率探测结果}

(3) Update $P = P - \bar{P}, \Gamma = \Gamma - \{l_j \mid l_j \in \bar{P}\}$；{移除当前时刻正常 E2E 路径及其途径各链路}

(4) While $P \neq \varphi$ and $\Gamma \neq \varphi$ do

(5) $\mathrm{P}_b = \mathrm{argmin}_{\forall \mathrm{P}_i \in P}\{\Phi_{\mathrm{P}_i}\}$；{$\mathrm{P}_b$ 为集合 P 中具有最小丢包率值的 E2E 路径}

(6) Foreach link $l_j \in \mathrm{P}_b$ do {判断路径 P_b 各途径链路}

(7) $\mathrm{score}(l_j) = \mathrm{number}(\mathrm{P}_i) \mid_{l_j \in \mathrm{P}_i, \mathrm{P}_i \in P}$；{当前时刻包含链路 l_j 的 E2E 路径数}

(8) End For

(9) $C_p(l_k) = \log\left(\dfrac{1 - p_k}{p_k}\right) / \mathrm{score}(l_k)$；{根据各链路 l_k 拥塞先验概率 p_k，计算当前时刻链路 l_k 的贝叶斯 MAP 代价值 $C_p(l_k)$}

(10) $\Omega = \{\mathrm{P}_i \mid \mathrm{P}_i \in P, \mathrm{P}_i \mid \mid \mathrm{P}_b, l_j = \mathrm{argmin} C_p(l_k), l_j \in \mathrm{P}_b, \mathrm{P}_i - \mathrm{P}_b < \varepsilon\}$；{找到与路径 P_b 相关且性能相近的 E2E 路径集合}

(11) $\Omega' = \{\mathrm{P}_i \mid \mathrm{P}_i - \mathrm{P}_b > \varepsilon\}$；{将丢包率差值大于阈值 ε 的 E2E 路径存入集合 Ω'}

(12) $L_m = \mathrm{argmin}_{l_k \in \Omega} C_p(l_k)$；{集合 Ω 中具有最小 $C_p(l_k)$ 值的链路 l_k 即为待推断丢包率范围的链路}

(13) $l_m = \mathrm{argmin}_{l_k \in L_m} \mathrm{num}(l_k)$；{如果存在多条链路 $C_p(l_k)$ 最小值相同，根据 $\mathrm{num}(l_k)$ 确定链路 l_m}

(14) $\delta = \dfrac{\mathrm{argmax}_{\mathrm{P}_i \in \Omega} \Phi(\mathrm{P}_i) - \mathrm{argmin}_{\mathrm{P}_i \in \Omega} \Phi(\mathrm{P}_i)}{\mathrm{argmin}_{\mathrm{P}_i \in \Omega} \Phi(\mathrm{P}_i)}$；{在链路 l_m 的 E2E 路径集合 Ω 中，动态求解路径性能相似系数 δ}

(15) $\bar{\Phi}_{\mathrm{P}_i} = \mathrm{avg}\{\Phi_{\mathrm{P}_i} \mid l_m \in \mathrm{P}_i, \mathrm{P}_i \in \Omega\}$；{求解途经链路 l_m 的各 E2E 路径丢包率平均值}

(16) $\mathrm{range}(\varphi_{l_m}) = \left[\bar{\Phi}_{\mathrm{P}_i}\left(\dfrac{1}{1+\delta}\right), \bar{\Phi}_{\mathrm{P}_i}(1+\delta)\right]$； {确定拥塞链路 l_m 丢包率范围}

(17) $\chi = \chi + \mathrm{range}(\varphi_{l_m})$； {将已确定丢包率范围的链路 l_m 放入集合 χ 中}

(18) If $\Omega' \neq \varphi$ {如果集合 Ω' 中存在包含拥塞链路 l_m（相关），但性能不相近的 E2E 路径}

(19) Update $\Phi_{P_i} = \Phi_{P_i} - \bar{\Phi}_{P_i}, l_m \in P_i, P_i \in \boldsymbol{P}$；｛更新各相关 E2E 路径的丢包率｝

(20) Update $P_i = P_i - l_m, l_m \in P_i, P_i \in \boldsymbol{P}$；｛移除各 E2E 路径中已经推断出丢包率范围的链路 l_m｝

(21) End If

(22) $\boldsymbol{P} = \boldsymbol{P} - \{P_i \mid P_i \in \boldsymbol{P}, \Phi_{P_i} \in \text{range}(\varphi_{l_m})\}$；

｛从集合 $\boldsymbol{P}$ 中移除丢包率介于推断出的链路 l_m 丢包率范围内的 E2E 路径｝

(23) $\Gamma = \Gamma - \{l\}, l \in \{\text{domain}(l_m \mid l_m \in P_i, P_i \in \boldsymbol{P}, \Phi_{P_i} \in \text{range}(\varphi_{l_m}))\}$；

｛更新剩余链路集合，移除链路 l_m 及 E2E 路径途经的其他各条链路｝

(24) $\Phi_{P_i} = \max\{0, \Phi_{P_i} - \bar{\Phi}_{P_i}\}$，$\forall P_i \in \boldsymbol{P}, l_m \in P_i$；｛更新包含链路 l_m 的各 E2E 路径的丢包率数值｝

(25) End While

6.3 实验评价

由于借助单时隙 E2E 路径探测方法对待测 IP 网络通过构建丢包率数值求解方程组的方法时钟同步性较难满足，且在进行丢包率数值求解中涉及复杂的线性方程组求逆，算法的实时性及推断精度较难保证。目前，对网络拥塞链路性能推断的算法中，Range tomography 算法与本章研究内容最为接近，且均是通过推断拥塞链路的丢包率范围值获取网络中各链路的性能。因此，为了验证本章提出的 CLLRRI 算法的丢包率范围推断精度，分别采用模拟实验及仿真实验两种方式对 CLLRRI 算法与 Range tomography 算法的拥塞链路丢包率范围推断性能进行比较评价。另外，由于 CLLRRI 算法在网络故障诊断过程中基于多时隙 E2E 路径性能探测获取各链路拥塞先验概率，并借助贝叶斯 MAP 准则定位拥塞链路。因此，将 CLLRRI 算法与经典 CLINK 算法进行拥塞链路定位性能比较评价。

6.3.1 模拟实验评价

借助 Brite 拓扑生成器以默认参数分别生成三种不同类型、不同规模的 Waxman、BA、GLP 网络拓扑结构模型模拟实际网络，并在 Eclipse MARS.1 平台下将这三种不同的网络拓扑模型文件导入，对拥塞链路定位及丢包率范围推断算法性能进行实验模拟比较。

6.3.1.1 验证方法及场景设置

模拟实验中，各链路采用 LLRD1 丢包率模型进行拥塞链路仿真，通常 IP 网络中各拥塞链路丢包率数值不大于 0.2。链路状态拥塞时，设置其丢包率范围为[0.05,0.2]，链路状态正常时，设置其丢包率范围为[0,0.01]。一旦待测 IP 网络中的各链路被分配了丢包率后，各链路丢包将服从 Bernoulli 随机过程，随机产生丢包事件。由于单时隙 E2E 路径性能探测无法保证时钟同步，即便同一条链路，因其在不同 E2E 路径中共享和探测时间不同步等原因，均有可能导致探测出的链路丢包率数值发生改变。但是，由于链路状态在较短时间内有一定持续性，在对各 E2E 路径发包探测时，因间隔时间较短，虽然拥塞链路共享在不同的 E2E 路径中，但探测出的丢包率数值变化差距不大。

仿真实验中，各链路丢包事件利用 RNM 发生器来产生，根据不同 CLR 随机产生一定数量的拥塞链路，并赋给这些拥塞链路在[0.05,0.2]范围内变化的随机数值作为该链路丢包率。为了模拟同一条共享链路在不同 E2E 路径中的丢包情况，在 1 次 E2E 路径性能探测 snapshot 中，共享链路丢包率在[-0.02,0.02]随机发生改变。

为了验证 CLLRRI 算法定位拥塞链路及推断丢包率范围的性能，首先利用式(4-49)提出的 DR 及 FPR 求解方程式，对不同算法的定位性能进行比较评价，并提出链路丢包率范围推断准确率 Accuracy 方程，如式(6-11)所示，对拥塞链路丢包率范围推断算法的性能进行评价。

不同算法的 DR、FPR 以及 Accuracy 均为实验场景及参数设置不变的情况下，10 次实验取平均值后所得结果为

$$\text{Accuracy} = \frac{Q}{F \cap X} \tag{6-11}$$

式中，F 为模拟实验中实际拥塞的链路集合；X 为推断出的拥塞链路集合；Q 为推断出的拥塞链路丢包率范围准确的数目。

6.3.1.2 各推断算法性能比较

(1)不同 CLR 下算法推断性能比较

在不同 CLR 情况下，为了验证 CLLRRI 算法定位拥塞链路及推断丢包率范围的性能，利用 Brite 拓扑生成器以默认参数生成由 100 个节点组成的 Waxman、BA 及 GLP 网络拓扑结构模型，设置 CLR=[0.1,0.5]，在待测 IP 网络中随机产生链路拥塞事件。根据连续 30 次 E2E 路径性能探测 snapshots 中的拥塞链路位置，可得到每次 snapshot 中各 E2E 路径的拥塞情况，借助本书第 4 章链路拥塞先验概率求解 SSORPCG 算法计算待测 IP 网络中各链路拥塞先验概率，根据当前时刻各 E2E 路径拥塞整体丢包率数值，分别利用 CLINK、Range tomography 以及 CLLRRI 算法对拥塞链路进行定位，各算法的定位性能如图 6-3(a)、(b)所示。

由于 GLP 以及 BA 均为幂率特性的网络拓扑模型，而 GLP 为强幂率特性模型，较随机模型下的 Waxman 拓扑结构路径短，部分路由器节点度值大。由图 6-3 中 DRs 曲线及 FPRs 曲线可以看出，对三种不同网络拓扑模型 Waxman、BA 以及 GLP，不同算法的拥塞链路定位性能均是在 GLP 网络拓扑结构模型下最好，其次是 BA 网络拓扑结构模型，在 Waxman 网络拓扑结构模型下最差。

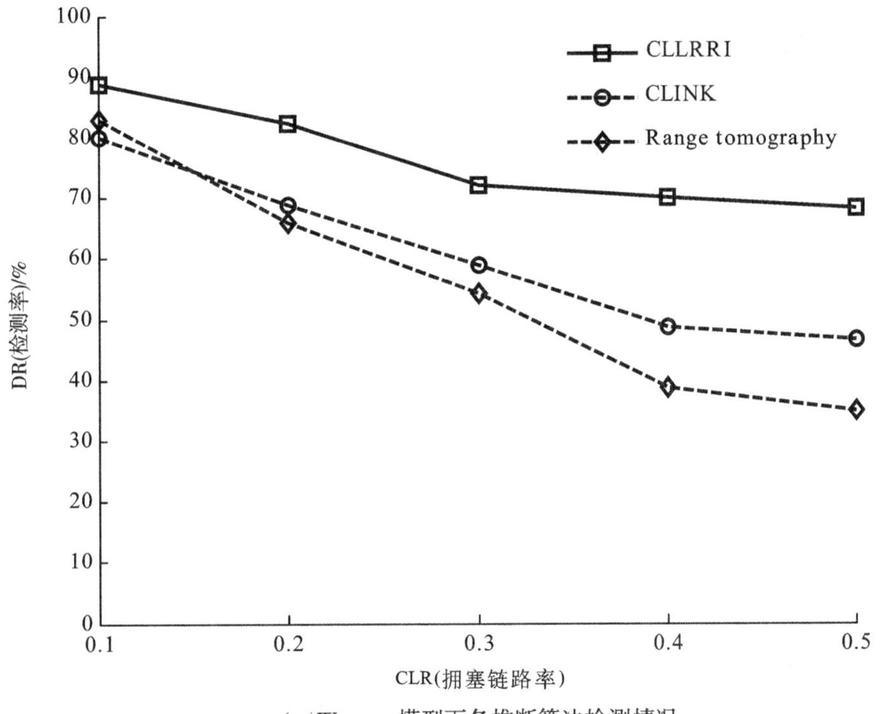

(a)Waxman模型下各推断算法检测情况

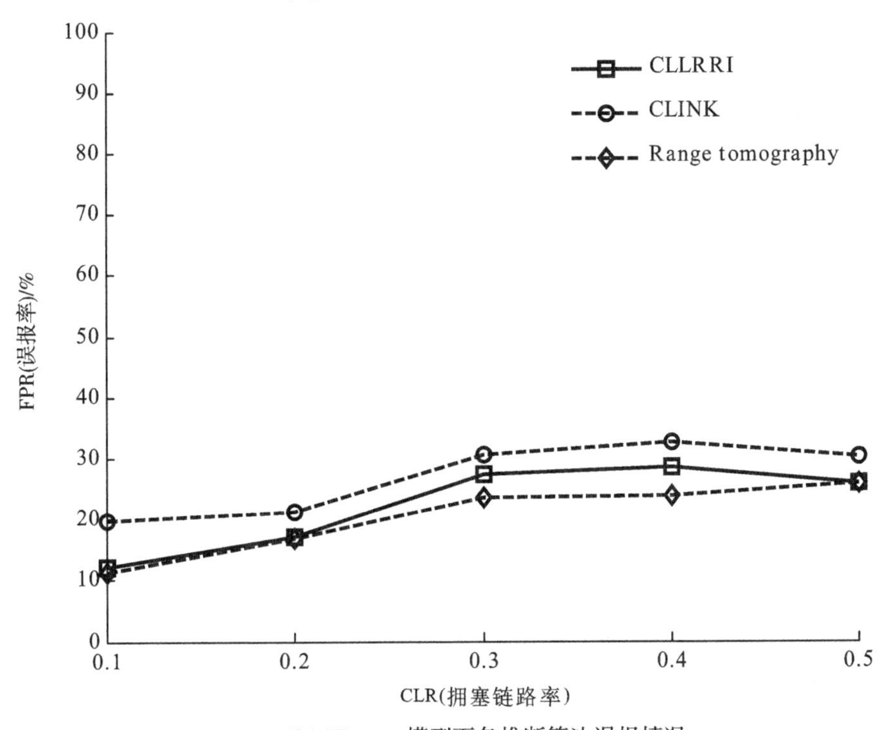

(b) Waxman模型下各推断算法误报情况

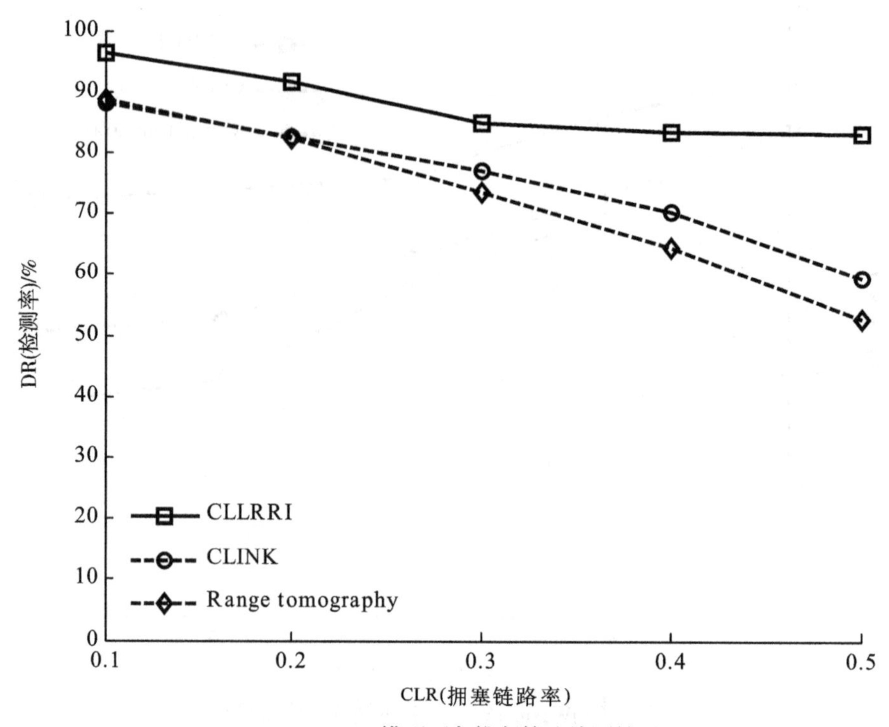

(c) BA模型下各推断算法检测情况

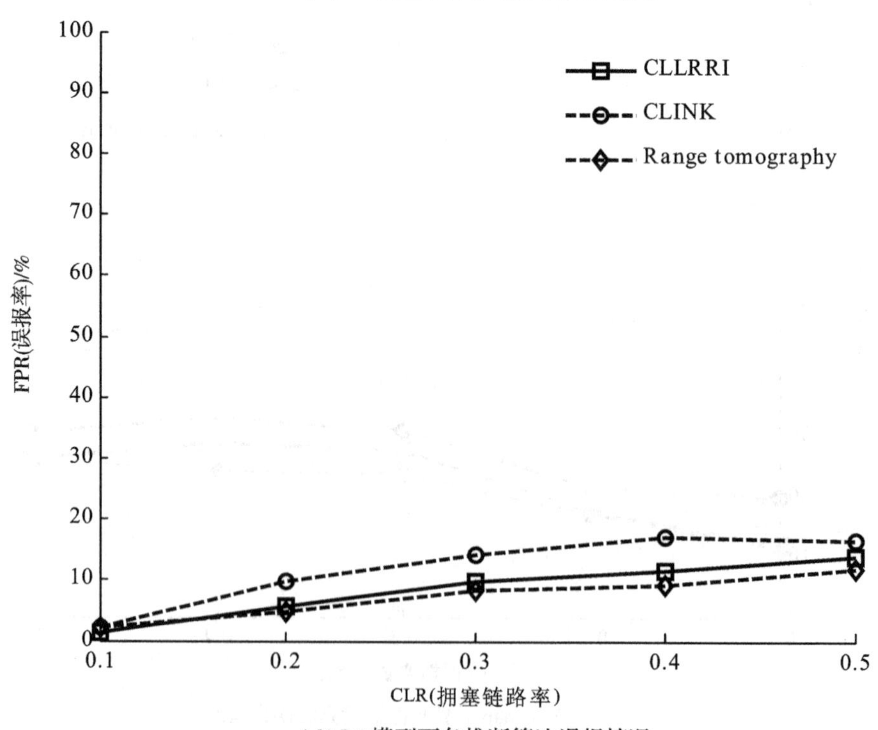

(d) BA模型下各推断算法误报情况

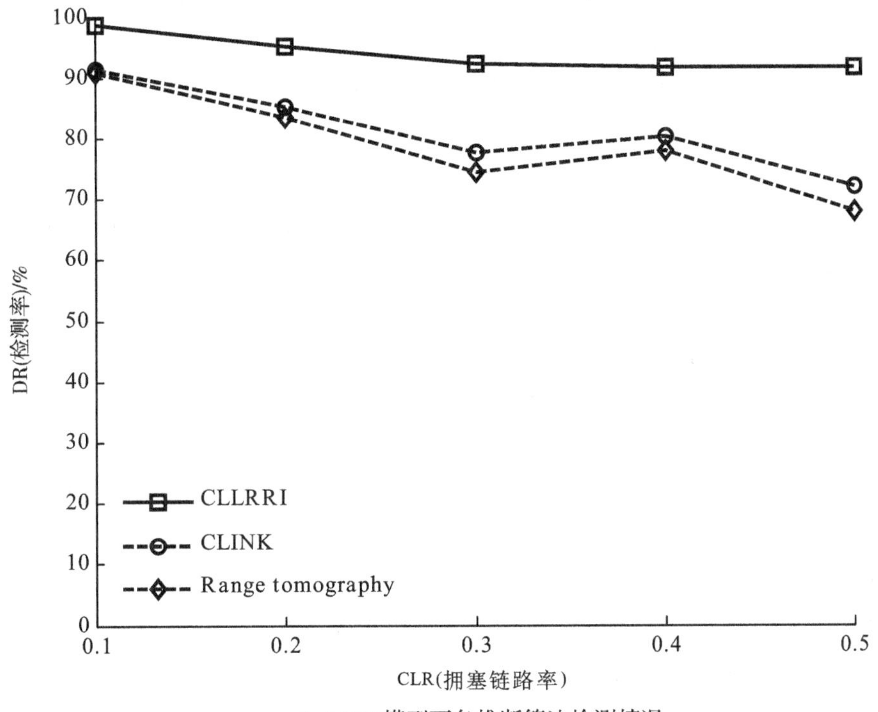

(e) GLP模型下各推断算法检测情况

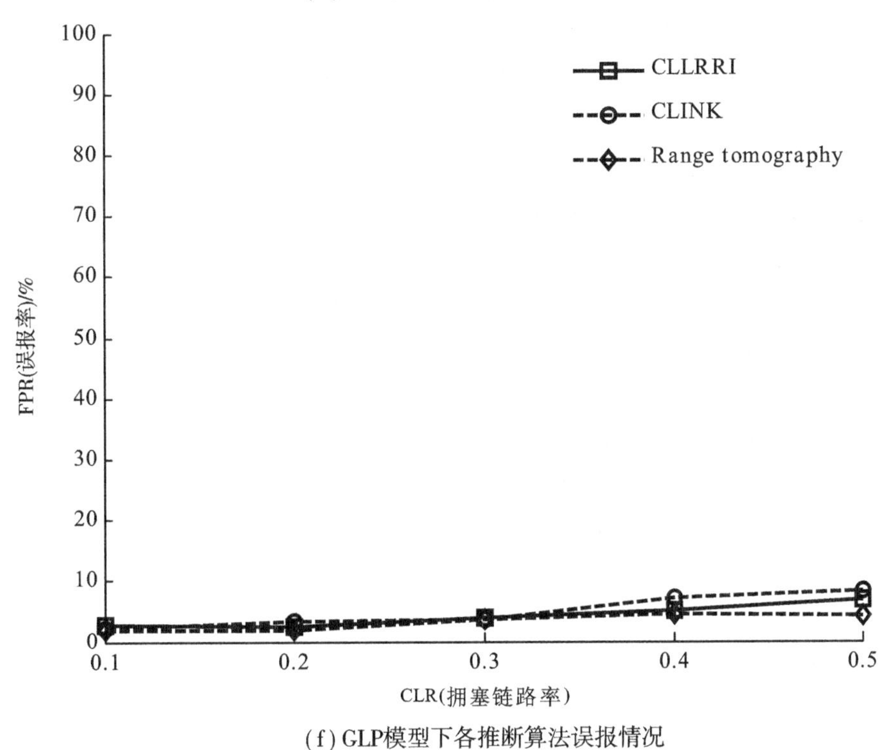

(f) GLP模型下各推断算法误报情况

图6-3　各拥塞链路定位算法的性能比较(节点数等于100,不同CLR)

另外，由于本章提出的 CLLRRI 算法与经典 CLINK 算法均对各链路进行拥塞先验概率求解，代替了 Range tomography 算法以共享数最多的瓶颈链路作为最有可能拥塞的链路，根据网络实际，特别是多链路拥塞环境下，Range tomography 算法定位拥塞链路的性能较 CLLRRI 及 CLINK 算法下降明显。

在 Waxman 网络拓扑结构模型的大多数 CLR 取值下，CLLRRI 算法的拥塞链路定位性能 DR 较 Range tomography 算法高 10% 以上，且鲁棒性较强。CLR = 0. 3 时的 DR 较 Range tomography 算法高 20% 以上；CLR = 0. 5 时，DR 较 Range tomography 高近 40%。在 BA 以及 GLP 网络拓扑模型下，CLLRRI 算法鲁棒性较强，其性能下降不明显。特别是在 GLP 模型下，多链路拥塞对算法性能影响不大。当 CLR = 0. 5 时，CLLRRI 算法的拥塞链路定位 DR 保持在 92% 以上，较 CLR = 0. 1 时 DR 下降不超过 10%，表明本章提出的 CLLRRI 算法鲁棒性强。

各算法的 FPR 均在 GLP 网络拓扑结构模型下数值最低，其值不高于 10%；在 BA 网络拓扑模型下，CLLRRI 算法的拥塞链路定位 FPR 不超过 20%；而在 Waxman 网络拓扑模型下，FPR 低于 30%。

CLLRRI 及 CLINK 算法计算链路拥塞先验概率代替传统专家经验知识，而 CLLRRI 算法定位拥塞链路的性能又高于 CLINK 算法。CLINK 算法推断出某 E2E 路径最有可能拥塞的 1 条链路后，移除该路径，不再对该 E2E 路径中是否还存在其他拥塞链路进行推断。而本章提出的 CLLRRI 算法借助了待测 IP 网络中各 E2E 路径性能，贪婪启发式循环推断各 E2E 路径最有可能发生拥塞的链路，算法的推断性能较传统 CLINK 算法有显著提高。

由于 CLINK 算法仅能够定位待测 IP 网络中的拥塞链路，无法推断各拥塞链路的丢包率。因此，CLINK 算法缺少准确率曲线。在不同 CLR 下，CLLRRI 及 Range tomography 算法在三种不同类型网络拓扑结构模型中的准确率曲线如图 6-4 所示。

如图 6-4 所示，在不同 CLR 下，CLLRRI 算法的准确率始终较 Range tomography 的算法准确率高，特别是 GLP 网络拓扑结构模型下，准确率始终在 95% 左右，并且随着 CLR 增大，CLLRRI 算法的拥塞链路性能推断始终保持了较强的鲁棒性，特别是在 GLP 模型下，当 CLR = 0. 5 时，准确率仍在 90% 以上。而 Range tomography 算法的拥塞链路丢包率范围推断性能显著下降，当 CLR = 0. 5 时，Range tomography 算法的准确率在 Waxman、BA 及 GLP 网络拓扑结构模型下不足 50%、60%、40%；而 CLLRRI 算法的准确率仍然保持在 55%、75%、85% 以上，表现出较高的鲁棒性。

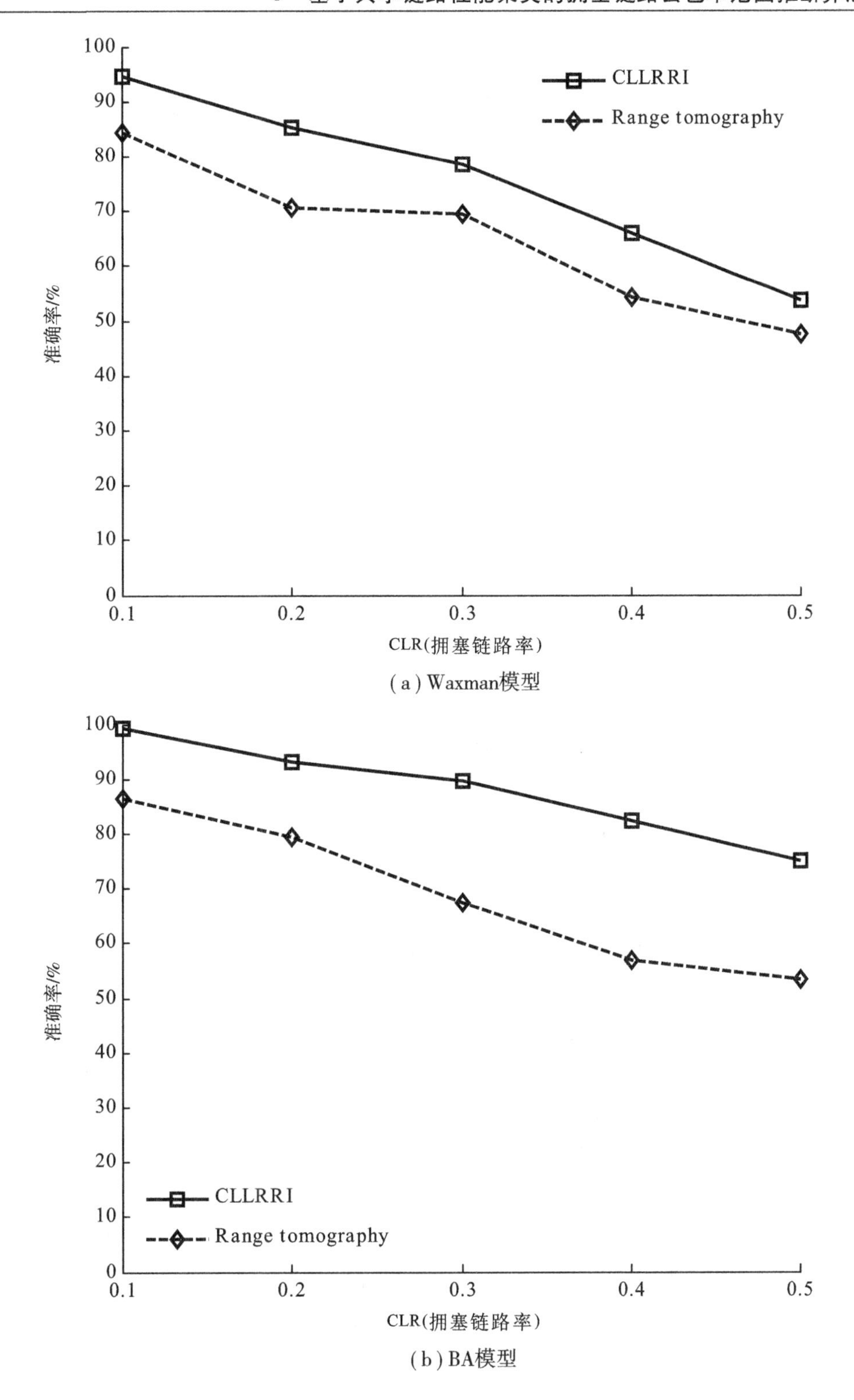

(a) Waxman模型

(b) BA模型

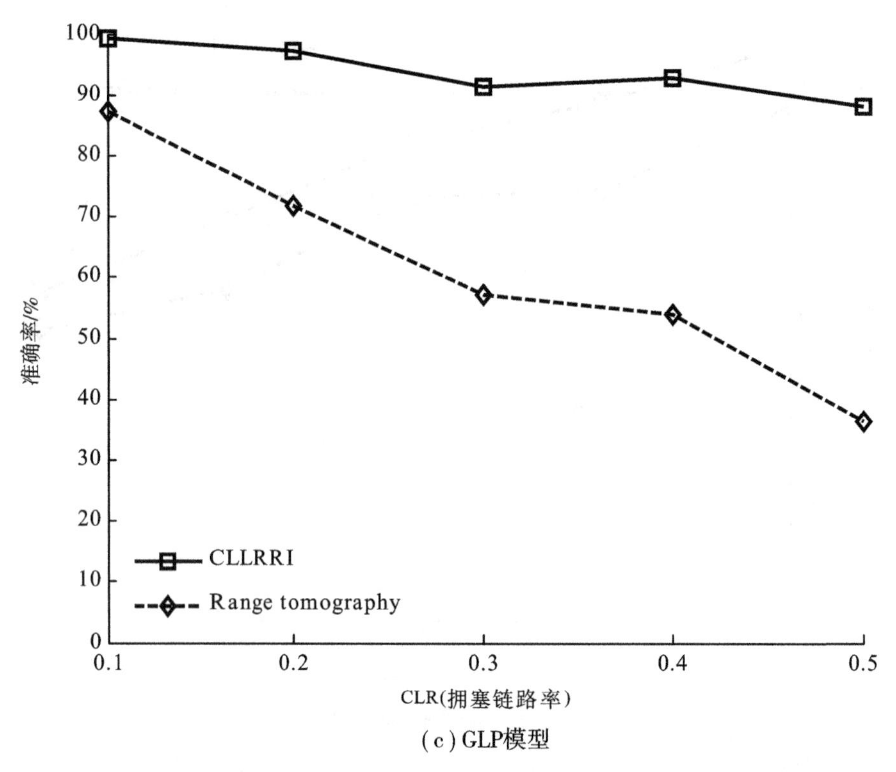

(c) GLP模型

图 6-4 各拥塞链路丢包率范围推断算法的性能比较(节点数等于 100,不同 CLR)

CLINK 及 Range tomography 算法基于 SCS 理论,CLINK 算法在确定 E2E 拥塞路径中最有可能发生拥塞的 1 条链路后,不再对该 E2E 拥塞路径中是否还存在其他拥塞链路作进一步推断,导致多链路拥塞环境下算法的推断性能下降;而 Range tomography 算法以共享数最多的瓶颈链路作为最有可能发生拥塞的链路推断 E2E 拥塞路径中最有可能发生拥塞的链路,并且认为路径拥塞现象是由 1~2 条瓶颈链路拥塞造成的,当待测 IP 网络多链路拥塞时,算法的推断性能降低。CLLRRI 算法在定位各 E2E 拥塞路径中的拥塞链路时基于贝叶斯 MAP 准则,且引入拥塞路径性能聚类方法,推断拥塞链路丢包率范围,避免了 CLINK 及 Range tomography 算法无法准确推断多链路拥塞的情况。

(2)不同网络规模下算法推断性能比较

为了验证 CLLRRI 算法在不同网络规模下定位拥塞链路及推断丢包率范围的性能,借助 Brite 拓扑生成器以默认参数生成节点数为 50~500 的三种不同网络拓扑结构模型 Waxman、BA 及 GLP,设置 CLR=0.2,随机产生待测 IP 网络拓扑结构模型下的链路拥塞事件。利用各算法定位待测 IP 网络中的各拥塞链路,不同规模的网络拓扑结构模型下的拥塞链路定位 DRs 曲线及 FPRs 曲线如图 6-5 所示。

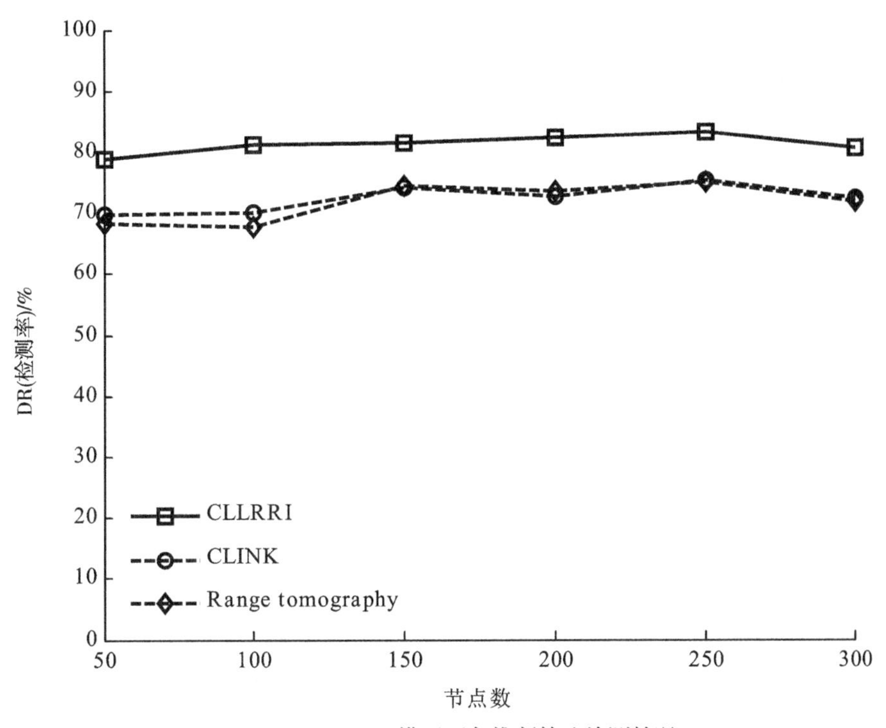

(a) Waxman模型下各推断算法检测情况

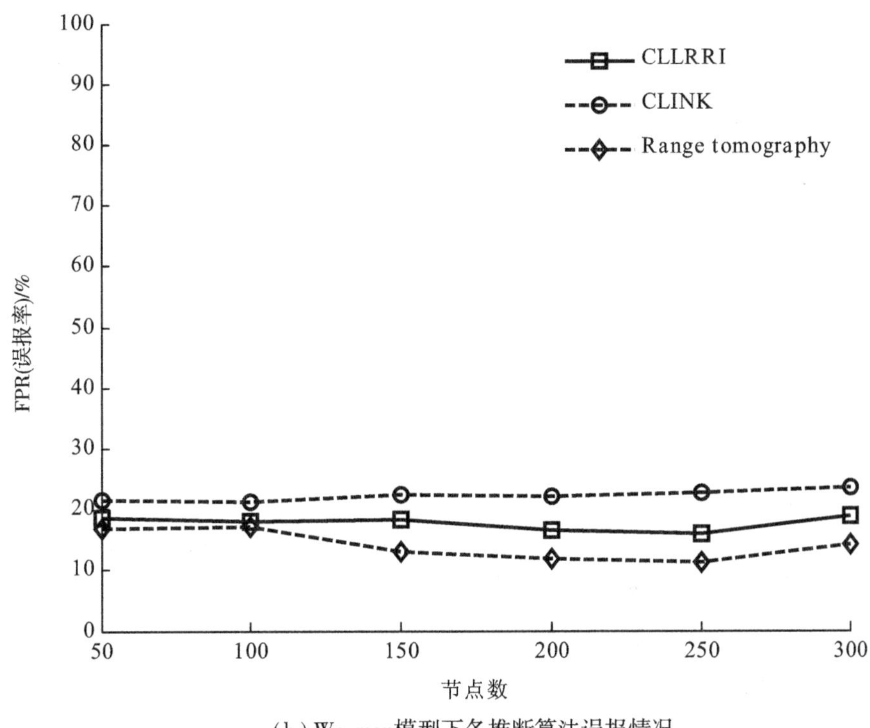

(b) Waxman模型下各推断算法误报情况

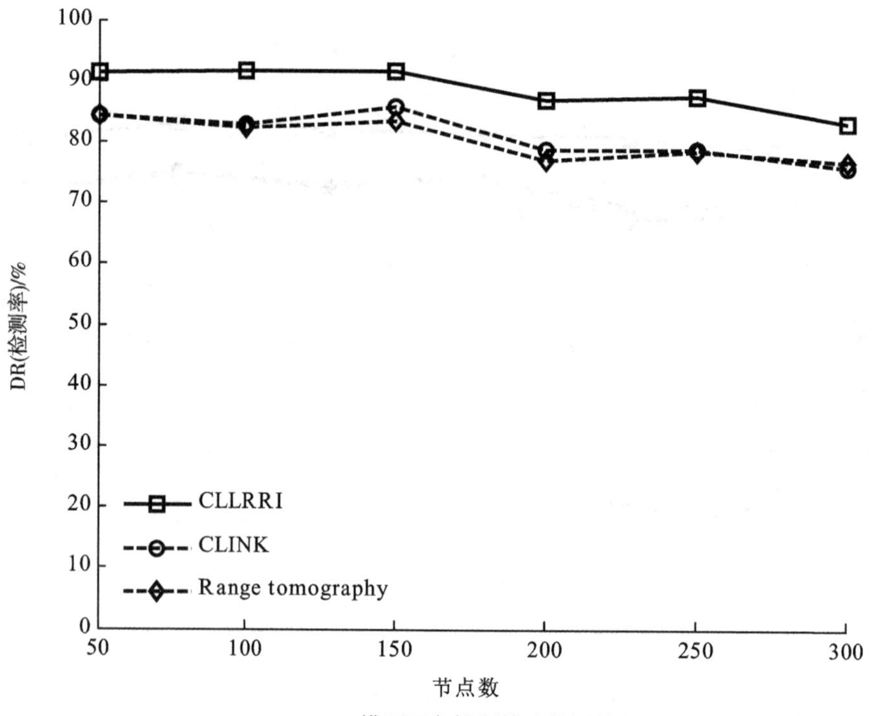

(c)BA模型下各推断算法检测情况

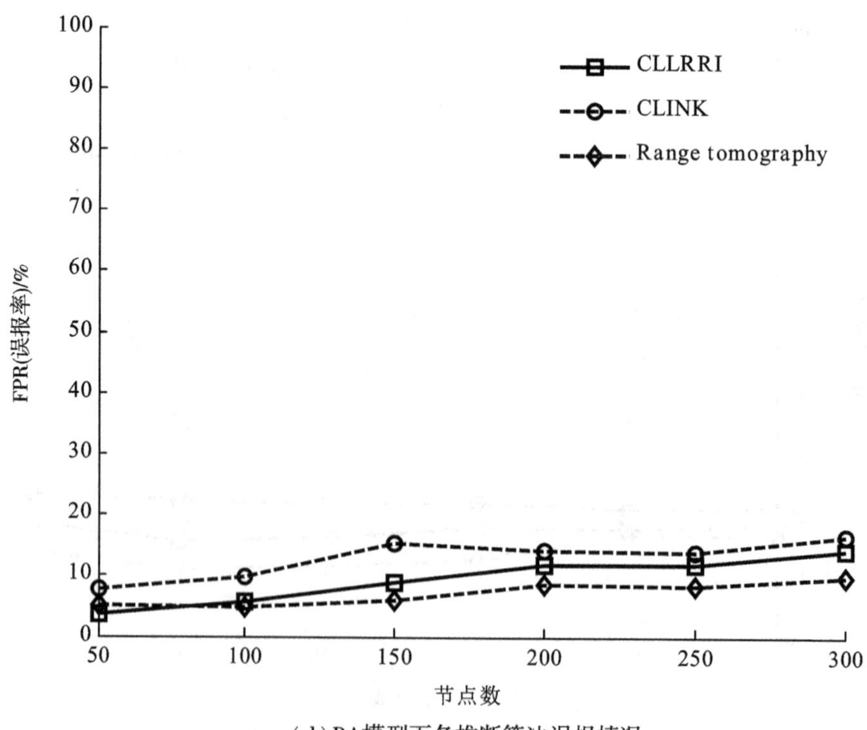

(d)BA模型下各推断算法误报情况

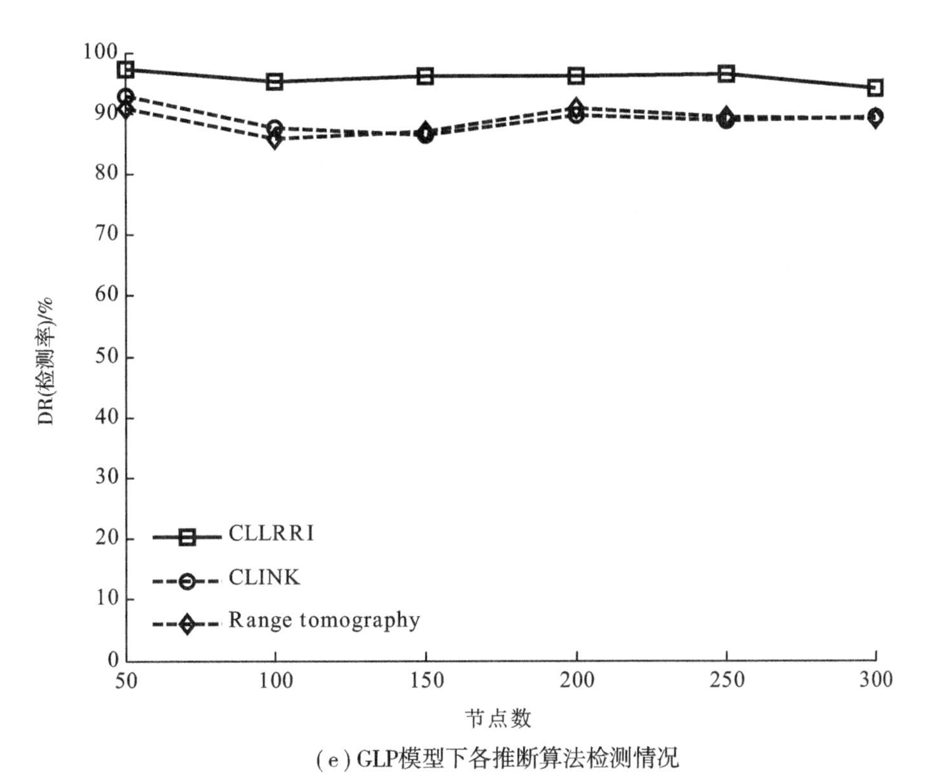

(e) GLP模型下各推断算法检测情况

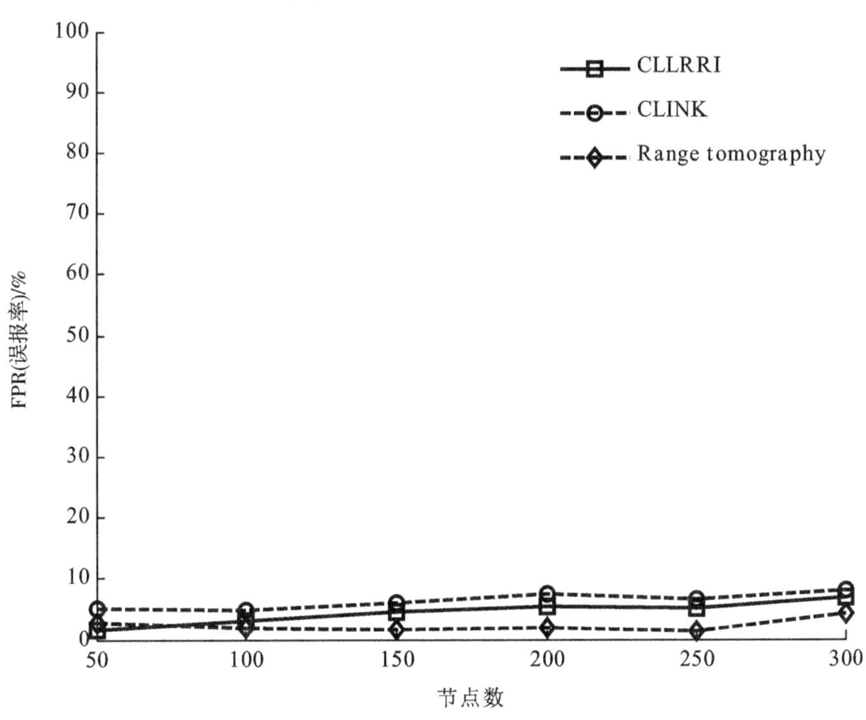

(f) GLP模型下各推断算法误报情况

图 6-5　各拥塞链路定位算法的性能比较(CLR=0.2,不同节点数)

由图 6-5 中的 DR_S、FPR_S 曲线可以看出，随着 IP 网络规模的增大，三种算法在不同 IP 网络拓扑模型下，其拥塞链路定位性能虽有一定下降，表现在 DR 降低，FPR 升高，但总体来看，算法的性能变化并不明显。表明待测 IP 网络规模变化对各链路定位算法的推断性能影响不大。另外，因 CLINK 算法仅能定位拥塞链路，无法推断其丢包率范围，仅将 CLINK 算法定位性能与 CLLRRI 算法进行比较。两种算法的拥塞链路丢包率范围推断准确率如图 6-6 所示。

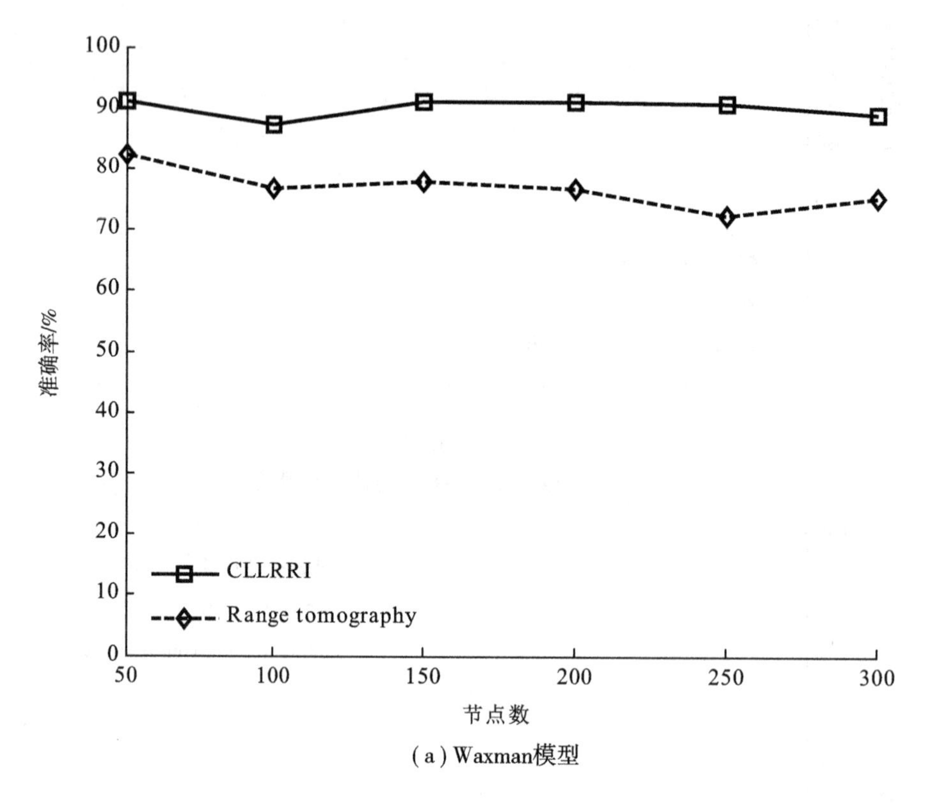

(a) Waxman模型

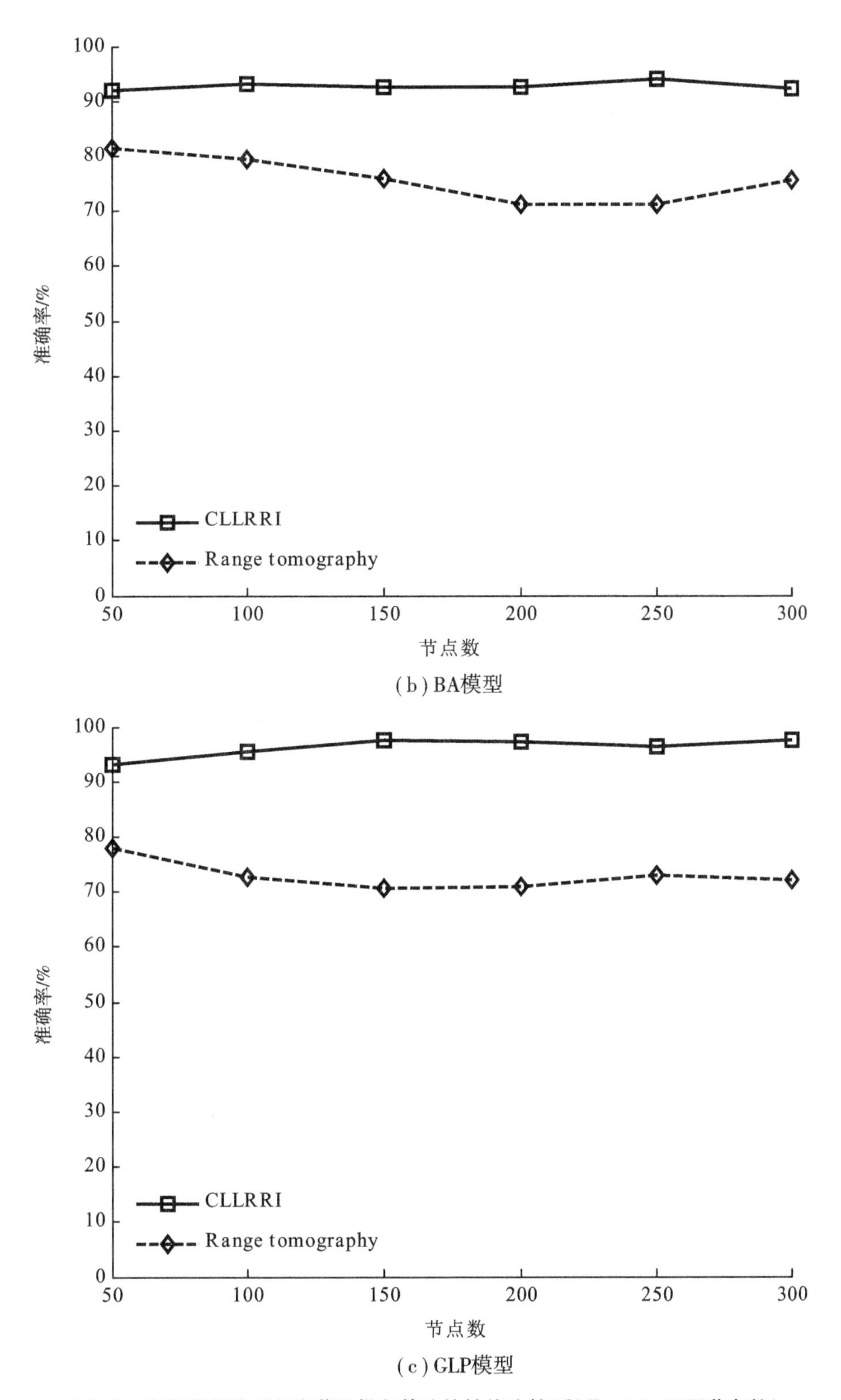

图6-6 各拥塞链路丢包率范围推断算法的性能比较(CLR=0.2,不同节点数)

由图6-6可以看出，在不同IP网络拓扑模型下，CLLRRI算法的拥塞链路丢包率范围推断性能准确率均高于Range tomography算法，并且随网络规模增大CLLRRI算法的推断鲁棒性明显优于Range tomography算法，验证了本章提出CLLRRI算法在不同网络规模、多链路拥塞环境下的推断性能。

6.3.2 仿真实验评价

为了验证本章提出的CLLRRI算法在实际Internet路由协议下的拥塞链路定位性能及拥塞链路丢包率范围推断性能，在实验室Emulab仿真平台设计如图5-8所示，由20个节点组成具有强幂率特性的GLP网络拓扑结构模型。

利用CLLRRI算法、CLINK算法和Range tomography算法分别定位待测IP网络拓扑结构模型中的拥塞链路，并推断各拥塞链路的丢包率范围。仿真平台中的IP网络采用OSPF路由协议，各E2E路径均服从最短路径优先选路策略；采用LLRD1丢包模型，即链路拥塞时，丢包率服从[0.05,0.2]上的均匀分布；链路正常时丢包率服从[0,0.01]上的均匀分布。为待测IP网络中的各链路赋初始值后，各链路的丢包服从Bernoulli随机过程，并在仿真实验中设置待测IP网络每隔2 min以CLR随机产生1次链路丢包事件。

仿真实验中，设置CLR为0.1～0.5，利用三种算法定位当前时刻发生拥塞的链路，并利用CLLRRI算法和Range tomography算法推断拥塞链路丢包率范围，并与实际网络中链路丢包率大于0.05的链路进行对比，验证各算法拥塞链路定位性能以及CLLRRI算法和Range tomography算法的丢包率范围推断性能。实验结果均是在相同参数设置下，实验10次取平均值后所得结果。

不同CLR下，当待测IP网络规模节点数等于20时，三种算法的拥塞链路定位性能比较结果如图6-7(a)、(b)所示。

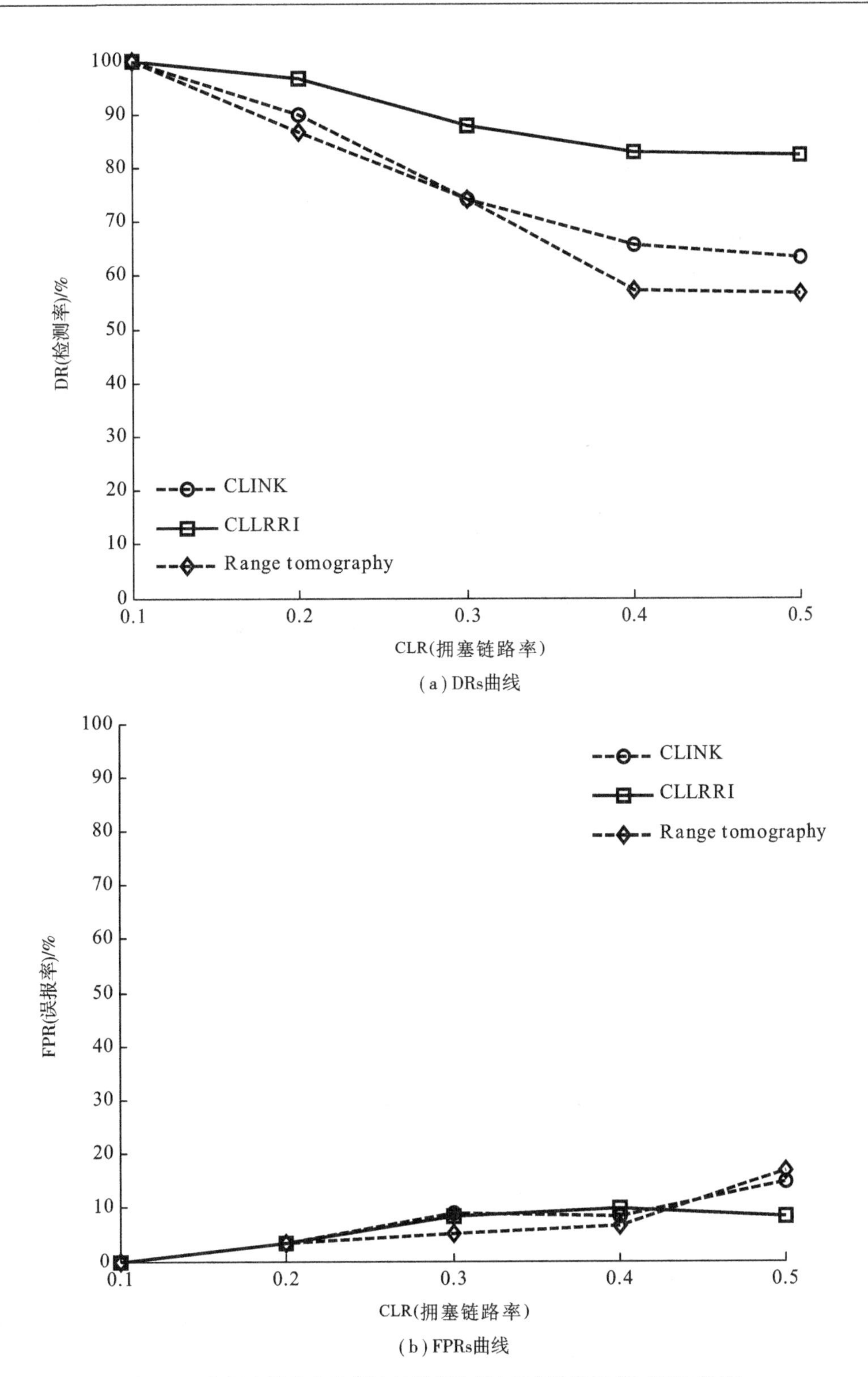

(a) DRs曲线

(b) FPRs曲线

图6-7　各拥塞链路定位算法的性能比较(节点数等于20,不同CLR)

由图6-7中各算法的拥塞链路定位性能DRs曲线可以看出，各算法定位DR随CLR的增大呈现下降趋势。其中，CLLRRI算法的DR最高，在CLR<0.2的情况下，始终高于97%，CLINK算法和Range tomography算法的DR均在90%左右。随着CLR增大，DR明显下降。在多链路拥塞场景（CLR=0.5）下，CLLRRI算法的DR仍高于80%，而CLINK算法的DR低于65%，Range tomography算法的DR低于60%。

由图6-7中各算法拥塞链路定位FPRs曲线可以看出，CLLRRI算法的FPR不超过10%，随着CLR增大，FPR始终保持较好的稳定性。

当节点数等于20，不同CLR情况下，CLLRRI算法和Range tomography算法的拥塞链路丢包率范围推断性能准确率比较结果如图6-8所示。两种算法均能够较好地对拥塞链路丢包率范围进行推断。当CLR=0.5时，CLLRRI算法的拥塞链路丢包率范围推断性能准确率仍高于80%，优于Range tomography算法性能。从仿真实验结果来看，与模拟实验结果基本一致。因实验条件所限，不再对不同网络规模及不同CLR下算法的拥塞链路定位性能和丢包率范围推断性能进行比较。

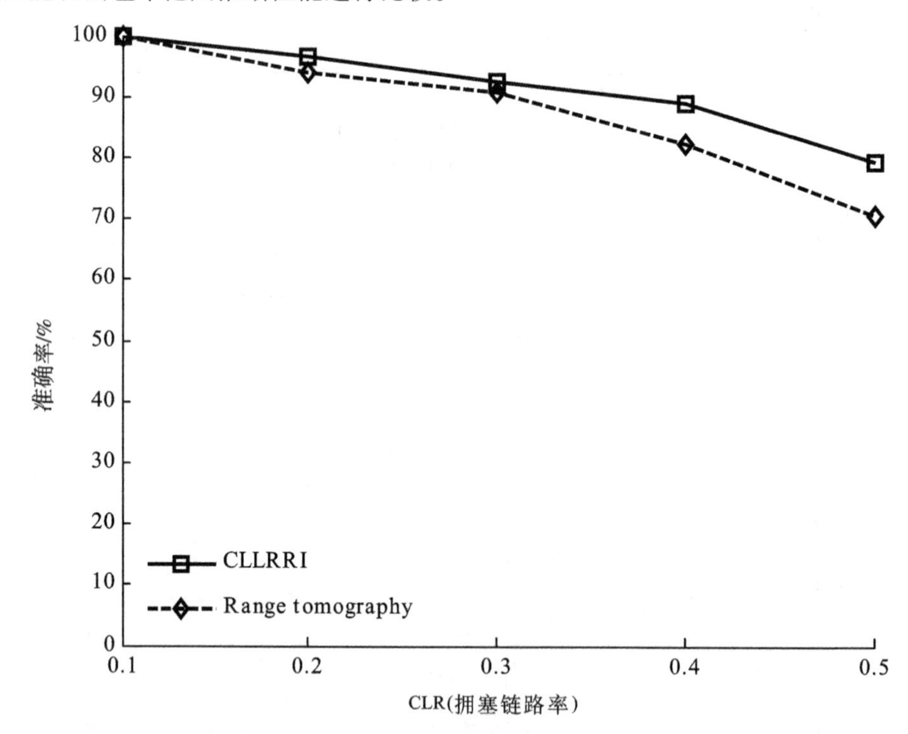

图6-8 各链路丢包率范围推断算法的性能比较（节点数等于20，不同CLR）

为直观比较不同算法的拥塞链路定位和丢包率范围推断性能，对某单次实验（CLR=0.3）中，各算法的仿真实验结果进行分析比较。首先，对待测IP网络进行30次E2E路径性能探测snapshots，借助ping命令获取各路径丢包率，借助第4章SSORPCG算法求解

各链路拥塞先验概率。在 30 次 E2E 路径的性能探测 snapshots 中，E2E 路径途经的拥塞链路共 18 条，各链路用“路由器 ID | 路由器 ID”可表示为：0 | 4，0 | 5，0 | 15，1 | 10，1 | 17，2 | 8，2 | 18，3 | 9，3 | 12，3 | 13，3 | 14，3 | 19，4 | 11，5 | 16，6 | 0，6 | 1，6 | 2，6 | 3。借助 traceroute 命令获取各 E2E 路径途径链路，并构建拥塞选路矩阵，利用 SSORPCG 算法计算出各链路拥塞先验概率如表 6-1 所示。

表 6-1　各链路拥塞先验概率数值

链路	0 | 4	0 | 5	0 | 15	1 | 10	1 | 17	2 | 8	2 | 18	3 | 9	3 | 12
拥塞先验概率值	0.4172	0.516	0.5715	0.3748	0.3343	0.1759	0.222	0.2501	0.2001
链路	3 | 13	3 | 14	3 | 19	4 | 11	5 | 16	6 | 0	6 | 1	6 | 2	6 | 3
拥塞先验概率值	0.4469	0.2156	0.4002	0.257	0.3291	0.2561	0.5853	0.3098	0.2466

对待测 IP 网络中各 E2E 路径进行 1 次性能探测 snapshot，获取各拥塞 E2E 路径，造成 E2E 路径拥塞的实际拥塞链路分别为：0 | 4，2 | 8，3 | 19，6 | 1，6 | 2，其丢包率数值分别为：{0.19}，{0.07}，{0.06}，{0.12，0.13}，{0.07，0.08}。因 6 | 1 和 6 | 2 存在于 2 条不同的 E2E 路径中，包含可能相同或不同的 2 个丢包率数值，为了更加接近实际 Internet 共享瓶颈链路拥塞探测结果，设置共享瓶颈链路的丢包率在[-0.02，0.02]随机改变。

分别利用本书提出的 CLLRRI 算法、CLINK 算法和 Range tomography 算法对当前时刻下最有可能发生拥塞的链路进行定位，并利用 CLLRRI 算法和 Range tomography 算法进行拥塞链路丢包率范围推断，拥塞链路定位及丢包率范围推断结果如表 6-2 所示。

表 6-2　CLLRRI 算法、CLINK 算法和 Range tomography 算法的拥塞链路定位及性能推断结果

算法	定位拥塞链路	漏检(-)链路，误检(+)链路	DR	FPR	Accuracy
CLINK	6 | 1，0 | 4，3 | 19，6 | 2	-2 | 8	80%	0	—
Range tomography	3 | 19，6 | 2，2 | 8，6 | 1，4 | 11	-0 | 4，+4 | 11	80%	20%	75%
CLLRRI	3 | 19，6 | 1，6 | 2，2 | 8，0 | 4	无	100%	0	100%

注：算法漏检链路前加“-”，误检链路前加“+”进行表示。

由表 6-2 可知,根据实际拥塞链路情况,CLINK 算法漏检了拥塞链路 2|8,但是没有误检链路;Range tomography 算法漏检了链路 0|4,且误检了链路 4|11;本章提出的 CLLRRI 算法无漏检和误检链路,且拥塞链路的实际丢包率值落在算法推断出的丢包率范围内;Range tomography 算法推断链路 2|8 的丢包率范围为[0.02,0.06],与该链路仿真实验中实际丢包率数值 0.07 存在一定误差。

由表 6-2 可以看出,CLLRRI 算法的拥塞链路定位 DR=100%,FPR=0;CLINK 算法与 Range tomography 算法定位 DR 均存在误差,CLINK 算法与 CLLRRI 算法的定位 FPR 准确,Range tomography 算法的 FPR 存在误差,其原因可能在于 CLINK 算法与 CLLRRI 算法均通过对拥塞先验知识的学习,更好地了解了当前网络的拥塞特性。CLLRRI 算法的拥塞链路丢包率范围推断准确率等于 100%,优于 Range tomography 算法,验证了 CLLRRI 算法的拥塞链路定位和丢包率范围推断性能。

6.4 本章小结

本章针对 IP 网络多链路拥塞环境下,传统拥塞链路定位及丢包率范围推断存在的问题,提出对待测 IP 网络构建贝叶斯网络模型,借助贝叶斯 MAP 准则,推断待测 IP 网络各拥塞路径中最有可能发生拥塞的链路,代替传统以瓶颈链路作为最有可能拥塞的链路;并且聚类链路相关、性能相近的 E2E 路径,并对聚类路径集合的路径性能相似系数进行在线计算,代替烦琐实验推断的过程,提出一种贪婪启发式循环定位拥塞链路,推断其丢包率范围的新方法。实验验证了本章提出的 CLLRRI 算法在拥塞链路定位和丢包率范围推断中具有更高的准确性及鲁棒性。

7 基于被动检测的网络路由器异常推断算法

7.1 问题描述

计算机技术的快速发展,使人们的生活和工作变得十分轻松快捷,它也成了人们生活中不可或缺的一部分,但是各种各样的网络问题也随之而来。计算机网络安全已经上升到了一个新的高度,成为人们所关注的焦点。虽然现在有很多网络安全技术,但是网络攻击仍然防不胜防,任何安全措施也不可能是万无一失的。多年来,各种各样的网络系统留下了非常多的漏洞,未来的网络安全将要面临更多的挑战。为了检测系统资源的使用情况,同时维护系统的正常运行,每个系统通常都会有自己的日志主机用来存储系统记录的各种日志,可以在记录的日志中查询出多种正常或者异常的操作。为了确保系统的正常运行,快速地定位异常信息,避免异常操作对系统造成伤害,目前通常采用的方法为检测系统日志,通过日志查找到系统的异常状态。

在基于主动 E2E 探测的网络故障诊断技术中,仅能够对网络拥塞等故障进行定位,但是并不能深入了解造成网络拥塞的原因,且现有算法在多链路拥塞的复杂网络环境下,无法准确定位拥塞链路。由于被动探测是基于被动的日志分析挖掘,因此大多数被动探测算法是以离线方式完成的日志批处理,没有考虑日志数据是不断生成和叠加生成的,实时性差;另外,算法需要预定义规则以完成邻域知识学习,并且随着网络规模的增大,路由器中日志数据量剧增,现有大数据处理方法也难以对海量数据进行快速、准确的故障分析。

通常状态下,日志信息数据量非常大,使用人工的方法来检测异常日志极其困难,因此,已经开发了非常多的异常检测算法。异常检测技术一般是使用已经创建的常规模式,通过对比当前模式与常规模式之间的不同来实现异常检测。一般情况下,通过检测主机的日志信息来进行分析,以挖掘出异常信息,从而对此状态进行告警,引起网络管理员的注意。这类检测算法通常都有一定的智能化特点,且误报率低,同时非常简单快捷。

然而,异常检测技术也有一定的缺点。计算机网络的飞速发展,新的系统可能会有从未出现过的正常信息,此时创建的常规日志数据库需要经常更新,用来加入新的正常信息。当常规数据库落后时，可能会出现非常多的误报情况。同时会出现更多的漏洞，遇到未知的漏洞应怎么解决是一个新的问题。由于日志信息的海量性，怎么快速准确地找到异常信息也是十分重要的。

现有的日志异常信息检测方法有很多种，有运用文法压缩的系统日志异常检测方法、运用系统日志的孤立点的分析方法等。针对于这些检测技术的基本要求有如下几个方面：①识别已经明确的攻击行为；②统计并分析异常状态；③误报率低；④具有一定的智能化。

在日志信息数据量足够丰富的情况下，目前有两种主要的设计思路：一是根据攻击的特征，二是根据网络的异常状态。现在许多商业化的日志信息异常检测的工具已经应运而生，这些工具拥有十分强大的功能。这些工具可以对系统日志及软件业务日志进行一系列的操作，例如日志的采集、搜索、解析等，用于运维监控、业务数据分析、安全审计等多种实际需求。

7.2 路由器系统日志的分析

7.2.1 路由器系统日志

路由器系统日志记录的是路由器日常的使用情况以及受到的各种攻击，用英文来记录。在路由器运作的过程中，路由器会给日志主机传送所记录的日志信息。日志信息对于网络管理员来说非常重要，通过对日志进行分析，管理员可以了解路由器系统在一定时间内做出了何种操作。根据日志信息，迅速找出当前路由器所发生的故障，对故障进行定位，以及对故障进行快速排除。

路由器系统日志生成的原因多种多样，系统时间发生改变、用户登录、ARP 攻击或者 DOS 攻击等都会使路由器生成日志。当路由器日志生成时，网路管理员需要对路由器日志进行分析、统计与综合，快速区分常规日志和异常日志，迅速排除问题才可以使路由器安全地运行，因此如何快速地区分常规日志与异常日志成为一个非常值得思考的问题。

7.2.2 日志格式的分析

通常的日志格式示例如下：

2016:38:02:% NFPP_IP_GUARD-4-DOS_DETECTED: Host<IP=10.100.120.43, MAC=N/A, port=Gi1/20, VLAN=N/A>was detected.(2023-4-20 16:37:20)

该日志信息中包含日志的生成时间、特征值的描述以及与该日志信息相关的详细信息。详细信息中详细说明了日志生成的原因，包括访问该路由器的 IP 地址、端口号以及生成该日志的原因。通常情况下，网络管理员都是通过日志的具体描述来分辨路由器是否出现异常与导致异常的原因。而通过观察采集到的多路由系统日志,明确分析出与每条日志信息描述对应的具体的特征值,因此对于路由器信息的异常检测,本方案放弃了传统的根据具体描述来判别日志是否异常的方式,而是先提取日志的特征值,之后将该条日志的特征值与日志数据库中的常规日志进行对比,以此来判别日志是否属于异常状态。

7.2.3 日志特征值提取

根据日志的格式,本方案运用正则表达式对日志信息进行截取,日志信息中,特征值普遍以"%"开头,以冒号结尾,有部分的日志信息以"@"开头,以冒号结尾。根据这种规律设计了如下的程序对路由器系统日志进行截取。

图7-1 所示的方法中,当读取到一条日志信息后,使用 JRE 中 String 类中封装的 indexOf( )方法找出"%"出现的位置的下标,当在这条信息中没有"%"号时,就判断该日志信息的特征值是以"@"开头,因此开始判断"@"出现位置的下标,取得 m 值后,使用 JRE 中 String 类中封装的 substring( )方法将字符串从 m 下标开始到字符串末尾直接截取出来。这样可以去除由于时间不同而产生的冗余特征值。之后,明确知道特征值是以":"为结尾,根据上述方法找到":"所对应的下标,将截取出来的字符串进行下一步的截取。通过这个函数来实现对日志特征值的截取。同时使用该方法对常规日志进行截取,并存入数据库,以便以后将截取后的系统日志特征值与常规日志进行对比时,可以直接比对特征值,不用进行进一步的截取,方便比对。

```
String message=list.get(i).getMessage();
m = message.indexOf("%");
if(m == -1){
     m=message.indexOf("@");
}
message =message.substring(m);
n= message.indexOf(":");
message = message.substring(1,n);
```

图7-1 日志特征值的截取

7.2.4 常规日志数据库冗余信息的去除

在常规系统日志的特征值截取时,常规日志库是直接从各路由器主机采集出来的。在指定时间内,各路由器生成日志的原因可能相同,即除 IP 地址与端口号外,采集出来的路由器日志可能相同,因此常规日志库中需要去除冗余信息。

在之前对日志特征值的截取时,已经对常规路由器日志库进行了截取。此时,数据库中存放的日志信息已经为常规日志的特征值。在去除冗余信息之前,先将常规日志库中的所有日志信息读取出来,存入 list 集合中。此时,可以直接忽略数据库的读取与写入过程,以下函数便是用于去除 list 集合中重复的信息。去除后的常规日志库就是之后用来对比的日志库。

图 7-2 中,选择遍历 list 集合。for 循环嵌套使用,外层 for 循环依次选取,直到将所有元素取完;内层 for 循环控制比较的次数,每读取一个日志信息将其与后面的所有元素依次比较。遍历的过程中使用 Object 类中封装的 equals( )方法进行比对。如果当前元素与后面某个元素相同,调用 list 类中的 remove( )方法,移除后面的那个元素。依次将读取出来的 list 集合中的所有元素进行比较,遍历完整个 list 集合后,最后剩余的为完全不重复的日志信息,即为常规日志的标准数据库。

```
for (int i = 0; i < list.size()-1; i++) {
    for (int j = i+1; j < list.size(); j++) {
        if(list.get(i).equals(list.get(j))){
            list.remove(j);
            j--;
        }
    }
}
```

图 7-2　常规日志库冗余信息的去除

7.2.5　数据库中日志信息的读取与写入方法

本设计方案中,将日志信息存入 csv 文件中,因此有如下的方法来对 csv 文件进行读取与写入。

图 7-3 代码是读取 csv 文件的核心代码。首先将日志库中的信息按行读取,存入 string 数组中,然后将 string 数组中的数据存入 list 集合。通过遍历数据库,可将每行数据存入 list 集合。调用该方法后会将 csv 文件中读取出来的值存入 list 集合中。(注:由于需要经常使用这串代码,将其封装在方法中,以后通过对象调用该方法即可。这样可提高代码的复用性,减少代码量)

```
while(reader.readRecord()){
    String[] string =null;
    string = reader.getValues();
    list.add(string[0]);
}
```

图 7-3　csv 文件的读取方法

图 7-4 代码即为将日志信息写入 csv 文件的代码。本方法首先遍历 list 集合,将每

条日志信息读取出来,然后写入目标地址文件夹中。通过 Java IO 库中的 FileWriter 输出流来实现。调用 write( )方法可以实现单行写入,也可以实现多行写入。

```
fw = new FileWriter("目标地址");
for (int i = 0; i < list.size(); i++) {
    String message = list.get(i);
    fw.write(message+"\r\n");
}
fw.flush();
fw.close();
```

图 7-4　csv 文件的写入方法

7.3　基于正则表达式的异常检测

7.3.1　正则表达式

正则表达式(regular expression,REGEX)是一种用来描述字符串的结构与形式的形式化的表达方式。正则表达式实际上并不是一种编程语言,或者说,正则表达式通常嵌套在其他语言中,作为一种工具来使用,且正则表达式的作用早就已经大大打破了传统的数学上的限制。现在几乎所有的计算机编程语言都可以完美支持正则表达式。在现有的多种编程语言中,正则表达式主要用来处理一些复杂的文本操作。很多功能十分强大的文本编译工具也支持正则表达式。

在很多的开发项目中,其中有很大一部分都是对字符串的操作,而正则表达式除了提供精通的匹配、搜索、查找、替换等多种较为简单的字符串操作外,还有更为强大的功能,它可以处理符合一些抽象模式的字符串。这些字符串不是静态、固化的常规字符串,而是由一系列特殊符号来代替某些类型的字符,以此来匹配、搜索、替换这一系列的字符串。

正则表达式的地位是无可替代的,是独一无二的。在如今的计算机编程语言中,如果其不支持正则表达式,就会被大家视为玩具语言。这些用意无非在表明正则表达式的强大。正因为各种编程语言以及编译器都能支持正则表达式,其蓬勃发展是毋庸置疑的。

7.3.2　Java 中的正则表达式使用

首先介绍 Java 中封装好的两个类:Pattern 类和 Matcher 类。Matcher 类可以理解为执行比对操作的引擎。通过它封装的一些方法来建立匹配器。建立匹配器之后,可以使用它执行不相同的比对操作:matches( ),lookingAt( )以及 find( )。matches( )方法是将完整的输入序列与这个模式进行比对,返回一个布尔类型的值来表示比对的成功与否,通过查询匹配器的状态可以获取到更多的匹配成功的信息。本章中只使用到 matches( )方法,因此不再对其他两种操作进行赘述。Pattern 实例是正则表达式经过编译之后的一种形式。通常状态下,一个指定的正则表达式优先会编译成该类的一个实例。编译之后会将得到的模式用来创建一个 Matcher 对象。按照正则表达式,这个对象可以与任意的字符串序列进行比对,同时会将比对时所有的状态保存在匹配器中,因此可以使多个匹配器共用一个模式。

Java 中 String 类中封装了 matches( )方法,用来校验一个字符串是否与给定的正则表达式相匹配。

图 7-5 方法中,传递的参数为一个给定的正则表达式,返回值为布尔类型。

```
public boolean matches(String regex) {
    return Pattern.matches(regex, this);
}
```

图 7-5　String 类中 matches( )方法的源码

图 7-6 方法中,调用了 Pattern 类中已经封装好的 compile( )函数,返回一个 Pattern 类实例。该方法中的 p 即为正则表达式经过编译后的对象。调用 Pattern 类中的 matcher( )函数,返回一个匹配器对象。返回值与图 7-5 方法的返回值一致,判断待检测字符串能否与正则表达式所匹配。因此 Java 中直接调用 String 类中已经封装好的 matches( )方法就可以判断该字符串能否与给定正则表达式相匹配。

```
public static boolean matches(String regex, CharSequence input) {
    Pattern p = Pattern.compile(regex);
    Matcher m = p.matcher(input);
    return m.matches();
}
```

图 7-6　Pattern 类中 matches( )方法的源码

7.3.3　基于正则表达式的异常检测

在本节之前,已经完成了对常规字符串的截取、存入数据库并读取的操作,同时实现了对目标日志的截取工作,本节只介绍进行比对的相关工作原理。

在获取到一个日志数据库时,首先使用本章 7.2 节读取数据库的方法,将日志信息存入 list 集合中。同时使用相同的方法将常规日志库中的日志信息存入另一个 list 集合中。由于常规日志库中存储的是日志特征值,以此需要使用图7-1中截取日志信息的方法,实现对目标日志信息的截取工作。因为需要对每条信息进行比对,所以需要两层for循环来实现,外层循环控制需要比对的目标日志库,内层循环控制常规日志库。在内层for循环中,取得两条数据后,调用图7-5中介绍的Java中String类中封装的matches()方法。如果常规日志库中找不到与目标日志相对应的特征值,判断该条日志为异常信息,路由器处于异常状态。如果存在可以与目标日志相匹配的特征值,则说明为常规日志。比对的次数为两个集合长度的乘积。

7.4 基于互信息的异常日志检测

7.4.1 互信息简介

互信息作为计算机语言学中常用的一种方法,它通常用来描述两个实例之间是否相关,在过滤问题当中用来衡量特质相较于类别的区分量。互信息的定义和交叉熵是近似的。互信息原本是信息论中的一个定义,用于两条或多条消息之间的关系,是两个随机变量统计相关性的测度,使用互信息进行特征选取是根据如下的假设:在某个特定的分类中出现频率比较高,但是在其他的分类中出现频率相对比较低的词与这个分类之间的互信息量相对比较大。互信息通常被用作描述特征词和某个类别之间的关系,如果某个词条属于该类,它们的之间互信息量相对比较大。因为这个方法不用对特征词条和分类中间的关系或者性质作出任何的假设,所以,互信息经常用于文本分类中特征词条和分类的匹配工作。

7.4.2 互信息公式

$$I(X;Y)=\sum_{x\in X}\sum_{y\in Y}P(x,y)\log\frac{P(x,y)}{P(x)P(y)} \tag{7-1}$$

设有两个随机变量X,Y,两者的联合分布概率为$P(X,Y)$,两者的边际分布概率为$P(X)$,$P(Y)$,互信息为$I(X;Y)$,其为联合分布概率与乘积分布概率的相对熵。

7.4.3 信息论中的互信息

通常来说,信道中存在干扰与噪声。信源发出信息X,经过信道后,信宿可能只会接收到干扰或者噪声之后信息Y。信宿收到Y之后判断出信源发出X的概率,这个过程用后验概率来描述。与之对应的,信源发出X的概率被称为先验概率。定义后验概率与先验概率之间的比值的对数为两者之间的互信息。根据熵的连锁规则

$$H(X,Y)=H(X)+H(Y|X)=H(Y)+H(X|Y) \tag{7-2}$$

因此,

$$H(X) - H(X|Y) = H(Y) - H(Y|X) \tag{7-3}$$

这个差叫做 X 和 Y 的互信息,记作 $I(X;Y)$。按照熵的定义展开可以得到:

$$\begin{aligned} I(X;Y) &= H(X) - H(X|Y) \\ &= H(X) + H(Y) - H(X,Y) \\ &= \sum_x p(x)\log\frac{1}{p(x)} + \sum_y p(y)\log\frac{1}{p(y)} - \sum_{x,y} p(x,y)\log\frac{1}{p(x,y)} \\ &= \sum_{x,y} p(x,y)\log\frac{p(x,y)}{p(x)p(y)} \end{aligned} \tag{7-4}$$

7.4.4 基于互信息的异常日志检测

由于本章 7.2 节已经对日志信息以及常规日志库读写工作进行了详细的解释,本节主要介绍互信息检测日志字符串的算法。

在对互信息进行校验之前,先将日志信息特征值截取成两段,统计两段特征字符串在常规日志库中出现的次数以及两者同时出现的次数。

图 7-7 代码中,P1 为两者同时出现的概率,P2 为第一串特征字符串在常规日志库中出现的概率,P3 为第二段特征字符串在常规日志库中出现的概率,log 为两个特征字符串之间的互信息。

```
P1=(bothAppeared*1.0/listLib.size());
P2=(corpus/listLib.size());
P3=(candidate/listLib.size());
if(P1!=0){
    P=(P1/(P2*P3));
    log=Math.log(P)/Math.log(10);
    score=score+log;
}
```

图 7-7 互信息计算核心代码

根据分析得出,如果两个特征字符串之间的互信息量为零,就可以判断出该条日志为异常日志,此时的路由器为异常状态。这种算法可以处理大批量数据,比对次数为两个 list 集合长度的乘积。

7.5 基于多模态时空相关的网络性能推断算法

借助 IP 网络中对路由器日志的被动探测方法能够实现对网络拥塞故障诊断。其中,Splunk 日志分析平台能够实时收集日志数据并进行快速搜索和分析。Yamanishi 等提出了一种使用混合的 Hidden Markov Models 方法,利用服务器系统日志来检测系统故障的技术,但是无法确定模型的核数及故障的类型。SCORE 和 Shrink 是故障定位系统,它们使用基于同一 SRLG(共享风险链路组)模拟出的一个二分图。Meta 故障定位系统使用事件数据集自动学习故障事件,然后迅速找到错误的根源网络事件。然而,它使用的是 NMS 收集的网络事件数据,也就是故障根因依赖于 NMS。Xu 等分析了大规模 Hadoop 系统的控制台日志,提出了基于 PCA 的异常检测方法。网络 IDS 警报分类方法是通过频繁项集集挖掘的方法。此类方法需要采取有监督的机器学习方法,在故障发生之前可以通过相关日志进行反馈和发现。Kimura 等提出了一种使用张量因子分解方法的网络日志数据的建模和事件提取方法,但并没有专注于异常检测。SyslogDigest 提取日志模版并依据关联的路由器分组,然后从路由系统日志中构造摘要信息。但是,该方法需要领域知识来提取空间关系,并且是在离线的情况下进行的日志批处理,没有考虑日志数据是不断叠加的。Splunk 是一个日志分析平台,能够实时收集日志数据并进行快速搜索和分析,它能够收集和创建索引并可视化日志。然而,它们需要领域知识才能有效地被使用。

综上所述,在基于被动的日志分析挖掘处理方面,大多数算法是离线完成的日志批处理,没有考虑到日志数据是一个不断生成和叠加生成的情况,实时性差;另外,算法需要预定义规则完成邻域知识学习,并且随着网络规模的增大,路由器中日志数据量剧增,现有大数据处理方法也难以对海量数据进行快速、准确的故障分析。

7.5.1　算法设计

由于大规模 IP 网络中的路由器数目众多,系统日志信息数据量巨大,如果对所有路由器系统日志,借助数据挖掘算法进行数据分析预处理,实现异常日志检测,及时找到网络故障有一定困难。因此,本章提出一种综合主动探测方式与被动探测方式相结合的方法。首先,通过主动探测方式对 IP 网络中部分路径进行 E2E 性能探测,借助 Boolean 代数,定位网络中可能发生拥塞的链路集合;然后,对与拥塞链路相连的路由器,基于 SNMP 协议进行被动系统日志获取,并提取日志特征;最后,基于互信息理论,与离线学习到的日志特征数据库中的信息进行对比,从而发现异常系统日志信息,根据日志信息判断网络故障原因。

算法的设计流程框图如图 7-8 所示。

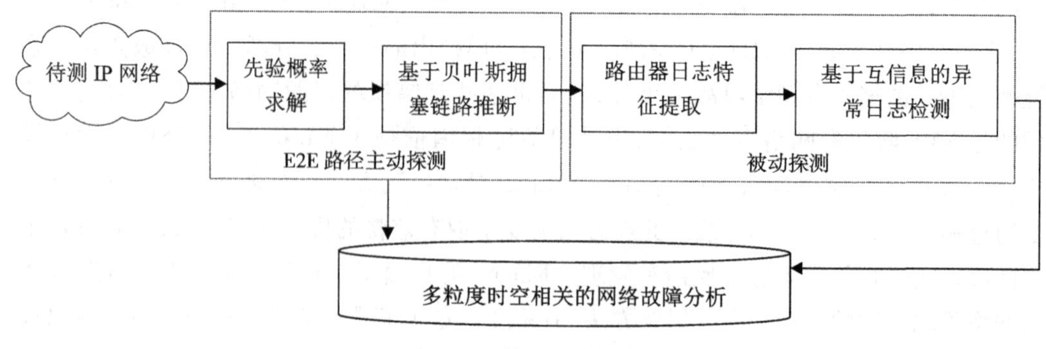

图 7-8 算法流程框图

本章结合主动探测技术实时性好的优点，快速定位发生拥塞的链路，并借助被动探测技术进行时空相关路由器系统日志的数据获取，借助互信息理论找到异常日志，从而推断出网络故障产生的原因，弥补了主动探测仅能判断网络拥塞与否、检测粒度不高的缺点。另外，通过对发生拥塞链路的相关路由器一定时间内系统日志的获取，减少了数据计算量，避免了因数据量巨大造成的算法运行速度慢，甚至无法及时、有效分析故障原因的弊端。

7.5.2 基于 E2E 路径主动探测技术的故障定位

传统网络拥塞定位时，专家经验知识认为多路径共享的瓶颈链路容易拥塞，但是在复杂的网络环境下，如何对多瓶颈链路的网络拥塞环境下的拥塞链路进行定位，本章首先对被管理网络进行一段时间的链路拥塞先验概率求解，获取各链路拥塞先验知识，避免复杂 IP 网络中采用专家经验知识带来的误差。

7.5.2.1 链路先验概率离线学习过程

根据拥塞 E2E 路径的整体丢包率与途经各链路的丢包率关系求解链路拥塞先验概率，路径传输率等于途经各链路传输率的乘积，即

$$\boldsymbol{\Psi}_i = \prod_{j=1}^{n_\varepsilon} \varphi_j^{D_{ij}} \tag{7-5}$$

式中，$\boldsymbol{\Psi}_i$ 为第 i 条 E2E 路径整体传输率，φ_j 为第 i 条 E2E 路径途经的第 j 条链路的传输率，$\boldsymbol{D}_{ij}\mid_{D_{ij}=\{0,1\}}$ 为选路矩阵 $\boldsymbol{D}_{ij}$ 中第 i 行第 j 列的元素值。借助 Boolean 最大化操作，操作符“ ∨ ”，可利用式(7-6)表示出 E2E 路径拥塞与途径各链路拥塞之间的关系。

$$y_i = \bigvee_{j=1}^{n_\varepsilon} x_j \cdot D''_{ij} \tag{7-6}$$

对式(7-6)两边分别取数学期望 E 并转换，可得各 E2E 路径拥塞与途径各链路拥塞关系表达式，如式(7-7)所示。

$$E[y_i]=P(\bigvee_{j=1}^{n_\varepsilon} x_j\cdot \boldsymbol{D}''_{ij}=1)=1-P(\bigvee_{j=1}^{n_\varepsilon} x_j\cdot \boldsymbol{D}''_{ij}=0)=1-\prod_{j=1}^{n_\varepsilon}(1-p_j)^{D''_{ij}} \tag{7-7}$$

E2E 探测路径拥塞期望值 $E[y_i]$ 可利用 N 次 E2E 路径性能探测结果求出，用 $\overline{y_i}$ 进行表示，通过 N 次性能状态变量 $y_i=\{0,1\}$ 求和取平均值后得出。

为方便求解，对式(7–7)取对数可得拥塞贝叶斯网络模型中各拥塞链路先验概率求解 Boolean 线性方程组，如式(7–8)所示。

$$-\lg(1-P_i)=\sum_{j=1}^{n_\varepsilon}\boldsymbol{D}'''\cdot[-\lg(1-p_j)] \tag{7-8}$$

式(7–8)求解中，路径 P_i 对应的拥塞概率 P_i 可通过对拥塞路径 P_i 的 N 次性能探测结果计算获得。由此得出各链路拥塞先验概率 p_j。

7.5.2.2 基于贝叶斯定理的在线拥塞链路定位

推断当前时刻待测 IP 网络中各链路性能时，根据当前时刻各 E2E 路径性能及各途经链路信息，定位当前时刻待测 IP 网络中的拥塞链路可以借助数学模型进行表述：根据各 E2E 路径性能探测 snapshots 结果，确定各 E2E 路径中最有可能发生拥塞的链路集合 $X\subseteq S$，即求解 $\mathrm{argmax}P(\mathrm{X}\mid\mathrm{Y})$ 值，使其后验拥塞概率最大，如式(7–9)所示。

$$\mathrm{argmax}P(X\mid Y)=\mathrm{argmax}\frac{P(X,Y)}{P(Y)} \tag{7-9}$$

式中，由于 $P(Y)$ 的取值仅与网络状态有关，与链路选取无关，故可将式(7–9)简化为式(7–10)：

$$\mathrm{argmax}P(X\mid Y)=\mathrm{argmax}P(X,Y)=\mathrm{argmax}\left\{\prod_{i=1}^{n_{\theta'}}P[y_i\mid p_a(y_i)]\prod_{j=1}^{n_{\varepsilon'}}P(x_j)\right\} \tag{7-10}$$

式中，$n_{\theta'}$ 为当前时刻剩余拥塞路径数；$n_{\varepsilon'}$ 为当前时刻剩余拥塞路径途经的各链路数，$p_a(y_i)$ 为拥塞贝叶斯网络模型中的观测节点 y_i 的父节点。$P(x_j)$ 为求解出的待测 IP 网络链路 x_j 的拥塞先验概率。E2E 探测路径与各途经链路之间存在如式(7–11)所示的概率关系：

$$P[y_i=0\mid p_a(y_i)=\{0,\cdots,0\}]=1\ ,\ P[y_i=1\mid \exists x_i=1\cap x_i\in p_a(y_i)]=1 \tag{7-11}$$

各 E2E 路径性能与途经各链路性能之间的状态变量概率关系如式(7–9)、式(7–11)所示，对式(7–10)的求解过程可转化为对式(7–12)的求解。

$$\mathrm{argmax}P(X\mid Y)=\mathrm{argmax}P(X) \tag{7-12}$$

利用当前时刻对各 E2E 路径性能探测 snapshot 结果，对各链路拥塞联合概率求解表达式服从贝努利概型二项概率公式，如式(7–13)所示。

$$P_n(k)=C_n^k p^k(1-p)^{n-k} \tag{7-13}$$

由于在进行拥塞链路集合推断时刻，仅对待测 IP 网络中各 E2E 路径进行 1 次性能探测，即 $n=1$。且待测 IP 网络中各链路的状态概率均为独立分布，则由式(7–12)、式

(7-13),借助各链路拥塞先验概率 p_j ,可得式(7-14)。

$$\arg\max P(X \mid Y) = \arg\max P(X) = \arg\max \prod_{j'=1}^{n_{\varepsilon'}} p_j^{x_j} \cdot (1 - p_j)^{(1-x_j)} \tag{7-14}$$

为了便于研究,对式(7-14)取对数运算得式(7-15)。

$$\arg\max \sum_{j=1}^{n_{\varepsilon'}} [x_j \cdot \lg p_j + (1 - x_j) \cdot \lg(1 - p_j)] = \arg\max \sum_{j=1}^{n_{\varepsilon'}} \left[x_j \cdot \lg \frac{p_j}{1 - p_j} + \lg(1 - p_j)\right] \tag{7-15}$$

式中,第二项 $\lg(1 - p_j)$ 的取值与链路状态 x_j 的取值无关,故 $\arg\max P_p(X \mid Y)$ 可由式(7-16)求解得出。

$$\arg\max P_p(X \mid Y) = \arg\max \sum_{j=1}^{n_{\varepsilon'}} \left(x_j \cdot \lg \frac{p_j}{1 - p_j}\right) = \arg\min \sum_{j=1}^{n_{\varepsilon'}} \left(x_j \cdot \lg \frac{1 - p_j}{p_j}\right) \tag{7-16}$$

由式(7-16),借助贝叶斯 MAP 推断网络最容易发生拥塞的链路集合,即求解满足式中 $\lg[(1 - p_j)/p_j]$ 最小值时或 $\lg[p_j/(1 - p_j)]$ 最大值时的链路集合。对当前时刻拥塞链路推断过程可被归纳为集合覆盖问题(set coverage problem,SCP)的求解过程,由于 SCP 是典型 NP 难问题,本章利用文献[134]中提出的算法求解拥塞链路集合最优解。

7.5.3 实验结果

为了验证本章提出的算法对系统日志中异常检测的准确性,分别利用基于正则表达式的模板匹配方法与本章提出的互信息两种检测算法进行链路拥塞相关路由器中的日志异常检测。

7.5.3.1 检测结果分析

在一定规模的 IP 网络拓扑结构模型下,模拟一定比例链路拥塞事件,本章采用的算法较 CLINK 算法在定位精度 DR 上有一定程度的提高,特别是当复杂 IP 网络多链路拥塞情况下,算法定位性能较 CLINK 算法高。定位拥塞链路后,对拥塞链路相关路由器中的系统日志基于 SNMP 进行被动获取。利用本章提出的互信息算法以及传统模板匹配的算法进行分析和比较。主动探测及被动探测性能比较如表 7-1 所示。

表 7-1 不同探测模式下的检测性能比较

探测模式	定位精度	分辨率	计算复杂度
主动	H	L	L
被动	M	H	H
主动被动相结合	H	H	M

注:H——high(高),L——low(低),M——medium(中等)。

从表 7-1 可以看出,主动端到端性能检测算法定位精度高,性能检测分辨率低,计算复杂度低。被动 syslog 检测算法定位精度中等,检测分辨率较高,但计算复杂度较高。本章提出的多模态时空相关性能诊断算法具有较高的定位精度、较高的检测分辨率和中等的计算复杂度。

在某高校局域网 AS,选取部分路由器端主机作为发包路由器节点,最大程度地覆盖待测网络。由于在实际 Internet 网络中,各链路丢包率数值无法准确获知,即缺少算法推断 DR 和 FPR 中的标准答案。因此,本章借鉴文献[4]在 PlanetLab 实测平台下定位拥塞链路的实验验证方法,将待测 Internet 网络中各 E2E 路径集合以随机方式分为两个大小相等的路径集合:推断路径集合 I 及验证路径集合 P。推断算法的验证过程主要包括两个步骤:

(1)集合 I 中获取拥塞链路标准答案

此部分内容同第 5 章 5.3.3 节中的(1)集合 I 中获取拥塞链路标准答案。

(2)集合 P 中验证各算法性能

此部分内容同第 5 章 5.3.3 节中的(2)集合 P 中验证各算法性能。

各算法拥塞链路推断 ARPP 比较结果如表 7-2 所示。

表 7-2 CLINK 及本章提出算法的拥塞链路定位性能结果

算法	ARPP
CLINK 算法	79.3%
互信息算法	90.1%

通过实验发现,现有算法和互信息算法在大多数情况下均能较好地检测出发生异常的系统日志,便于管理者对出现的问题进行解决。但是,基于正则表达式的模板匹配的方法,对部分正常日志检测过程中可能对部分正常日志提示为异常。例如:

1222:02:04:% OSPF-5-ADJCHG:Process 100,Nbr 10. 10. 252. 251-GigabitEthernet 0/24 from Loading to Full,LoadingDone.

该条日志信息为静态路由表配置之后产生的日志信息,是一条常规日志,并不属于异常信息,利用正则表达式不能有效识别。而本章提出的互信息方法可以将其判别为常规日志,分析其原因在于该日志特征截取后的特征值为 OSPF-5-ADJCHG。利用正则表达式的异常检测算法,是将该特征值转换为一个 Pattern 实例,调用 matcher( )方法,返回匹配器对象。将常规日志库中的日志信息与该正则表达式对象进行匹配,当常规日志库中并不存在此特征值,根据正则表达式无法准确判别该日志状态。

利用互信息的异常检测算法可以识别该条日志,通过查找常规日志库,由于其中存在 OSPFV3-5-ADJCHG 日志特征值,因此在程序运行过程中,将待检测的日志特征值进行切割，OSPF 与 5-ADJCHG 两串字符串都有在常规日志库中出现，根据互信息计算代码，P1、P2、P3 的值均不为零。因此，两字符串之间的互信息量不为零，根据互信息检测算法，将不会把该日志作为异常信息来认定。

本章提出的算法首先通过主动探测快速定位拥塞链路及相关路由器，通过对相关路由器一定时间内的系统日志找出异常，从而确定故障原因，在时空相关性方面提高了实时性，并减少了大数据处理过程中的数据量冗余。

7.5.3.2 时间复杂度分析

由于互信息算法与常规的模板匹配检测手段不同，基于互信息的异常检测算法对常规日志库的要求相对较低。因此，利用互信息算法对常规数据库中存储的日志特征值要求较低，随着常规日志库容量的减小，可以使算法运行过程中的对比迭代次数减小，从而加快检测速度。由于读入内存的数据量减少，提高了系统的运行效率。基于正则表达式的异常检测算法需要更多的常规日志特征值，增加了冗余信息，降低了算法运行效率，时间较长。

由于 Java 面向对象的语言特性，在考虑应用层运行效率的同时，也要考虑 Java 底层代码的运行效率。在一个线程运行时，利用正则表达式的检测算法在底层中的匹配算法是将字符进行逐个比对，当检测到某个字符不满足条件时，跳出比对过程，同时返回 false；如果每个字符都可以匹配，则匹配的次数为该字符串的长度。而利用互信息进行异常检测时，利用 Java 中 String 类中封装 indexOf( ) 方法，该方法的底层代码将待匹配的字符串与目标字符串进行比对，其比对过程中根据待检测的匹配字符串中的字符，字符串长度及序列进行综合考量。三者中的任何一个不满足条件均返回 false，只有三者同时满足才会比对成功。这种比对方式在允许效率提高的同时，准确性明显优于逐个字符比对的方式。

7.6 本章小结

本章提出了一种综合主动 E2E 路径探测与被动路由器系统日志方法进行网络故障检测及诊断的算法。算法通过借助 Boolean Tomography 快速检测出当前网络发生拥塞的位置，并通过对拥塞链路相关路由器中的系统日志基于互信息算法对日志进行异常诊断，从而找到网络故障的原因。算法基于主动探测，实时性好，并且基于时空相关特性，对相关的路由器、一定时间内的路由器系统日志进行异常诊断，提高算法的诊断效率。实验验证了本章提出的综合主动探测及被动探测相结合的网络性能诊断算法具有更高的准确率和实时性。

8

总结及展望

8.1 总结

随着当前 Internet 技术的迅猛发展,网络设备接入数量呈指数级增长,网络设备的结构也日趋多样、复杂,分布式网络故障频繁发生,给网络管理带来诸多困难。除了设备故障造成网络无法提供正常服务外,不合理的路由配置等原因也导致网络拥塞现象频繁发生,使得网络整体性能和服务质量急剧下降。基于被动探测方式的管理模式已经不适应当前网络发展对网络环境的要求。主动探测技术通过对待测 IP 网络各 E2E 探测路径发送少量的探测数据包获取各路径性能,根据路径性能及待测 IP 网络的拓扑结构便能定位网络故障位置,推断网络性能,具有不涉及用户隐私、实时性好等优点,已经受到人们越来越多的关注。但是,现有方法在实际应用中并不理想,主要体现以下几个方面:

(1)为解决 E2E 路径性能探测 snapshots 对待测 IP 网络带来过多的额外流量负荷,提出了多种主动探测的选取方法。但是,现有方法仅适用于确定性、少故障、小规模的 IP 网络环境,不适用于多故障、动态路由的 IP 网络环境。

(2)在 E2E 路径探测获取待测 IP 网络拓扑信息的过程中,部分链路不能被有效检测或因其他原因而导致网络拓扑缺失,无法构建待测 IP 网络准确的选路矩阵模型,进而导致故障诊断及性能推断算法性能下降。

(3)为了解决专家经验知识导致的故障推断结果不准确问题,提出借助贝叶斯原理,获取各链路拥塞先验概率,基于贝叶斯后验概率准则推断当前网络故障的方法,较专家经验知识等理论在故障诊断性能上得到较大程度的提高。但是,通常假设网络故障诊断及性能推断过程中,路由并不发生改变,或因噪声影响而导致路径探测性能不准确,忽视了 IP 网络动态路由对贝叶斯网络模型结构本身造成的影响。

(4)主动探测借助 tomography 技术,常造成 E2E 路径数小于覆盖链路数,对待测 IP 网络构建系统线性方程组时,其选路矩阵系数的稀疏性常导致方程组无准确唯一解。

(5)在进行待测 IP 网络各链路丢包率求解时,因多播路由并没有普及,模拟多播方式时钟同步性较差,常导致算法精度下降,Boolean 代数虽简化了求解,并通过多时隙路径探测有效避开了时钟同步问题，但仅能推断出链路好坏，链路性能分辨率太差。

综上所述，现有基于主动探测技术的故障诊断及性能推断方法仍存在较大的改进及提升空间。本书在各章节中分别提出相应解决方法，具体如下：

第 2 章提出适用于当前 IP 网络的缺失链路推断算法。首先，对待测 IP 网络建立无向连通图模型，将待测 IP 网络中各路由器等网元设备表示为无向连通图中的各个顶点，各路由器等网元设备之间连接的链路作为无向连通图中的边。其次，分别基于不同的相似性指标，对不同类型、不同规模的 IP 网络进行缺失链路推断。实验证明，基于随机游走相似性模型下的 RWR 算法能够有效地推断当前具有幂率特性的实际 IP 网络中的缺失链路，为网络故障诊断及链路性能推断算法性能提供有效保障。

第 3 章提出了一种有效的 E2E 探测路径及探针部署新算法。新算法首先通过引入度阈值参数确定预选探针部署节点，基于最短路径优先策略获取各预选 E2E 探测路径，通过构建预选探测路径及途经链路关系矩阵模型，通过对该矩阵进行最大线性无关组的获取，确定最终 E2E 探测路径及探针部署位置，优化了 E2E 发包探测数量及探针部署开销。针对 IP 网络提出优化策略，缩短 E2E 探测路径获取所需要的计算时间。

第 4 章提出了适用于 IP 网络多故障并发环境下的故障诊断新算法。新算法首先对待测 IP 网络进行多时隙 E2E 路径探测，将路径性能转化为概率模型，基于 E2E 路径拥塞与途经各链路拥塞关系构建链路拥塞先验概率求解 Boolean 线性方程组，提出利用 SSORPCG 算法迭代求解各链路拥塞先验概率，缩短方程组计算时间及迭代次数，避免线性方程组系数矩阵欠定导致的无解或无近似唯一解的不足。然后，提出基于贝叶斯 MAP 准则改进的拉格朗日松弛次梯度算法，利用贪婪启发式搜索定位各拥塞链路。新算法较基于 SCS 理论的拥塞链路定位算法有更高的定位检测准确率。

第 5 章提出一种适用于动态路由 IP 网络下的故障诊断新算法。新算法首先提出构建变结构离散动态贝叶斯网推断模型，将链路拥塞先验概率学习过程中不同网络拓扑结构作为各静态贝叶斯网络模型，通过共有链路将各静态贝叶斯网络模型组成动态贝叶斯网络模型；然后，引入一阶马尔科夫性假设和时齐性假设简化该模型，提出一种拥塞链路定位新算法，实验证明了新算法在多链路拥塞环境中的检测准确率。

第 6 章提出了一种适用于 IP 网络拥塞链路丢包率范围推断新算法。新算法首先利用多时隙 E2E 路径探测获取各链路拥塞先验概率，替代当前专家经验知识定位拥塞链路的不足，借助 Boolean 代数模型实用性，将 MAP 准则引入到定位拥塞链路中。然后，提出采用循环递推贪婪启发式策略确定每次剩余拥塞路径中具有最小丢包率的路径，引入相似度参数，聚类包含最有可能发生拥塞链路的 E2E 拥塞路径集合，构建路径集合中各路径性能与该链路性能之间关系不等式，循环推断每次最有可能发生拥塞链路的丢包率范围。新算法较现有算法具有更高的拥塞链路定位及性能推断准确性和鲁棒性。

第 7 章综合主动探测方式与路由器系统日志被动探测方式，提出一种时空相关的 IP

网络性能诊断算法。首先，通过 E2E 路径性能探测，基于 Boolean 代数了解网络链路拥塞先验概率，基于贝叶斯定理定位当前网络拥塞链路，代替传统专家领域知识；然后，对拥塞链路相关路由器中的系统日志进行一段时间的获取，并基于互信息原理检测系统日志中出现的异常，从而了解造成网络拥塞的原因。算法通过主动探测提高了网络故障检测的实时性，分析时空相关路由器中的系统日志，减少了数据分析量，提高了运算速度。实验验证了算法的准确性。

8.2 展望

本书虽然提出了解决网络故障诊断及性能推断过程中存在的部分问题，但仍有问题有待在今后的工作中加以解决。主要体现在以下几个方面：

（1）缺失 IP 网络拓扑推断问题中，本书提出利用 RWR 算法推断缺失链路，但是，实际网络的复杂性可能会导致算法存在适用性不强等问题。

（2）利用多时隙 E2E 路径探测会对网络带来过多的额外流量负荷，如何有效地减少主动 EE2 路径探测对网络带来的影响是今后的研究重点之一。

（3）由于网络的复杂多样性，现有推断方法并未提出因噪声干扰或计算误差等导致算法精度下降的有效解决方法。

参考文献

[1]乔焰. 基于主动探测的 IP 网故障诊断与丢包率推理方法[D]. 北京:北京邮电大学,2012.

[2]TURNER D,LEVCHENKO K,SNOEREN A C,et al. California fault lines[J]. ACM SIGCOMM Computer Communication Review,2010,40(4):315-326.

[3]KIMURA T,ISHIBASHI K,MORI T,et al. Spatio-temporal factorization of log data for understanding network events[C]//IEEE INFOCOM 2014-IEEE Conference on Computer Communications. IEEE,2014:610-618.

[4]XU W, HUANG L, FOX A, et al. Online system problem detection by mining patterns of console logs [C]//2009 Ninth IEEE International Conference on Data Mining. IEEE,2009: 588-597.

[5]MAHIMKAR A A,SONG H H,GE Z H,et al. Detecting the performance impact of upgrades in large operational networks[C]//Proceedings of the ACM SIGCOMM 2010 conference. ACM,2010:303-314.

[6]潘胜利,张志勇,费高雷,等. 网络链路性能参数估计的层析成像方法综述[J]. 软件学报, 2015,26(9):2356-2372.

[7]赵洪华,陈鸣,仇小锋,等. Tomography 技术中的多参数网络拓扑推断[J]. 北京邮电大学学报,2008,31(4):24-28.

[8]ZHAO H H,CHEN M. Network topology inference based on delay variation[C]//2009 International Conference on Advanced Computer Control. IEEE,2009:772-776.

[9]KOCH-JANUSZ M,RINGEL Z. Mutual information,neural networks and the renormalization group[J]. Nature Physics,2018,14:578-582.

[10]QIAO Y,JIAO J, MA H M. Adaptive loss inference using unicast end-to-end measurements[J]. Mathematical Problems in Engineering,2016,2016:1863929.

[11]赵洪华,陈鸣. 基于网络层析成像技术的拓扑推断[J]. 软件学报,2010,21(1):133-146.

[12]BEJERANO Y,RASTOGI R. Robust monitoring of link delays and faults in IP networks[J]. IEEE/ACM Transactions on Networking,2006,14(5):1092-1103.

[13]MA L,HE T,LEUNG K K,et al. Efficient identification of additive link metrics via network tomography[C]//2013 IEEE 33rd International Conference on Distributed Compu-

ting Systems. IEEE,2013:581-590.

[14] TATI S, SILVESTRI S, HE T, et al. Robust network tomography in the presence of failures[C]//2014 IEEE 34th International Conference on Distributed Computing Systems. IEEE,2014:481-492.

[15] ZHAO Y, CHEN Y, BINDEL D. Towards unbiased end-to-end network diagnosis[J]. IEEE/ACM Transactions on Networking,2009,17(6):1724-1737.

[16] ZHENG Q, CAO G H. Minimizing probing cost and achieving identifiability in probe-based network link monitoring[J]. IEEE Transactions on Computers,2013,62(3): 510-523.

[17] CHENG L, QIU X S, MENG L M, et al. Efficient active probing for fault diagnosis in large scale and noisy networks[C]//2010 Proceedings IEEE INFOCOM. IEEE,2010:1-9.

[18] QIAO Y, QIU X S, MENG L M, et al. Efficient loss inference algorithm using unicast end-to-end measurements[J]. Journal of Network and Systems Management,2013,21(2): 169-193.

[19] QIAO Y, JIAO J, RAO Y, et al. Adaptive path selection for link loss inference in network tomography applications[J]. PLoS One,2016,11(10):e0163706.

[20] JESWANI D, NATU M, GHOSH R K. Adaptive monitoring: Application of probing to adapt passive monitoring[J]. Journal of Network and Systems Management,2015,23(4): 950-977.

[21] COHEN E, HASSIDIM A, KAPLAN H, et al. Probe scheduling for efficient detection of silent failures[J]. Performance Evaluation,2014,79:73-89.

[22] DHAMDHERE A, TEIXEIRA R, DOVROLIS C, et al. NetDiagnoser: Troubleshooting network unreachabilities using end-to-end probes and routing data[C]//Proceedings of the 2007 ACM CoNEXT conference on - CoNEXT '07. ACM,2007:1-12.

[23] 蔡志平,刘芳,赵文涛,等. 网络测量部署模型及其优化算法[J]. 软件学报,2008,19(2): 419-431.

[24] 葛洪伟,彭震宇,岳海兵. 基于混合优化算法的网络流量有效测量点选择[J]. 计算机应用研究,2009,26(4):1480-1483,1486.

[25] 荣自瞻,金跃辉,崔毅东,等. 分布式网络测量的测量节点自动部署优化算法[J]. 高技术通讯,2014,24(11):1147-1152.

[26] KOMPELLA R R, YATES J, GREENBERG A, et al. Detection and localization of network black holes[C]//IEEE INFOCOM 2007 - 26th IEEE International Conference on Computer Communications. IEEE,2007:2180-2188.

[27] DUFFIELD N. Network tomography of binary network performance characteristics[J].

IEEE Transactions on Information Theory,2006,52(12):5373-5388.

[28]NGUYEN H X,THIRAN P. The Boolean solution to the congested IP link location problem:Theory and practice[C]//IEEE INFOCOM 2007-26th IEEE International Conference on Computer Communications. IEEE,2007:2117-2125.

[29]ZARIFZADEH S,GOWDAGERE M,DOVROLIS C. Range tomography:Combining the practi-cality of Boolean tomography with the resolution of analog tomography[C]//Pro-ceedings of the 2012 Internet Measurement Conference. ACM,2012: 385-398.

[30]CHEN A Y,CAO J,BU T. Network tomography:Identifiability and Fourier domain estimation[J]. IEEE Transactions on Signal Processing,2010,58(12):6029-6039.

[31]MALEKZADEH A,MACGREGOR M H. Network topology inference from end-to-end unicast measurements[C]//2013 27th International Conference on Advanced Information Networking and Applications Workshops. IEEE,2013:1101-1106.

[32]NGUYEN H X,THIRAN P. Network loss inference with second order statistics of end-to-end flows[C]//Proceedings of the 7th ACM SIGCOMM conference on Internet measurement. ACM,2007:227-240.

[33]GHITA D,NGUYEN H,KURANT M,et al. Netscope:Practical network loss tomography[C]//2010 Proceedings IEEE INFOCOM. IEEE,2010:1-9.

[34]QIAO Y,QIU X S,MENG L M,et al. Efficient loss inference algorithm using unicast end-to-end measurements[J]. Journal of Network and Systems Management,2013,21(2):169-193.

[35]Lawrence E,Michailidis G,Nair VN, Xi B. Network Tomography: A Review and Recent Developments[J]. Fan & Koul Editors Frontiers in Statistics,2006:345-364.

[36]Augustin B,Cuvellier X,Orgogozo B,et al. Avoiding Traceroute Anomalies with Paris Traceroute[C]. Proceedings of the 6th ACM SIGCOMM Conference on Internet Measurement(IMC'06),ACM, Rio De Janeriro,Brazil,25-27 October,2006:153-158.

[37]胡治国,田春岐,杜亮,等. IP 网络性能测量研究现状和进展[J]. 软件学报,2017,28(1): 105-134.

[38]吕琳媛. 复杂网络链路预测[J]. 电子科技大学学报,2010,39(5):651-661.

[39]ZHOU T,REN J,MEDO M,et al. Bipartite network projection and personal recommendation[J]. Physical Review. E,Statistical,Nonlinear,and Soft Matter Physics,2007,76(4 Pt 2):046115.

[40]RYU S H,BENATALLAH B. Experts community memory for entity similarity functions recommendation[J]. Information Sciences,2017,379:338-355.

[41]LEICHT E A,HOLME P,NEWMAN M E. Vertex similarity in networks[J]. Physical Re-

view. E,Statistical,Nonlinear,and Soft Matter Physics,2006,73(2 Pt 2):026120.

[42]CHEN B L,CHEN L,LI B. A fast algorithm for predicting links to nodes of interest[J]. Information Sciences,2016,329:552-567.

[43]ZHOU T,LÜ L Y,ZHANG Y C. Predicting missing links via local information[J]. The European Physical Journal B,2009,71(4):623-630.

[44]LÜ L Y,JIN C H, ZHOU T. Similarity index based on local paths for link prediction of complex networks[J]. Physical Review. E, Statistical, Nonlinear, and Soft Matter Physics,2009,80(4 Pt 2):046122.

[45]LIU W P,LÜ L Y. Link prediction based on local random walk[J]. EPL (Europhysics Letters),2010,89(5):58007.

[46]FOUSS F,PIROTTE A,RENDERS J M,et al. Random-walk computation of similarities between nodes of a graph with application to collaborative recommendation[J]. IEEE Transactions on Knowledge and Data Engineering,2007,19(3):355-369.

[47] TONG H H, FALOUTSOS C, PAN J Y. Fast random walk with restart and its applications[C]//Sixth International Conference on Data Mining (ICDM'06). IEEE, 2006:613-622.

[48]BU T,TOWSLEY D. On distinguishing between Internet power law topology generators[C]// Proceedings. Twenty-First Annual Joint Conference of the IEEE Computer and Communications Societies. IEEE,2002:638-647.

[49]陈宇,温欣玲,段哲民,等. 一种大规模 IP 网络多链路拥塞推理算法[J]. 软件学报,2017,28(7):1815-1834.

[50]CUGNATA F,KENETT R S,SALINI S. Bayesian networks in survey data: Robustness and sensitivity issues[J]. Journal of Quality Technology,2016,48(3):253-264.

[51]DE BENITO DELGADO M,WACKER P. Bayesian model selection for linear regression[EB/OL]. 2015: 1512.04823. http://arxiv.org/abs/1512.04823v1.

[52]连可,龙兵,王厚军. 基于贝叶斯最大后验概率准则的大型复杂系统故障诊断方法研究[J]. 兵工学报,2008,29(3):352-356.

[53]KAZEMI ZANJANI M,SANEI BAJGIRAN O,NOURELFATH M. A hybrid scenario cluster decomposition algorithm for supply chain tactical planning under uncertainty[J]. European Journal of Operational Research,2016,252(2):466-476.

[54]骆志刚,仲妍,吴枫. 稀疏线性方程组求解中的预处理技术综述[J]. 计算机工程与科学,2010,32(12):89-93,101.

[55]沈海龙,宗园,邵新慧. 解线性方程组的预条件 SOR 型迭代法[J]. 东北大学学报(自然科学版),2009,30(8):1213-1216.

[56] FOX C,PARKER A. Accelerated Gibbs sampling of normal distributions using matrix splittings and polynomials[J]. Bernoulli,2017,23(4B):3711-3743.

[57] 胡宏伶,潘克家. 基于 CG 的外推瀑布式多网格法收敛性分析[J]. 高等学校计算数学学报,2013,35(4):340-351.

[58] 郑超,张建海. 预处理共轭梯度法在岩土工程有限元中的应用[J]. 岩石力学与工程学报,2007,26(S1):2820-2826.

[59] Conejo AJ, Castillo E, Minguez R, Garcia-Bertrand R. Decomposition Techniques in Mathematical Programming[J]. Springer Berlin,2006,5(6):362-367.

[60] BISKAS P N,KANELAKIS N G,PAPAMATTHAIOU A,et al. Coupled optimization of electricity and natural gas systems using augmented Lagrangian and an alternating minimization method[J]. International Journal of Electrical Power & Energy Systems,2016,80:202-218.

[61] 高晓光,史建国. 变结构离散动态贝叶斯网络及其推理算法[J]. 系统工程学报,2007,22(1):9-14.

[62] 陈宇,周巍,段哲民,等. 基于变结构离散动态贝叶斯 IP 网络拥塞链路推理[J]. 通信学报,2016,37(8):13-23.

[63] 孙吉贵,刘杰,赵连宇. 聚类算法研究[J]. 软件学报,2008,19(1):48-61.

[64] 陈宇,周巍,段哲民,等. 一种 IP 网络拥塞链路丢包率范围推断算法[J]. 软件学报,2017,28(5):1296-1314.

[65] BARFORD P,DUFFIELD N,RON A,et al. Network performance anomaly detection and localization[C]//IEEE INFOCOM. IEEE,2009:1377-1385.

[66] LUCKIE M, DHAMDHERE A, CLAFFY K, et al. Measured impact of crooked traceroute[J]. ACM SIGCOMM Computer Communication Review,2011,41(1):14-21.

[67] VAARANDI R,PODINŠ K. Network IDS alert classification with frequent itemset mining and data clustering[C]//2010 International Conference on Network and Service Management. IEEE,2010:451-456.

[68] T. Kimura,K. Ishibashi,T. Mori,H. Sawada,T. Toyono, K. Nishimatsu, A. Watanabe, A. Shimoda, and K. Shiomoto, Spatio - temporal Factorization of Log Data for Understanding Large-scale Network Events,In Proc. INFOCOM,2014.

缩略词语

简写	全称
AA	AA(Adamic-Adar)
ACT	平均通勤时间(average commute time)
ANPP	一致路径数(agreement number of path properties)
ARPP	一致路径率(agreement rate of path properties)
AS	自治系统(autonomous system)
AUC	ROC 曲线下的面积(area under the curve of ROC)
CG	共轭梯度(conjugate gradient)
CLR	拥塞链路率(congeston link rate)
CLILRS	基于拉格朗日松弛次梯度的拥塞链路推断(congested link inference based on Lagrangian relaxation sub-gradient)
CLINK	拥塞链路推断(congested link inference)
CLLRRI	拥塞链路丢包率范围推断(congested link loss rate range inference)
CN	共同邻居(common neighbors)
DAG	有向无环图(directed acyclic graph)
DR	检测率(detection rate)
DTV	度阈值(degree threshold value)
DV	度值(degree value)
DVDSM	基于度值的探测选取方法(detection selection method based on degree value)
E2E	端到端(end to end)

续表

简写	全称
ECS	事件关联服务(event correlation services)
FPM	故障传播模型(fault propagation model)
FPR	误报率(false positives rate)
GLP	广义线性优先(generalized linear preference)
HDI	大度节点不利指标(hub depressed index)
HPI	大度节点有利指标(hub promoted index)
ICLINK	改进的 CLINK 算法(improved CLINK)
ICMP	互联网控制报文协议(internet control message protocol)
LCCT	链路持续拥塞次数(link continuous congested time)
LCT	链路拥塞次数(link congested time)
LHN-Ⅰ	LHN-Ⅰ(Leicht-Holme-Newman Ⅰ)
LHN-Ⅱ	LHN-Ⅱ(Leicht-Holme-Newman Ⅱ)
LLR	链路缺失率(link loss rate)
LM1	丢包模型 1(loss packet model 1)
LP	局部路径(local path)
LRSBMAP	基于贝叶斯 MAP 准则的拉格朗日松弛次梯度(lagrangian relaxation sub-gradient based on Bayesian MAP)
LRW	局部随机游走指标(local random walk)
MAP	最大后验概率(maximum a posteriori probability)
MCMC	蒙特卡洛马尔可夫链(Monte Carlo Markov chain)
MIB	管理信息库(management information base)
NDV	节点度值参数(node degree value)
OSPF	开放最短通路优先协议(open shortest path first)
PA	优先连接(preferential attachment)
PCG	分裂预处理共轭梯度(pretreatment ponjugated gradient)
PCT	路径拥塞次数(path congestion times)

续表

简写	全称
RA	资源配置(resource allocation)
RCT	路由变化参数(route changing threshold)
REGEX	正则表达式(regular expression)
RNM	随机数模型(random number model)
ROC	接受者操作特性(receiver operating characteristic)
RWR	重启的随机游走(random walk with restart)
SCFS	最小一致故障集(smallest consistent failure set)
SCP	集合覆盖问题(set coverage problem)
SCS	最小覆盖集(smallest cover set)
SLA	服务等级协议(service-level agreement)
SNMP	简单网络管理协议(simple network management protocol)
SOR	逐次超松弛(successive over-relaxation)
SRW	叠加的局部随机游走(superposed random walk)
SSOR	对称逐次超松弛(symmetric successive over-relaxation)
SSORPCG	对称逐次超松弛分裂预处理共轭梯度(symmetric successive over-relaxation based on pretreatment conjugated gradient)
TCP	传输控制协议(transmission control protocol)
TNP	路径总数(total number of path)
UDP	用户数据报协议(user datagram protocol)
VSDDB	变结构离散动态贝叶斯(variable structure discrete dynamic Bayesian)
WSCP	加权集合覆盖问题(weighted set cover problem)